国家级实验教学示范中心联席会计算机学科规划教材
教育部高等学校计算机类专业教学指导委员会推荐教材
面向"工程教育认证"计算机系列课程规划教材

综合布线技术与实验教程（第2版）

马丽梅　朱福珍　陈玉玲　李维仙　主编

侯卫红　苏　彬　闫子骥　李钟华　副主编

U0313089

清华大学出版社

北京

内 容 简 介

　　本书是一本综合布线专业图书,内容详尽,图文并茂。在第一版的基础上进行了修订和补充,更加全面和系统地介绍了综合布线的理论知识和实际操作。全书分为12章,前10章详细介绍了综合布线的概念,国际、国内的标准,常用的传输介质、连接件及工具,7个子系统及各个子系统的设计和施工。并通过实例系统讲解了综合布线的设计规划、具体施工和测试验收。第11章为16个实验,介绍了水晶头的制作、信息模块的制作、配线架的打线、链路的测试、信息模块的安装、水平子系统的布线、壁挂式机柜的安装、垂直子系统的布线、设备间机柜的安装、光纤熔接、冷接和光缆的敷设等。第2版新增加了第12章,介绍Microsoft Visio软件,方便大家学习工程画图。增加了附录B和附录C,附录C是综合布线的技能大赛练习题,希望能为指导老师和参加比赛的学生提供帮助。

　　本书注重基本原理的清晰及适用性,同时强调应用与实践的结合,实际操作性较强。

　　本书可作为本科和高职高专院校计算机专业类的学生学习综合布线工程课程的教材,也可作为综合布线工程应用及认证培训的参考书。

图书在版编目(CIP)数据

综合布线技术与实验教程/马丽梅等主编. —2版. —北京:清华大学出版社,2017(2021.1重印)
(面向"工程教育认证"计算机系列课程规划教材)
ISBN 978-7-302-46978-0

Ⅰ. ①综…　Ⅱ. ①马…　Ⅲ. ①计算机网络-布线-高等学校-教材　Ⅳ. ①TP393.03

中国版本图书馆 CIP 数据核字(2017)第 080105 号

责任编辑:黄　芝
封面设计:刘　键
责任校对:徐俊伟
责任印制:宋　林

出版发行:清华大学出版社
　　　　网　　　址:http://www.tup.com.cn,http://www.wqbook.com
　　　　地　　　址:北京清华大学学研大厦 A 座　　　　邮　　编:100084
　　　　社 总 机:010-62770175　　　　　　　　　　　邮　　购:010-83470235
　　　　投稿与读者服务:010-62776969,c-service@tup.tsinghua.edu.cn
　　　　质量反馈:010-62772015,zhiliang@tup.tsinghua.edu.cn
　　　　课件下载:http://www.tup.com.cn,010-83470236
印 装 者:北京鑫海金澳胶印有限公司
经　　销:全国新华书店
开　　本:185mm×260mm　　印　　张:18.25　　　　字　　数:459 千字
版　　次:2013 年 3 月第 1 版　　2017 年 6 月第 2 版　　印　　次:2021 年 1 月第 6 次印刷
印　　数:6701～7700
定　　价:39.50 元

产品编号:071562-01

前　言

　　综合布线的发展与建筑物自动化系统密切相关。传统布线如电话、计算机局域网都是各自独立的,各系统分别由不同的厂商设计和安装,采用不同的线缆和不同的终端插座,相互无法兼容。而且办公布局及环境发生改变、需要更换设备时,就必须更换布线,管理、维修和升级都很不方便。随着全球社会信息化与经济国际化的深入发展,人们对信息共享的需求日趋迫切,传统的布线系统无法满足需要。在 20 世纪 80 年代发展起来的综合布线技术将智能建筑的信息系统融合在一起,采用结构化、模块化的设计思想,统一安装,统一管理,具有兼容、开放、灵活、可靠、先进和经济的特点,而且在设计、施工和维护方面也给人们带来了很多方便。

　　综合布线课程在 20 世纪 90 年代逐渐进入高校,涉及智能建筑和计算机网络技术等领域。随着综合布线系统在我国楼宇建筑和网络工程中的迅猛发展,企业急需大批综合布线规划设计、安装施工、测试验收和维护管理的专业人员,综合布线技术受到了广泛的重视,综合布线课程逐渐成为计算机类相关专业的必修课或重要的选修课。本书可作为本科院校、高等职业院校、高等专科学校、成人高校计算机网络、通信工程和楼宇建筑等专业的综合布线教材,也可以作为学习综合布线技术的培训教材。

　　本书在第一版的基础上,对部分章节略做改变。第一,增加了第 12 章,介绍 Visio 2013 软件的使用,因为在综合布线比赛或实际施工时,我们都需要画系统图和施工图,学生对 Visio 软件不熟悉,因此增加了第 12 章的内容;第二,在第 11 章增加了光纤冷接的实验,因为在光纤接头时普遍采用光纤冷接;第三,增加了附录 B,对专业术语、缩略词、GB 50311-2007 与 ANSI TIA/EIA 568-A 主要术语对照表都做了介绍;第四,增加了附录 C,每年都有综合布线的技能大赛,但没有实例参照练习,因此,我们把网络综合布线技术竞赛题目归纳、总结,为指导老师和参加比赛的学生提供帮助。

　　本书系统地介绍了综合布线系统的概念、结构、设计、施工和测试验收等方面的知识。全书共分两部分,具体内容介绍如下:第一部分包括 12 章,第 1 章介绍了综合布线的概念和国际、国内的几个标准,常用的传输介质、连接件及工具;第 2 至 7 章介绍了工作区、水平、管理、垂直、设备间、进线间和建筑群共 7 个子系统,详细讲解了各个子系统的设计和施工;第 8 章介绍了综合布线系统的屏蔽保护、接地保护、电气保护和防火保护;第 9 章介绍了综合布线系统的测试和验收;第 10 章为某学校综合布线案例,通过实例系统讲解了综合布线系统的设计规划、具体施工和测试验收;第 11 章介绍了 16 个实验,包括水晶头的制作、信息模块的制作、配线架的打线、链路的测试、信息模块的安装、水平子系统的布线、壁挂式机柜的安装、垂直子系统的布线、设备间机柜的安装、光纤熔接、光纤的冷接和光缆的敷设等;第 12 章介绍 Visio 2013 软件的使用,在综合布线时要用 Visio 软件绘制布线的系统图、施工图、房间图等；第 2 部分是 3 个附录，附录 A 介绍了我们国家综合布线的标准，附录 B 对专业术语、缩略词、GB 50311-2007 与 ANSI TIA/EIA 568-A 主要术语对照表做了介绍，附录 C 为综合布线技能大赛竞赛题目。

　　本书的内容繁简适中、重点突出、层次结构合理，重点强调了理论与工程设计的结合、实训与考核的结合。第一部分讲解布线系统相关理论的同时，附有大量的实物图例、操作图例以及施工技巧和经验，并给出了行业典型应用案例，尤其是 16 个实验，囊括了综合布线系统的 7 个子系统，做到了理论知识与实际操作的紧密结合，第二部分的附录帮助大家更好地理解综合布线技术。本书既是一本讲授用教材，又是一本实用的实训操作指导书。

　　本书是作者多年从事综合布线教学与工程实践活动的总结，参加本书编写的有河北师范大学马丽梅(第 1 章到第 3 章、第 11 章、附录 A、附录 B)、黑龙江大学朱福珍(第 5 章到第 7 章)、贵州广播电视大学陈玉玲(第 8 章、第 12 章)、中国矿业大学阎子骥(第 9 章)、廊坊师范学院李维仙(第 10 章)、山西职业技术学院苏彬(附录 C)、江西财经大学信息管理学院李钟华(第 4 章)。本书的编写得到了清华大学出版社魏江江主任的大力支持，西安开元电子实业有限公司总经理王公儒教授、段为民经理在技术上给予了大力指导，在此表示衷心的感谢。全书由马丽梅统稿、定稿。

　　本书在编写过程中吸取了许多综合布线专著、论文的思想，得到了许多老师的帮助，在此一并感谢。

　　由于作者水平有限，加上综合布线技术发展迅速，书中不足之处在所难免，敬请广大读者和专家批评指正。

编　者

2016 年 11 月

目　录

Ⅸ

第1章 综合布线系统概述

本章要点：

- 掌握综合布线的概念和组成；
- 了解国际和国内关于综合布线的标准；
- 熟悉综合布线常用的线缆双绞线；
- 熟悉综合布线系统的常用介质、工具和设备。

1.1 综合布线系统基础

现代科技的进步使计算机及网络技术飞速发展，提供越来越强大的计算机处理能力和网络通信能力。计算机及网络通信技术的应用大大提高了现代企业的生产管理效率，降低运作成本，并使得现代企业能更快速有效地获取市场信息，及时决策反应，提供更快捷、更满意的客户服务，在竞争中保持领先。计算机及网络通信技术的应用已经成为企业成功的一个关键因素。

计算机及通信网络均依赖布线系统作为网络连接的物理基础和信息传输的通道。传统的基于特定的单一应用的专用布线技术因缺乏灵活性和发展性，已不能适应现代企业网络应用飞速发展的需要。而新一代的结构化布线系统能同时提供用户所需的数据、话音、传真和视像等各种信息服务的线路连接，它使话音和数据通信设备、交换机设备、信息管理系统及设备控制系统、安全系统彼此相连，也使这些设备与外部通信网络相连接。它包括建筑物到外部网络或电话局线路上的连线、与工作区的话音或数据终端之间的所有电缆及相关联的布线部件。布线系统由不同系列的部件组成，其中包括传输介质、线路管理硬件、连接器、插座、插头、适配器、传输电子线路、电器保护设备和支持硬件。

1.1.1 综合布线系统的定义

综合布线系统（Generic Cabling System，GCS），又称为结构化布线系统（Structured Cabling System，SCS），或称为建筑物布线系统（Premises Distribution System，PDS）或开放式布线系统（Open Cabling System，OCS）。

综合布线系统是一种模块化的、灵活性极高的建筑物内或建筑群之间的信息传输通道，能使建筑物或建筑群内部的语音、数据通信设备，信息交换设备，建筑自动化管理设备及物业管理等系统之间彼此相连，也能使建筑物内的信息通信设备与外部的信息通信网络相连接，以达到共享信息资源及更高的需求，因此综合布线系统是建筑物智能化必备的基础设施。

综合布线系统可满足各种不同的计算机系统和通信系统的要求,包括:

(1) 模拟与数字的语音系统;

(2) 高速与低速的数据系统($1\sim 1000\text{MHz}$);

(3) 传真机、图形终端和绘图仪等需要传输的图像资料系统;

(4) 电视会议与安全监视系统的视频信号系统;

(5) 建筑物的安全报警和空调系统的传感器信号系统。

综合布线系统是一种开放式星型拓扑结构的预布线,能适应较长时间的需求,布线系统的使用寿命一般要求在 10 年以上。

1.1.2 综合布线系统的产生和发展

传统的布线(如电话线缆、有线电视线缆和计算机网络线缆等)都是由不同单位各自设计和安装完成的,采用不同的线缆及终端插座,各个系统相互独立。由于各个系统的终端插座、终端插头和配线架等设备都无法兼容,因此当设备需要移动或更换时,就必须重新布线。这样既增加了资金的投入,也使得建筑物内线缆杂乱无章,增加了管理和维护的难度。

早在 20 世纪 50 年代初期,一些发达国家就在高层建筑中采用电子器件组成控制系统,各种仪表、信号灯以及操作按键通过各种线路连接至分散在现场各处的机电设备上,用来集中监控设备的运行情况,并对各种机电系统实现手动或自动控制。由于电子器件较多,线路又多又长,因此控制点数目受到很大的限制。20 世纪 60 年代,开始出现数字式自动化系统。20 世纪 70 年代,建筑物自动化系统采用专用计算机系统进行管理、控制和显示。20 世纪 80 年代中期开始,随着超大规模集成电路技术和信息技术的发展,出现了智能化建筑物。

20 世纪 80 年代末期,美国朗讯科技(原 AT&T)公司贝尔实验室的科学家们经过多年的研究,在该公司的办公楼和工厂试验成功的基础上,在美国率先推出了结构化布线系统(Structured Cabling System),其代表产品是 SYSTIMAX PDS(建筑与建筑群综合布线系统),并于 1986 年通过了美国电子工业协会(EIA)和电信工业协会(TIA)的认证,于是综合布线系统很快得到世界的广泛认同并在全球范围内推广。

我国在 20 世纪 80 年代末期开始引入综合布线系统,20 世纪 90 年代中后期综合布线系统得到了迅速发展。目前,现代化建筑中广泛采用综合布线系统,"综合布线"已成为我国现代化建筑工程中的热门课题,也是建筑工程、通信工程设计及安装施工相互结合的一项十分重要的内容。

1.1.3 综合布线系统的特点

1. 兼容性

综合布线的首要特点是它的兼容性。所谓兼容性是指其自身是完全独立的,而与应用系统相对无关,可以用于多种系统中。由于综合布线是一套综合式的全开放式系统,因此可以使用相同的电缆与配线端子排,以及相同的插头与模块化插孔及适配器,可以将不同厂商设备的不同传输介质全部转换成相同的屏蔽或非屏蔽双绞线。

综合布线将语音、数据与监控设备的信号线经过统一的规划和设计,采用相同的传输媒体、信息插座、交连设备和适配器等,把这些不同信号综合到一套标准的布线中。由此可见,这种布线比传统布线大为简化,可节约大量的物资、时间和空间。

在使用时,用户可不用定义某个工作区的信息插座的具体应用,只把某种终端设备(如个人计算机、电话和视频设备等)插入这个信息插座,然后在管理间和设备间的交接设备上做相应的接线操作,这个终端设备就被接入到各自的系统中。

2. 开放性

对于传统的布线方式,只要用户选定了某种设备,也就选定了与之相适应的布线方式和传输媒体。如果更换另一种设备,那么原来的布线就要全部更换。对于一个已经完工的建筑物,这种变化是十分困难的,要增加很多投资。而综合布线由于采用开放式体系结构,符合多种国际上现行的标准,因此它是开放的,如计算机设备、交换机设备等。

3. 灵活性

传统布线系统的体系结构是固定的,不考虑设备的搬迁或增加,因此设备搬移或增加后就必须重新布线,耗时费力。综合布线采用标准的传输线缆、相关连接硬件及模块化设计,所有的通道都是通用性的,所有设备的开通及变动均不需要重新布线,只需增减相应的设备并在配线架上进行必要的跳线管理即可实现。综合布线系统的组网也灵活多样,同一房间内可以安装多台不同的用户终端,如计算机、电话和电视等。

4. 可靠性

传统的布线方式由于各个应用系统互不兼容,因而在一个建筑物中往往要有多种布线方案,因此系统的可靠性要由所选用的布线可靠性来保证,当各应用系统布线不当时,还会造成交叉干扰。综合布线采用高品质的材料和组合压接的方式构成一套高标准的信息传输通道。每条通道都采用专用仪器校核线路衰减、串音、信噪比,以保证其电气性能。综合布线系统全部采用星型拓扑结构,结构特点使得任何一条线路故障均不影响其他线路的运行,同时为线路的运行维护及故障检修提供了极大的方便,所有线槽和相关连接件均通过 ISO 认证,从而保障了系统的可靠运行。各应用系统往往采用相同的传输媒体,因而可互为备用,提高了备用冗余。

5. 先进性

综合布线系统是应用极富弹性的布线概念,采用光纤与 5 类双绞线混合布线方式。所有布线均采用世界上最新通信标准,所有信息通道均按 ISDN 标准,按 8 芯双绞线配置。通过 5 类双绞线,数据最大速率可达到 100MHz,6 类双绞线带宽可达 250MHz,对于特殊用户需求可把光纤铺到桌面(Fiber to the Desk)。干线光缆可设计为 500M 带宽,为将来的发展提供了足够的余量。通过主干通道可同时多路传输多媒体信息,同时物理星型的布线方式为将来发展交换式网络奠定了坚实的基础,为同时传输多路实时多媒体信息提供足够的带宽容量。

6. 经济性

综合布线比传统布线具有经济性的优点,可适应相当长时间需求,传统布线改造很费时间,影响日常工作。综合布线系统与传统布线方式相比,综合布线是一种既具有良好的初期投资特性,又具有极高的性能价格比的高科技产品,布线产品均符合国内标准 GB 50311、GB 50312,国际标准 ISO/IEC 1180 和美国标准 EIA/TIA 568,为用户提供安全可靠的优质服务。

1.1.4 综合布线系统的组成

综合布线系统采用模块化结构,在中华人民共和国国家标准 GB/T 50311-2000 中划分

4

为 6 个子系统,分别是工作区子系统、水平子系统、干线子系统、设备间子系统、管理子系统和建筑群子系统。新的国家标准 GB 50311-2007《综合布线系统工程设计规范》对上述 6 个子系统进行了重新划分,定义了工作区、配线子系统、干线子系统、建筑群子系统、设备间、进线间和管理间 7 个子系统,新标准的配线子系统与旧标准的水平子系统对应,新增加了进线间子系统,并对管理子系统做了重新定义。旧标准对进线部分没有明确定义,随着智能大厦的大规模发展,建筑群之间的进线设施越来越多,各种进线的管理变得越来越重要,独立设置进线间就体现了这一要求。

1. 工作区子系统

一个独立的需要设置终端设备(TE)的区域划分为一个工作区。工作区由配线子系统的信息插座模块(TO)延伸到终端设备处的连接缆线及适配器组成。工作区子系统的组成如图 1-1 所示。

适配器(Adapter)可以是一个独立的硬件接口转接设备,也可以是信息接口。综合布线系统工作区信息插座是标准的 RJ-45 接口模块。如果终端设备不是 RJ-45 接口时,则需要另配一个接口转接设备(适配器)才能实现通信。

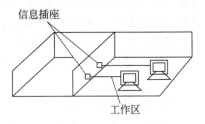

图 1-1　工作区子系统

工作区子系统常见的终端设备有计算机、电话机、传真机和电视机等。因此工作区对应的信息插座模块包括计算机网络插座、电话语音插座和 CATV 有线电视插座等,并配置相应的连接线缆,如 RJ-45—RJ-45 连接线缆、RJ-11—RJ-11 电话线和有线电视电缆。

需要注意的是,信息插座模块尽管安装在工作区,但它属于配线子系统的组成部分。

2. 配线子系统(水平子系统)

配线子系统由工作区的信息插座模块、信息插座模块至电信间配线设备(FD)的配线电缆和光缆、电信间的配线设备及设备缆线和跳线等组成,如图 1-2 所示。

配线设备(Distributor)是电缆或光缆进行端接和连接的装置。在配线设备上可进行互连或交连操作。交连采用接插软线或跳线连接配线设备和信息通信设备(数据交换机、语音交换机等),互连是不用接插软线或跳线,而使用连接器件把两个配线设备连接在一起。

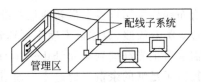

图 1-2　配线子系统

通常的配线设备就是配线架(Patch Panel),规模大一点的还有配线箱和配线柜。电信间、建筑物设备间和建筑群设备的配线设备分别简称为 FD、BD 和 CD。

在综合布线系统中,配线子系统要根据建筑物的结构合理选择布线路由,还要根据所连接不同种类的终端设备选择相应的线缆。配线子系统常用的线缆是 4 对屏蔽或非屏蔽双绞线、同轴电缆,现使用最多的是非屏蔽双绞线。对于某些高速率通信应用,配线子系统也可以使用光缆构建一个光纤到桌面的传输系统。

3. 干线子系统(垂直子系统)

干线子系统是综合布线系统的数据流主干,所有楼层的信息流通过配线子系统汇集到干线子系统。干线子系统由设备间至电信间的干线电缆和光缆、安装在设备间的建筑物配线设备及设备缆线和跳线组成,如图1-3所示。

干线子系统一般采用大对数双绞线电缆或光缆,两端分别端接在设备间和楼层电信间的配线架上。干线电缆的规格和数量由每个楼层所连接的终端设备类型及数量决定。干线子系统一般采用垂直路由,干线线缆沿着垂直竖井布放。

4. 建筑群子系统

建筑群子系统由连接多个建筑物之间的主干电缆和光缆、建筑群配线设备及设备缆线和跳线组成,如图1-4所示。

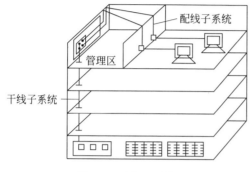

图 1-3　干线子系统

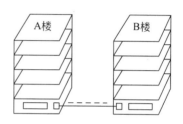

图 1-4　建筑群子系统

建筑群子系统提供了楼群之间通信所需的硬件,包括电缆、光缆以及防止电缆上的脉冲电压进入建筑物的电气保护设备。它常用大对数电缆和室外光缆作为传输线缆。

5. 设备间子系统

设备间是在每幢建筑物的适当地点进行网络管理和信息交换的场地,是综合布线的中枢系统。对于综合布线系统工程设计,设备间主要用于安装建筑物配线设备。电话交换机、计算机网络设备(如网络交换机、路由器)及入口设施也可与配线设备安装在一起。

设备间子系统由设备间内安装的电缆、连接器和有关的支撑硬件组成,如图1-5所示。它的作用是把公共系统设备的各种不同设备互连起来,如将电信部门的中继线和公共系统设备互连起来。为便于设备搬运、节省投资,设备间的位置最好选定在建筑物的第一层。

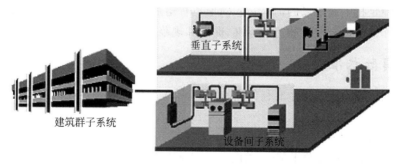

图 1-5　设备间子系统

6. 进线间子系统

进线间是建筑物外部通信和信息管线的入口部位,并可作为入口设施和建筑群配线设备的安装场地。

7. 管理子系统

管理子系统主要对工作区、电信间、设备间、进线间的配线设备、缆线和信息插座模块等设施按一定的模式进行标识和记录。

从功能及结构来看,综合布线的7个子系统密不可分,组成了一个完整的系统。如果将综合布线系统比喻为一棵树,则工作区子系统是树的叶子,配线子系统是树枝,干线子系统是树干,进线间、设备间子系统是树根,管理子系统是树枝与树干、树干与树根的连接处。工作区内的终端设备通过配线子系统、干线子系统构成的链路通道,最终连接到设备间内的应用管理设备。

综合布线系统的基本组成结构图如图1-6所示。

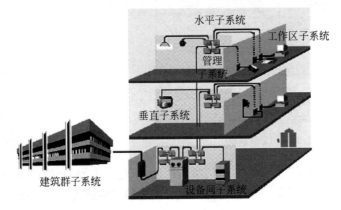

图1-6　综合布线系统的基本组成结构图

1.2　综合布线系统标准

综合布线系统自问世以来已经历了近30年的演变,随着信息技术的发展,布线技术不断推陈出新,与之相适应,布线系统相关标准也得到了不断的发展与完善。国际标准化委员会(ISO/IEC)、欧洲标准化委员会(CENELEC)和美国国家标准局(ANSI)都在努力制定更新的标准以满足技术和市场的需求。我国也不甘落后,国家质监局和建设部根据我国国情并力求与国际接轨而制定了相应的标准,促进和规范了我国综合布线技术的发展。

1.2.1　国际标准

国际上流行的综合布线标准有美国的 TIA/EIA 568、国际标准化组织的 ISO/IEC 11801 和欧洲的 EN 50173。

1. 美国标准

综合布线标准最早起源于美国,美国电子工业协会(Electronic Industries Association,EIA)负责制定有关界面电气特性的标准,美国通信工业协会(Telecommunications Industries Association,TIA)负责制定通信配线及架构的标准。设立标准的目的是:建立一种支持多供应商环境的通用电信布线系统;可以进行商业大楼结构化布线系统的设计和安装;建立综合布线系统配置的性能和技术标准。

1991年，美国国家标准局(American National Standards Institute, ANSI)发布了 TIA/EIA 568 商业建筑线缆标准，经改进后于 1995 年 10 月正式将 TIA/EIA 568 修订为 TIA/EIA 568A 标准。该标准规定了 100Ω 非屏蔽双绞线(UTP)、150Ω 屏蔽双绞线(STP)、50Ω 同轴线缆和 62.5/125μm 光纤的参数指标，并公布了相关的技术公告文本(Technical System Bulletin, TSB)，如 TSB 67、TSB 72、TSB 75 和 TSB 95 等，同时还附加了 UTP 信道在较差情况下布线系统的电气性能参数，在这个标准后还有 5 个增编，分别为 A1～A5。

ANSI 于 2002 年发布了 TIA/EIA 568B，以此取代了 TIA/EIA 568A。该标准由 B1、B2 和 B3 三个部分组成。第一部分 B1 是一般要求，着重于水平和主干布线拓扑、距离、介质选择、工作区连接、开放办公布线、电信与设备间、安装方法以及现场测试等内容，它集合了 TIA/EIA TSB 67、TSB 72、TSB 75、TSB 95、TIA/EIA 568 A2、A3、A5、TIA/EIA/IS 729 等标准中的内容。第二部分 B2 是平衡双绞线布线系统，着重于平衡双绞线电缆、跳线、连接硬件的电气和机械性能规范，以及部件可靠性测试规范、现场测试仪性能规范、实验室与现场测试仪比对方法等内容，它集合了 TIA/EIA 568 A1 和部分 TIA/EIA 568 A2、TIA/EIA 568 A3、TIA/EIA 568 A4、TIA/EIA 568 A5、TIA/EIA/IS729、TSB 95 中的内容，它有一个增编 B2.1，是目前第一个关于 6 类布线系统的标准。第三部分 B3 是光纤布线部件标准，用于定义光纤布线系统的部件和传输性能指标，包括光缆、光跳线和连接硬件的电气与机械性能要求、器件可靠性测试规范、现场测试性能规范等。

2008 年 8 月，新的 TIA/EIA 568 C 版本系列标准发布了。TIA/EIA 568 C 分为 C.0、C.1、C.2 和 C.3 共 4 个部分，C.0 为用户建筑物通用布线标准，C.1 为商业楼宇电信布线标准，C.2 为平衡双绞线电信布线和连接硬件标准，C.3 为光纤布线和连接硬件标准。

2. 国际标准

国际标准化组织和国际电工技术委员会(ISO/IEC)于 1988 年开始，在美国国家标准协会制定的有关综合布线标准的基础上做了修改，并于 1995 年 7 月正式公布《ISO/IEC 11801：1995(E)信息技术——用户建筑物综合布线》，作为国际标准供各个国家使用。目前该标准有三个版本，分别为 ISO/IEC 11801：1995、ISO/IEC 11801：2000 及 ISO/IEC 11801：2002。

ISO/IEC 11801：1995 是第一版，ISO/IEC 11801：2000 是修订版，对第一版中"链路"的定义进行了修正。ISO/IEC 11801：2002 是第二版，新定义了 6 类和 7 类线缆标准，同时将多模光纤重新分为 OM1、OM2 和 OM3 三类，其中 OM1 指目前传统 62.5μm 多模光纤，OM2 指目前传统 50μm 多模光纤，OM3 是新增的万兆光纤，能在 300m 距离内支持 10GB/s 数据传输。

3. 欧洲标准

英国、法国和德国等国于 1995 年 7 月联合制定了欧洲标准(EN 50173)，供欧洲一些国家使用，该标准在 2002 年做了进一步的修订。

目前，国际上常用的综合布线标准如表 1-1 所示。

各国制定的标准都有所侧重，美洲一些国家制定的标准没有提及电磁干扰方面的内容，国际布线标准提及了一部分但不全面，欧洲一些国家制定的标准则很注重解决电磁干扰的问题。因此美洲一些国家制定的标准要求使用非屏蔽双绞线及相关连接器件，而欧洲一些国家制定的标准则要求使用屏蔽双绞线及相关连接器件。

表 1-1　综合布线常用标准

制定国家	标准名称	标准内容	公布时间
美国	TIA/EIA 568A	商业建筑物电信布线标准	1995 年
	TIA/EIA 568 A1	传输延迟和延迟差的规定	
	TIA/EIA 568 A2	共模式端接测试连接硬件附加规定	
	TIA/EIA 568 A3	混合线绑扎电缆	
	TIA/EIA 568 A4	安装 5 类线规范	
	TIA/EIA 568 A5	5E 类新的附加规定	
	TSB 67	非屏蔽 5 类双绞线的认证标准	
	TSB 72	集中式光纤布线标准	
	TSB 75	开放型办公室水平布线附加标准	
	TIA/EIA 568B	商业建筑通信布线系统标准(B1～B3)	2002 年
	TIA/EIA 568 B1	综合布线系统总体要求	
	TIA/EIA 568 B2	平衡双绞线布线组件	
	TIA/EIA 568 B3	光纤布线组件	
	TIA/EIA 569	商业建筑通信通道和空间标准	1990 年
	TIA/EIA 606	商业建筑物电信基础结构管理标准	1993 年
	TIA/EIA 607	商业建筑物电信布线接地和保护连接要求	1994 年
	TIA/EIA 570A	住宅及小型商业区综合布线标准	1998 年
欧洲	EN 50173	信息系统通用布线标准	1995 年
	EN 50174	信息系统布线安装标准	
	EN 50289	通信电缆试验方法规范	2004 年
ISO	ISO/IEC 11801	信息技术——用户建筑群通用布线国际标准 第一版	1995 年
	ISO/IEC 11801	信息技术——用户建筑群通用布线国际标准 修订版	2000 年
	ISO/IEC 11801	信息技术——用户建筑群通用布线国际标准 第二版	2002 年

1.2.2　国内标准

我国国内标准有中国工程建设标准化协会颁布的 CECS72：97《建筑与建筑群综合布线系统工程设计规范》、CECS89：97《建筑与建筑群综合布线系统工程验收规范》,国家质量技术监督局与建设部联合发布的国家标准 GB/T 50311-2000《建筑与建筑群综合布线系统工程设计规范》、GB/T 50312-2000《建筑与建筑群综合布线系统工程验收规范》等。我国国家及行业综合布线标准的制定使我国综合布线走上标准化轨道,促进了综合布线在我国的应用和发展。

2007 年 4 月,我国建设部颁布了新标准 GB 50311-2007《综合布线系统工程设计规范》和 GB 50312-2007《综合布线系统工程验收规范》,并于 2007 年 10 月执行。该标准参考了国际上综合布线标准的最新成果,对综合布线系统的组成、综合布线子系统的组成、系统的分级等进行了严格的规范,新增了 5E 类、6 类和 7 类铜缆相关标准内容。

在进行综合布线设计时,具体标准的选用应根据用户投资金额、用户的安全性需求等多方面来决定,按相应的标准或规范来设计综合布线系统可以减少建设和维护费用。我国主要的综合布线标准如表1-2所示。

表 1-2　国内综合布线标准

制定部门	标准名称	标准内容	公布时间
中国工程建设标准化协会	CECS 72	建筑与建筑群综合布线系统工程设计规范	1997 年
	CECS 89	建筑与建筑群综合布线系统工程验收规范	
	CECS 119	城市住宅建筑综合布线系统工程设计规范	2000 年
信息产业部	YD/T 9261.3	大楼通信综合布线系统	1997 年
	YD5082	建筑与建筑群综合布线系统工程设计施工图集	1999 年
	YD/T 1013	综合布线系统电气特性通用测试方法	1999 年
	YD/T 1460.3	通信气吹微型光缆及光纤单元	2006 年
国家质量技术监督局与建设部	GB/T 50311	建筑与建筑群综合布线系统工程设计规范	2000 年
	GB/T 50312	建筑与建筑群综合布线系统工程验收规范	
	GB 50311	综合布线系统工程设计规范	2007 年
	GB 50312	综合布线系统工程验收规范	

2008 年 7 月,中国工程建设标准化协会信息通信专业委员会发布了《数据中心布线系统设计与施工技术白皮书》,详细地阐述了面向未来的数据中心结构化布线的规划思路、设计方法和实施指南。

1.3　综合布线系统常用介质

物理介质可大致分为有线介质和无线介质。有线介质是最常用也最简便的通信介质,一直以来,大量的铜线和光纤应用于电话系统中。在广域网领域,利用现成的电话系统线路进行通信传输几乎是最实际也最简便的方式,而在局域网领域,利用改进的专用线缆进行通信传输也简便易行。常见的有线介质有双绞线、同轴电缆、光纤等。

1.3.1　同轴电缆

同轴电缆(Coaxial Cable)是局域网中最常见的传输介质之一,其频率特性比双绞线好,能进行较宽频带的信息传输(传输速率为10Mbps)。由于它的屏蔽性能好,抗干扰能力强,通常用于基带传输。目前更多地使用于有线电视或视频等网络应用中,在计算机网络中运用较少。

1. 同轴电缆的结构与种类

同轴电缆是由一根空心的外圆柱导体及其所包围的单根内导线所组成,由里往外依次是导体、塑胶绝缘层、金属网状屏蔽网和外套皮(如图1-7所示),由于导体与网状屏蔽层同轴,故名为同轴电缆。这种结构的金属屏蔽网可防止中心导体向外辐射电磁场,也可用来防止外界电磁场干扰中心导体的信号。

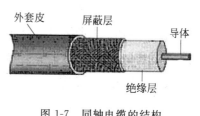

图 1-7　同轴电缆的结构

同轴电缆分为基带同轴电缆和宽带同轴电缆。基带电缆又分细同轴电缆和粗同轴电缆,仅仅用于数字传输,数据率可达 10Mbps。同轴电缆总要有以下几种类型。

(1) 50Ω 细同轴电缆,型号为 RG-58,直径为 0.26 厘米,最大传输距离为 185 米,使用 50Ω 终端电阻、T 型连接器、BNV 接头与网卡相连。如总长超过 185 米,信号将严重衰减。

(2) 75Ω 粗同轴电缆,型号为 RG-11,直径为 1.27 厘米,最大传输距离为 500 米。它一般被用于主干上,连接多个由细缆所结成的网络。

(3) 75Ω 宽带同轴电缆,其屏蔽层通常是用铝冲压而成的,主要型号为 RG-59 系列,用于视频传输,也可用于宽带数据网络。

(4) 93Ω 同轴电缆,特性阻抗为 93Ω,其主要型号是 RG-62,主要用于 ARCnet。

同轴电缆虽然在某些方面的应用优于双绞线电缆,例如特别适合传输宽带信号(有线电视系统、模拟录像等),但同轴电缆也有其固有的缺点,虽然屏蔽层使信号在同轴电缆中传输时几乎不受外界的干扰,但安装时屏蔽层必须正确接地,否则会造成更大的干扰。同轴电缆支持的数据传输速度只有 10Mbps,无法满足目前局域网的传输速度要求,所以在计算机局域网布线中已不再使用同轴电缆。

2. 同轴电缆的相关技术参数

同轴电缆的主要电气参数如下:

(1) 同轴电缆的特性阻抗。同轴电缆的平均特性阻抗为 $50\pm2\Omega$,沿单根同轴电缆的阻抗的周期性变化为正弦波,中心平均值 $\pm3\Omega$,其长度小于 2m。

(2) 同轴电缆的衰减。一般指 500m 长的电缆段的衰减值。当用 10MHz 的正弦波进行测量时,它的值不超过 8.5dB(17dB/km);而用 5MHz 的正弦波进行测量时,它的值不超过 6.0dB(12dB/km)。

(3) 同轴电缆的传播速度。需要的最低传播速度为 $0.77c$(c 为光速)。

(4) 同轴电缆直流回路电阻。电缆中心导体的电阻与屏蔽层的电阻之和不超过 10mΩ/m(在 20℃下测量)。

同轴电缆的物理参数如下:

同轴电缆是由中心导体、绝缘材料层、网状织物构成的屏蔽层以及外部隔离材料层组成。中心导体是直径为 2.17 ± 0.013mm 的铜线。绝缘材料必须满足同轴电缆电气参数。屏蔽层是由满足传输阻抗和 ECM 规范说明的金属带或薄片组成,屏蔽层的内径为 6.15mm,外径为 8.28mm。外部隔离材料一般选用聚氯乙烯(如 PVC)或类似材料。

对电缆进行测试的主要状况如下:

(1) 导体或屏蔽层的开路情况。

(2) 导体和屏蔽层之间的短路情况。

(3) 导体接地情况。

(4) 在各屏蔽接头之间的短路情况。

无论是粗缆还是细缆,均为总线拓扑结构,一根线缆上接多台机器,一点发生故障,会串联影响到整根线缆上的所有机器,故障诊断和修复都很麻烦,因此,逐步被非屏蔽双绞线和光缆取代。

1.3.2 双绞线电缆

2010 年,中国综合布线工作组 CTEAM 发布的《中国综合布线市场发展报告》数据显示,2009 年中国综合布线材料市场的电缆和光缆等材料达到了约 34 亿人民币的市场规模,预计 2009—2013 年的复合增长率将会达到 24.5%,2009 年中国屏蔽系统大致占到整个市场的 10%。在数据中心市场调查的用户中有 26.5% 的用户使用超 5 类双绞线电缆,70.2%的用户使用 6 类和 6A 类双绞线电缆,还有 3.3%的用户使用 7 类双绞线电缆。

双绞线(Twisted Pair Cable)是综合布线工程中最常用的一种传输介质,大多数数据和语音网络都使用双绞线布线。双绞线一般是由两根遵循 AWG(American Wire Gauge,美国线规)标准的绝缘铜导线相互缠绕而成。把两根绝缘的铜导线按一定密度互相绞在一起可降低信号干扰的程度,每一根导线在传输中辐射的电波会被另一根导线上发出的电波抵消,"双绞线"的名字也是由此而来。

1. 双绞线的种类与规格型号

双绞线是由两根 22~26 号具有绝缘保护层的铜导线相互缠绕而成,把一对或多对双绞线放在一个绝缘套管中便构成了双绞线电缆。与其他传输介质相比,双绞线在传输距离、信道宽度和数据传输速度等方面均受到一定的限制,但是价格较为低廉。

双绞线可以按照以下方式进行分类。

(1)按结构分为屏蔽双绞线(Shielded Twisted Pair,STP)和非屏蔽双绞线电缆(Unshielded Twisted Pair,UTP)。

(2)按性能分为 1 类、2 类、3 类、4 类、5 类、5E 类、6 类、6E 类、7 类双绞线电缆。

(3)按特性阻抗可分为 100Ω、120Ω 及 150Ω 等几种。常用的是 100Ω 的双绞线电缆。

(4)按对数分为 1 对、2 对、4 对双绞线电缆,25 对、50 对、100 对的大对数双绞线电缆。

2. 双绞线的性能指标

(1)衰减。

衰减(Attenuation)是沿链路的信号损失度量。衰减与线缆的长度有关系,随着长度的增加,信号衰减也随之增加。衰减的单位是分贝,用 dB 来表示,表示源传送端信号到接收端信号强度的比率。由于衰减随频率而变化,因此应测量在应用范围内全部频率上的衰减。频率越高,衰减得越厉害。

(2)近端串扰(衰减)。

串扰是指线缆传输数据时线对间信号的相互泄漏,类似于噪声。串扰分近端串扰(NEXT)和远端串扰(FEXT),测试仪主要是测量 NEXT,由于存在线路损耗,因此 FEXT 的量值的影响较小。对于 UTP 链路,NEXT 是一个关键的性能指标,也是最难精确测量的一个指标。随着信号频率的增加,其测量难度将加大。

近端串扰可以被理解为线缆系统内部产生的噪音,严重影响信号的正确传输。

串扰可以通过电缆的绞接被最大限度地减少,这样信号耦合是"互相抑制"的。当安装链路出现错误时,可能会破坏这种"互相抑制"而产生过大的串扰。

串扰就是一种典型的情况。串扰是用两个不同的线对重新组成新的发送或接收线对而破坏了绞接所具有的、消除串扰的作用。对于带宽为 10Mbps 的网络传输来说,如果距离不是很长,串扰的影响并不明显,有时甚至让人觉得网络运行完全正常。但对于带宽为100Mbps 的网络传输,串扰的存在是致命的。

NEXT 并不表示在近端点所产生的串扰值,它只是表示在近端点所测量到的串扰值。这个量值会随电缆长度不同而变,电缆越长,其值变得越小。同时发送端的信号也会衰减,对其他线对的串扰也相对变小,在 40m 内测得的 NEXT 较为真实。

对于通信信号分为有用和有害信号,对于有用信号,是衰减得越少越好,比如测试中常见的衰减参数,数值越小越好。

但是对于有害信号,比如回波、串音,就需要衰减得越大越好。

比较好理解的是串音,比如 NEXT,全称是近端串音衰减(或近端串音损耗),这个数值也是越大越好。它是这样测试的:用网络分析仪测量,一个输入信号加在主干扰线对上,同时在近端的被干扰线对输出端测量串音信号。测得值当然是越小越好,越小就说明串音被线缆结构(比如屏蔽)衰减得越多。

对于 NEXT,有人说是近端串音,口头说说可以,但是容易造成误解,因为串音当然是越小越好,怎么要求测量数值越大越好呢,其实后面少了两个字——衰减。

(3) 直流环路电阻。

任何导线都存在电阻,直流环路电阻是指一对双绞线电阻之和。当信号在双绞线中传输时,在导体中会消耗一部分能量且转变为热量,100Ω 屏蔽双绞电缆直流环路电阻不大于 $19.2\Omega/100m$,150Ω 屏蔽双绞电缆直流环路电阻不大于 $12\Omega/100m$。常温环境下的最大值不超过 30Ω。直流环路电阻的测量应在每对双绞线远端短路,每一对线之间的差异不能超过 5%,否则就是接触不良,必须检查连接点。

(4) 特性阻抗。

假设一根均匀电缆无限延伸,在发射端的某一频率下的阻抗称为"特性阻抗"。

测量特性阻抗时,可在电缆的另一端用特性阻抗的等值电阻终接,其测量结果会跟输入信号的频率有关。

特性阻抗的测量单位为欧姆。在高频段频率不断提高时,特性阻抗会渐近于固定值。

例如同轴电缆将会是 50Ω 或 75Ω;而双绞线(用于电话及网络通信)将会是 100Ω(在高于 1MHz 时)、150Ω、120Ω,与线缆的电气性能有关。

(5) 衰减串扰比(ACR)。

在某些频率范围,串扰与衰减量的比例关系是反映电缆性能的另一个重要参数。例如有一位讲师在教室的前面讲课,讲师的目标是要学员能够听清楚他的发言。讲师的音量是一个重要的因素,但是更重要的是讲师的音量和背景噪声间的差别。如果讲师是在安静的图书馆中发言,即使是低声细语也能听到。想象一下,如果同一个讲师以同样的音量在热闹的足球场内发言会是怎样的情况。讲师将不得不提高他的音量,这样他的声音(所需信号)与人群的欢呼声(背景噪声)的差别才能大到被听见,这就是 ACR。ACR 值较大,表示对抗干扰的能力越强。一般系统要求至少大于 10dB。

$$ACR = NEXT - a$$

在 ISO 及 IEEE 标准里都规定了 ACR 指标,但 TIA/EIA 568A 则没有提到它。

由于每对线对的 NEXT 值都不尽相同,因此每对线对的 ACR 值也是不同的。测量时以最差的 ACR 值为该电缆的 ACR 值。如果是与 PSNEXT(综合近端串扰)相比,则用 PSACR 值来表示。

PSNEXT 的方法就是计算某线缆中一个线对(被干扰对)受到其他所有线对(干扰对)信号传输的影响的总和。例如,一根 4 对线缆,有 3 对线干扰第 4 对线,所有这 3 对线对第 4 对线的影响均计算在内。

（6）电缆特性（SNR）。

通信信道的品质是由其电缆特性描述的。SNR 是在考虑到干扰信号的情况下,对数据信号强度的一个度量。如果 SNR 过低,将导致数据信号在被接收时,接收器不能分辨数据信号和噪音信号,最终引起数据错误。因此,为了将数据错误限制在一定范围内,必须定义一个最小的可接收的 SNR。

3. 屏蔽双绞线（STP）

屏蔽双绞线是在双绞线电缆中增加了金属屏蔽层,目的是为了提高电缆的物理性能和电气性能,减少电缆信号传输中的电磁干扰。电缆屏蔽层采用金属箔、金属网或金属丝等材料组成,它能将噪声转变成直流电,屏蔽层上的噪声电流与双绞线上的噪声电流相反,因而两者可相互抵消。

电缆屏蔽层的设计有以下几种形式。

（1）屏蔽整个电缆。

（2）屏蔽电缆中的线对。

（3）屏蔽电缆中的单根导线。

屏蔽双绞线电缆分为 STP（如图 1-8 所示）和 ScTP（FTP）（如图 1-9 所示）两类,其中 STP 又分为 STP 电缆（工作频率为 20MHz）和 STP-A（工作频率为 300MHz）电缆两种。两类屏蔽双绞线电缆的主要区别在于屏蔽层的设计形式不同:STP 的屏蔽层屏蔽每个线对,而 ScTP（FTP）的屏蔽层则屏蔽整个电缆。

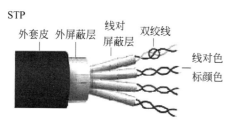

图 1-8　STP 屏蔽双绞线电缆

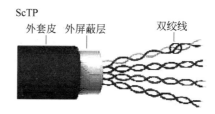

图 1-9　ScTP 屏蔽双绞线电缆

4. 非屏蔽双绞线（UTP）

非屏蔽双绞线没有屏蔽双绞线的金属屏蔽层,它在绝缘套管中封装了一对或一对以上的双绞线,每对双绞线按一定密度互相绞合在一起,如图 1-10 所示。这样可以提高系统本身抗电子噪声和电磁干扰的能力,但不能防止周围的电子干扰。其特点是直径小,节省所占用的空间,重量轻,易弯曲,有阻燃性,适用于结构化综合布线。

对于一根双绞线,在外观上需要注意的是每隔两英尺有一段文字。以某公司的线缆为例,该段文字为:

AMP SYSTEMS CABLEE138034 0100 24 AWG（UL）CMR/MPR OR C（UL）PCC FT4 VERIFIED ETL CAT5 O44766 FT 201607

AMP:代表公司名称。

0100:表示特性阻抗 100Ω。

24:表示线芯是 24 号的（线芯有 22、24、26 三种规格）。

图 1-10　非屏蔽双绞线电缆

AWG：表示美国线缆规格标准。

UL：表示通过美国安全实验室的认证。

FT4：表示4对线。

CAT5：表示五类线。

044766：表示线缆当前处在的英尺数。

201607：表示生产年月。

TIA/EIA为UTP双绞线电缆定义了不同的型号，下面几种是现阶段常用的UTP型号。

(1) 5类(CAT-5)。该类电缆的传输频率为100MHz，用于FDDI(基于双绞线的FDDI网络)和快速以太网，传输速率达100Mbps，但在同时使用多对线对以分摊数据流的情况下，也可用于1000Base-T网络。目前5类双绞线电缆已广泛应用于电话、保安和自动控制等网络中，但在计算机网络布线中已逐渐失去市场。

(2) 超5类(CAT-5E)。超5类电缆的传输频率为155MHz，传输速率可达到100Mbps。与5类双绞线电缆相比，具有更多的扭绞数目，可以更好地抵抗来自外部和电缆内部其他导线的干扰，从而提升了性能，对近端串扰、综合近端串扰、衰减和衰减串扰比4个主要指标都有了较大的改进。因此超5类双绞线电缆具有更好的传输性能，更适合支持1000Base-T网络，是目前综合布线系统的主流产品。

(3) 6类(CAT-6)。其性能超过CAT-5E，电缆频率带宽为250MHz以上，最大传输速率是1Gbps，主要应用于100Base-T快速以太网和1000Base-T以太网中。6类电缆的绞距比超5类电缆更密，线对间的相互影响更小，从而提高了串扰的性能，更适合用于全双工的高速千兆网络，是目前综合布线系统中常用的传输介质，如图1-11所示。

图1-11　6类双绞线

(4) 超6类(CAT-6A)。该类电缆主要应用于1000Base-T以太网中，其传输带宽为500MHz。最大传输速率是10Gbps，与6类电缆相比，在串扰、衰减等方面有较大改善。

(5) 7类(CAT-7)。该类电缆是线对屏蔽的S/FTP电缆，它有效地抵御了线对之间的串扰，从而在同一根电缆上可实现多个应用。其最高频率带宽是600MHz，传输速率可达10Gbps，主要用于万兆以太网综合布线。

在选取对绞电缆时，除考虑其种类和规格外，还应注意下列事项。

(1) 对绞电缆的外护套上应印有清晰的字迹，用于说明电缆的规格及遵循的标准等。

(2) 切开对绞电缆的外护套，应当看出其中每个线对的缠绕密度是不同的。

(3) 通常规格较高的对绞电缆的缠绕密度较高。

(4) 注意对绞电缆线芯的硬度，观看其外表是否具有一定的自然弯曲，通常这种弯曲是更易于现场布线施工的。

(5) 注意对绞电缆的粗细是否与外套上所列印的AWG值相同，以及线芯的直径是否均匀且符合标准。

(6) 对绞电缆的阻燃特性是否与电缆外护套上打印的规格一致。

（7）向生产厂商索取电缆的有关参数，并与标准进行对比，了解布线产品的生产标准，以确保其性能。

建设部发布的国家标准《综合布线系统工程设计规范》(GB 50311-2007)中明确规定，综合布线铜缆系统的分级与类别划分应当符合表 1-3 中的要求，网络应用标准与网络传输介质对应如表 1-4 所示。

表 1-3　铜缆布线系统的分级与类别

系统分级	支持带宽	支持应用器件	
		电缆	连接硬件
A	100kHz	—	—
B	1MHz	—	—
C	16MHz	3 类	3 类
D	100MHz	5/5E 类	5/5E 类
E	250MHz	6 类	6 类
F	600MHz	7 类	7 类

注：3 类、5/5E 类（超 5 类）、6 类、7 类布线系统应能支持向下兼容的应用。

表 1-4　网络应用标准与网络传输介质的对应表

传输速率	网络标准	物理接口标准	传输介质	传输距离/m	备注
10Mbps	802.3	10Base2	细同轴电缆	185	已退出市场
		10Base5	粗同轴电缆	500	已退出市场
	802.3i	10Base-T	3 类双绞线	100	
	802.3j	10Base-F	光纤	2000	
100Mbps	802.3u	100Base-T4	3 类双绞线	100	使用 4 个线对
		100Base-TX	5 类双绞线	100	用 12、36 线对
		100Base-FX	光纤	2000	
1Gbps	802.3ab	1000Base-T	5 类以上双绞线	100	每对线缆既接收又发送
	TIA/EIA-854	1000Base-TX	6 类以上双绞线	100	2 对发送，2 对接收
	802.3z	1000Base -SX	62.5μm 多模光纤/短波 850nm/带宽 160MHz·km	220	
		1000Base -SX	62.5μm 多模光纤/短波 850nm/带宽 200MHz·km	275	
		1000Base -SX	50μm 多模光纤/短波 850nm/带宽 400MHz·km	500	
		1000Base -SX	50μm 多模光纤/短波 850nm/带宽 500MHz·km	550	
		1000Base-LX	多模光纤/长波 1300 nm	550	
		1000Base-LX	单模光纤	5000	
		1000Base-CX	150Ω 平衡屏蔽双绞线(STP)	25	适用于机房中短距离连接

传输速率	网络标准	物理接口标准	传输介质	传输距离/m	备注
10Gbps	802.3ae	10Gbase-SR	$62.5\mu m$ 多模光纤/850nm	26	
		10Gbase-SR	$50\mu m$ 多模光纤/850nm	65	
		10Gbase-LR	$9\mu m$ 单模光纤/1310 nm	10 000	
		10Gbase-ER	$9\mu m$ 单模光纤/1550 nm	40 000	
		10Gbase-LX4	$9\mu m$ 单模光纤/1310 nm	10 000	WDM 波分复用
		10Gbase-SW	$62.5\mu m$ 多模光纤/850nm	26	物理层为 WAN
		10Gbase-SW	$50\mu m$ 多模光纤/850nm	65	物理层为 WAN
		10Gbase-LW	$9\mu m$ 单模光纤/1310 nm	10 000	物理层为 WAN
		10Gbase-EW	$9\mu m$ 单模光纤/1550 nm	40 000	物理层为 WAN
	802.3ak	10GBase-CX4	同轴铜缆	15	
	802.3an	10GBase -T	6 类双绞线	55	使用 4 个线对
			6A 类以上双绞线	100	使用 4 个线对

为了便于管理,UTP 的每对双绞线均用颜色标识。4 对 UTP 电缆分别使用橙色、绿色、蓝色和棕色线对表示。每对双绞线中,有一根为线对纯颜色,另一根为白底色加上线对纯颜色的条纹或斑点,具体的颜色编码如表 1-5 所示。

表 1-5 4 对 UTP 电缆的颜色编码表

线对	色标	英文缩写	线对	色标	英文缩写
线对-1	白—橙 橙	W—O O	线对-3	白—蓝 蓝	W—BL BL
线对-2	白—绿 绿	W—G G	线对-4	白—棕 棕	W—BR BR

安装人员可以通过颜色编码来区分每根导线,TIA/EIA 标准描述了两种端接 4 对双绞线电缆时每种颜色的导线排列关系,分别为 T568-A 标准和 T568-B 标准,如表 1-6 所示。

表 1-6 T568-A 和 T568-B 标准规定的双绞线的排列

引　脚	T568-A	T568-B	引　脚	T568-A	T568-B
1	白绿	白橙	5	白蓝	白蓝
2	绿	橙	6	橙	绿
3	白橙	白绿	7	白棕	白棕
4	蓝	蓝	8	棕	棕

在网络连接中常常采用直通网线和交叉网线两种网线,它们均是根据 T568-A 和 T568-B 标准进行制作的。

(1) 直通网线。网线两端均按同一标准(或为 T568-A,或为 T568-B)制作,用于交换机、集线器与计算机之间的连接。在同一个工程项目中,必须确保所有的端接采用相同的接线模式,或者是 T568-A,或者是 T568-B,不可混用。

(2) 交叉网线。网线一端按 T568-A 标准制作,另一端按 T568-B 标准制作,用于交换机与交换机、集线器与集线器、计算机与计算机之间的连接。

5. 大对数电缆

大对数电缆,即大对数干线电缆。大对数电缆一般为25线对(或更多)成束的电缆结构。从外观上看,是直径更大的单根电缆。它也同样采用颜色编码进行管理,每个线对束都有不同的颜色编码,同一束内的每个线对又有不同的颜色编码,如图1-12所示。

图1-12 大对数电缆

大对数电缆始终由10种颜色组成,有5种主色和5种次色,5种主色和5种次色又组成25种色谱,不管通信电缆对数多大,通常大对数通信电缆都是按25对色为一小把标识组成。

5种主色:白色、红色、黑色、黄色、紫色

5种次色:蓝色、橘色、绿色、棕色、灰色

10对通信电缆色谱线序表:

1对—白蓝	2对—白橘	3对—白绿	4对—白棕	5对—白灰
6对—红蓝	7对—红橘	8对—红绿	9对—红棕	10对—红灰

20对通信电缆色谱线序表:

1对—白蓝	2对—白橘	3对—白绿	4对—白棕	5对—白灰
6对—红蓝	7对—红橘	8对—红绿	9对—红棕	10对—红灰
11对—黑蓝	12对—黑橘	13对—黑绿	14对—黑棕	15对—黑灰
16对—黄蓝	17对—黄橘	18对—黄绿	19对—黄棕	20对—黄灰

50对通信电缆色谱线序表:

说明:50对的通信电缆要注意了,50对通信电缆里有两种标识线,前25对是用"白蓝"标识线缠着的,后25对是用"白橘"标识线缠着的。

(注意:这25对用"白蓝"标识线缠着)

1对—白蓝	2对—白橘	3对—白绿	4对—白棕	5对—白灰
6对—红蓝	7对—红橘	8对—红绿	9对—红棕	10对—红灰
11对—黑蓝	12对—黑橘	13对—黑绿	14对—黑棕	15对—黑灰
16对—黄蓝	17对—黄橘	18对—黄绿	19对—黄棕	20对—黄灰
21对—紫蓝	22对—紫橘	23对—紫绿	24对—紫棕	25对—紫灰

(下面25对用"白桔"标识线缠着)

26对—白蓝	27对—白橘	28对—白绿	29对—白棕	30对—白灰
31对—红蓝	32对—红橘	33对—红绿	34对—红棕	35对—红灰
36对—黑蓝	37对—黑橘	38对—黑绿	39对—黑棕	40对—黑灰
41对—黄蓝	42对—黄橘	43对—黄绿	44对—黄棕	45对—黄灰
46对—紫蓝	47对—紫橘	48对—紫绿	49对—紫棕	50对—紫灰

6. 超5类布线系统

超5类布线系统是目前综合布线工程中使用得最多的布线系统,广泛用于办公楼、校园网、园区网、各种智能建筑和智能小区,甚至在自动化生产系统和工业以太网中也被大量采用。超5类布线系统是一个非屏蔽双绞线布线系统,通过对它的"链接"和"信道"性能的测试表明,它超过 TIA/EIA 568 标准的 5 类线要求。与 5 类线缆相比,超 5 类布线系统在 100MHz 的频率下运行时,可以提供 8dB 近端串扰的余量,用户的设备受到的干扰只有普通 5 类线系统的 1/4,使得系统具有更强的独立性和可靠性。

超 5 类 4 对 24AWG 非屏蔽双绞线线缆的主要性能指标如表 1-7 所示。

表 1-7　ANSI/TIA/EIA 568-A 定义的超 5 类 UTP 线缆的部分性能指标

频率 /MHz	衰减/dB		近端串扰/dB		综合近端串扰/dB		等效远端串扰/dB		综合等效远端串扰/dB		回波损耗/dB	
	通道链路	基本链路	通道链路	基本链路	通道链路	基本链路	通道链路	基本链路	通道链路	基本链路	通道链路	基本链路
1.0	2.4	2.1	63.3	＞60	57.0	57.0	57.4	60.0	54.4	57.0	17.0	17.0
4.0	4.4	4.0	53.6	54.8	50.6	51.8	45.3	48.0	42.4	45.0	17.0	17.0
8.0	6.8	5.7	48.6	50.0	45.6	47.0	39.3	41.9	36.3	38.9	17.0	17.0
10.0	7.0	6.3	47.0	48.5	44.0	45.5	37.4	40.0	34.4	37.0	17.0	17.0
16.0	8.9	8.2	43.6	45.2	40.6	42.2	33.3	35.9	30.3	32.9	17.0	17.0
20.0	10.0	9.2	42.0	43.7	39.0	40.7	31.4	34.0	28.4	31.0	17.0	17.0
25.0		10.3	40.4	42.1	37.4	39.1	29.4	32.0	26.4	29.0	16.0	16.3
31.25	12.6	11.5	38.7	40.6	35.7	37.6	27.5	30.1	25.4	27.1	15.1	15.6
62.5		16.7	33.3	35.7	30.6	32.7	21.5	24.1	18.5	21.1	12.1	13.5
100	24.0	21.6	30.1	32.3	27.1	29.3	17.4	20.0	14.4	17.0	10.0	12.1

超 5 类的应用定位于充分保证 5 类传输千兆以太网。超 5 类布线系统是因为所有传输性能参数达到了 1000Base-T 的要求而被 IEEE 认可的千兆布线系统。在 1000Base-T 处于最差连接的情形下,超 5 类也能提供足够的性能富余。

7. 6 类布线系统

6 类布线系统提供比超 5 类布线系统高一倍的传输带宽,对于普通的千兆网络设备而言,6 类布线提供了更大的性能容量,使得在较恶劣的环境下依然可以保证网络传输的误码率指标,保持网络传输性能不变。

6 类布线系统依赖于不要求单独屏蔽线对的线缆,从而可以降低成本,减少体积,简化安装和消除接地问题。此外,6 类布线系统要求使用模块式 8 路连接器,线缆频率带宽可以达到 200MHz 以上,能够适应当前的语音、数据和视频系统以及千兆位应用。

6 类布线系统标准是 UTP 布线的一个标准。6 类布线系统国际标准在 2002 年已经正式颁布,为用户选择更高性能的产品提供了依据,满足了网络应用的标准组织的要求。6 类布线系统标准的规定涉及介质、布线距离、接口类型、拓扑结构、安装技术、信道性能及线缆和连接硬件性能等方面的要求。

6 类布线系统标准规定了布线系统应当提供的最高性能,规定了允许使用的线缆及连接类型为 UTP 或 ScTP。整个系统包括应用和接口类型都要求具有向下兼容性,即在新的 6 类布线系统上可以运行以前在 3 类或 5 类系统上运行的应用,用户接口采用 8 路连接器。6 类布线系统同 5 类布线标准一样,新的 6 类布线系统标准也采用星型拓扑结构,要求的布线距离为:永久链路的长度不能超过 90m,信道长度不能超过 100m。

6 类布线系统产品及系统频率范围应当在 1~250MHz 之间,对系统中的线缆、连接硬件、基本链路及信道在所有频点都需要测试衰减、回波损耗、延迟/失真、近端串扰、综合近端串扰、等效远端串扰、综合等效远端串扰等几种参数。

另外，6 类布线系统测试环境应当设置在最坏的情况下，对产品和系统都要进行测试，从而保证测试结果的可用性。所提供的测试结果也应当是最差值而非平均值。同时，6 类布线系统将是一个整体的规范，并且能够得到这几方面的支持：实验室测试程序方面、现场测试要求方面、安装实践方面以及其他灵活性和长久性等方面的考虑。

有关 6 类布线的性能指标如表 1-8 所示。

表 1-8　ANSI/TIA/EIA 568-A 定义的 6 类 UTP 线缆的部分性能指标

频率 /MHz	衰减/dB		近端串扰/dB		综合近端串扰/dB		等效远端串扰/dB		综合等效远端串扰/dB		回波损耗/dB	
	通道链路	永久链路	通道链路	永久链路	通道链路	永久链路	通道链路	永久链路	通道链路	永久链路	通道链路	永久链路
1.0	2.1	1.9	65.0	65.0	62.0	62.0	63.3	64.2	60.3	61.2	19.0	19.1
4.0	4.0	3.5	63.0	64.1	60.5	61.5	51.2	52.1	48.2	49.1	19.0	21.0
8.0	5.7	5.0	58.2	59.4	55.6	57.0	45.2	46.1	42.2	43.1	19.0	21.0
10.0	6.3	5.6	56.6	57.8	54.0	55.5	43.3	44.2	40.3	41.2	19.0	21.0
16.0	8.0	7.1	53.2	54.6	50.6	52.2	39.2	40.1	36.2	37.1	18.0	20.0
20.0	9.0	7.9	51.6	53.1	49.0	50.7	37.2	38.2	34.2	35.2	17.5	19.5
25.0	10.1	8.9	50.0	51.5	47.3	49.1	35.3	36.2	32.3	33.2	17.0	19.0
31.25	11.4	10.0	48.4	50.0	45.7	47.5	33.4	34.3	30.4	31.3	16.5	18.5
62.5	16.5	14.4	43.4	45.1	40.6	42.7	27.3	28.3	24.3	25.3	14.0	16.0
100.0	21.3	18.5	39.9	41.8	37.1	39.3	23.3	24.2	20.3	21.2	12.0	14.0
200.0	31.5	27.1	34.8	36.9	31.9	34.3	17.2	18.2	14.2	15.2	9.0	11.0
250.0	36.0	30.7	33.1	35.3	30.2	32.7	15.3	16.2	12.3	13.2	8.0	10.0

1.3.3　光缆

1. 光缆历史

1976 年，美国贝尔研究所在亚特兰大建成第一条光纤通信实验系统，采用了西方电气公司制造的含有 144 根光纤的光缆。

1980 年，由多模光纤制成的商用光缆开始在市内局间中继线和少数长途线路上采用。

1983 年，单模光纤制成的商用光缆开始在长途线路上采用。

1988 年，连接美国与英法之间的第一条横跨大西洋的海底光缆敷设成功，不久又建成了第一条横跨太平洋的海底光缆。

1978 年，中国自行研制出通信光缆，采用的是多模光纤，缆心结构为层绞式。曾先后在上海、北京和武汉等地开展了现场试验，此后不久便在市内电话网内作为局间中继线试用。

1984 年以后，逐渐用于长途线路，并开始采用单模光纤。通信光缆比铜线电缆具有更大的传输容量，中继段距离长、体积小，重量轻，无电磁干扰，自 1976 年以后已发展成长途干线、市内中继、近海及跨洋海底通信，以及局域网、专用网等的有线传输线路骨干，并开始向市内用户环路配线网的领域发展，为光纤到户、宽带综合业务数字网提供传输线路。

2. 光缆定义

光纤是一种传输光束的细而柔韧的媒质，又称为光导纤维。光缆由一捆光纤组成，与铜缆相比,光缆本身不需要电,虽然在建设初期所需的连接器、工具和人工成本很高,但其不受电磁干扰的影响,具有更高的数据传输速率和更远的传输距离,这使得光缆在某些应用中更具吸引力,成为目前综合布线系统中常用的传输介质之一。

典型的光纤结构如图 1-13 所示,自内向外为纤芯、包层及涂覆层。光纤芯的折射率较高,包层的折射率较低,光以不同的角度送入光纤芯,在包层和光纤芯的界面发生反射,进行远距离的传输。包层的外面涂覆了一层很薄的涂覆层,涂覆材料为硅酮树脂或聚氨基甲酸乙酯,涂覆层的外面套塑(或称为二次涂覆),套塑的材料大多采用尼龙、聚乙烯或聚丙烯等塑料,可防止周围环境对光纤的伤害,如水、火、电击等。

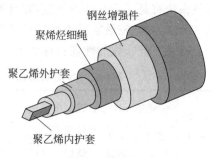

图 1-13 光纤结构图

3. 光缆特点

光纤即为光导纤维的简称。光纤通信是以光波为载频,以光导纤维为传输媒介的一种通信方式。光纤通信之所以在最近短短的 20 年中能得以迅猛发展,是因为它具有下面的突出优点:

(1) 传输频带宽、通信容量大。光纤的带宽为几千兆赫兹甚至更高,用兆赫和千米乘积 $MHz \cdot km$ 表示。

(2) 信号损耗低。目前的实用光纤均采用纯净度很高的石英(SiO_2)材料,在光波长为 1550nm 附近,衰减可降至 0.2dB/km,已接近理论极限。因此,它的中继距离可以很远。

(3) 不受电磁波干扰。因为光纤为非金属的介质材料,所以它不受电磁波的干扰。

(4) 线径细、重量轻。由于光纤的直径很小,只有 0.1mm 左右,因此制成光缆后,直径要比电缆细,而且重量也轻。因此便于制造多芯光缆。

(5) 资源丰富。光纤通信除了上述优点之外,还有抗化学腐蚀等特点。当然,光纤本身也有缺点,如光纤质地脆、机械强度低;要求比较好的切断、连接技术;分路、耦合比较麻烦等。

4. 光缆的主要用料

光缆的主要用料有纤芯、光纤油膏、护套材料、PBT(聚对苯二甲酸丁二醇酯),它们均有不同的质量要求。

(1) 纤芯要求有较大的扩充能力。较高的信噪比、较低的位误码率、较长的放大器间距、较高的信息运载能力,要求 1310nm 平均损耗小于 0.34dB/km,1550nm 平均损耗小于 0.2dB/km,所以应选进口优质纤芯,目前进口优质纤芯有美国康宁、英国英康和德国西康等。

(2) 光纤油膏是指在光纤束管中填充的油膏,其作用一是防止空气中的潮气侵蚀光纤,二是对光纤起衬垫作用,缓冲光纤受震动或冲击影响。所以也应先用进口的,目前世界上较为优质的光纤油膏有日本 SYNCOFX405、美国 400N 系列等。

(3) 护套材料对光缆的长期可靠性具有相当重要的作用,是决定光缆拉伸、压扁、弯曲特性、温度特性、耐自然老化(温度、照射、化学腐蚀)特性,以及光缆的疲劳特性的关键。所以应选用高密度的聚乙烯材料,它具有硬度大,抗抗压性能好,外皮不易损坏的优点。

(4) PBT 是制作光缆二次套塑(束管)的热塑性工程塑料,必须具有耐化学腐蚀好、加工特性好、摩擦系数小等优点。用 PBT 材料做光纤套管,使光纤束管单元具有良好的耐压和温度特性。

5. 光缆的结构

光缆是由光纤、高分子材料、金属-塑料复合管及金属加强件等共同构成的传输介质。除了光纤外，构成光缆的材料可以分为三大类。

- 高分子材料：主要包括松套管材料、聚乙烯护套材料、无卤阻燃护套材料、聚乙烯绝缘材料、阻水油膏、阻水带和聚酯带等。
- 金属-塑料复合管：主要有钢塑复合管和铝塑复合带。
- 金属加强件：主要包括磷化钢丝、不锈钢钢丝和玻璃钢圆棒等。

光缆的结构可以分为中心管式、层绞式和骨架式三种。

（1）中心管式光缆。

中心管式光缆是由一根二次光纤松套管或螺旋形光纤松套管（无绞合，直接放在光缆的中心位置）、纵包阻水带和双面涂塑钢（铝）带、两根平行加强圆磷化碳钢丝或玻璃钢圆棒组成。中心管式光缆结构如图 1-14 所示。

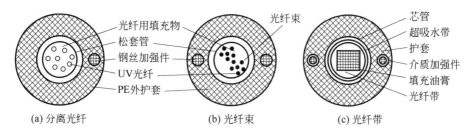

图 1-14　中心管式光缆结构

（2）层绞式光缆。

层绞式光缆是由多根二次被覆光纤松套管（或部分填充绳）绕中心金属加强件绞合成圆的缆芯。层绞式光缆结构如图 1-15 所示。

图 1-15　层绞式光缆结构

（3）骨架式光缆。

骨架式光缆是将光纤带以矩阵形式置于 U 形螺旋骨架槽或 SZ 螺旋骨架槽中，阻水带以绕包方式缠绕在骨架上，使骨架与阻水带形成一个封闭的腔体。骨架式光缆结构如图 1-16 所示。

6. 光纤的连接方式

光纤的连接方式有三种：熔接、机械接合和模块式连接。

（1）熔接：相对而言，熔接是成功率和连接质量较高的方式，但同时也应该注意到的

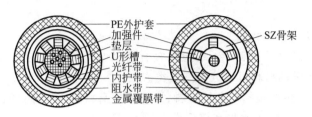

图 1-16　骨架式光缆结构

是,熔接后的接头是比较容易受损或发生故障的主要因素之一,由于在使用和维护过程中,对设备的维护操作是必须的,因此它的安全性是必须考虑的问题。

在通常的情况下,熔接可以得到较小的连接损耗,一般在 0.2dB 以下,同时在光纤熔接过程中,影响熔接质量的外界因素很多,如环境条件(包括温度、风力和灰尘等)、操作的熟练程度(包括光纤端面的制备、电极棒的老化程度)、光纤的匹配性(包括光纤、尾纤类型匹配、光纤厂商匹配)等。

熔接的真实损耗值必须通过测试才能得出,在光纤芯数较多的情况下,很容易损伤已经完成的,在测试阶段,如果测试结果不理想或不达标,要重新将其挑选出再进行返工;在网络已经使用后,如果发生网络机柜或终端需要移动位置时,必须中断光纤链路,在新的位置上重新熔接等。所有以上可能出现的情况,都让我们在熔接时付出很多的劳动和加倍小心光纤的安全。

(2) 机械接合:切好的光纤放在一个套管中,然后钳起来或粘接在一起,连接快,需要专业人员。

(3) 模块式连接:用连接器。

7. 光缆的分类

常见光缆的分类方法如表 1-9 所示。

表 1-9　常见光缆的分类方法

分 类 方 法	光 缆 种 类
按光缆结构分	束管式光缆、层绞式光缆、紧抱式光缆、带式光缆、非金属光缆和可分支光缆等
按敷设方式分	架空光缆、管道光缆、铠装地埋光缆、水底光缆和海底光缆等
按用途分	长途通信用光缆、短途室外光缆、室内光缆和混合光缆等
按传输模式分	单模光缆、多模光缆
按维护方式分	充油光缆、充气光缆

按照传输模式分为单模光纤(Single-Mode)和多模光纤(Multi-Mode)。

光在传播过程中,反映在光纤横截面上产生各种形状的光场,即各种光斑。若是一个光斑,称这种光纤为单模光纤;若为两个及两个以上光斑,称为多模光纤。

(1) 单模光纤。

单模光纤只传输主模,也就是说光线只沿光纤的内芯进行传输。由于完全避免了模式色散,使得单模光纤的传输频带很宽,因而适用于大容量、长距离的光纤通信。单模光纤使用的光波长为 1310nm 或 1550nm,表示为 $9\mu m/125\mu m$ 或 $8.3\mu m/125\mu m$,$8.3\mu m$ 指光纤的纤芯直径,$125\mu m$ 指光纤的包层外径。

（2）多模光纤。

在一定的工作波长下（850nm/1300nm），表示为 $62.5\mu m/125\mu m$ 或 $50\mu m/125\mu m$，$62.5\mu m$ 光纤使用波长为 850nm 的激光。多模光纤有多个模式在光纤中传输，这种光纤称为多模光纤。由于色散或像差，因此这种光纤的传输性能较差，频带较窄，传输容量也比较小，距离比较短。

单模光纤的外套颜色一般为黄色。多模光纤的外套颜色一般为橙色。单模传输距离为 50～100km，而多模只有 2～4km。

单模光纤转换器必须配单模光纤，多模光纤转换器必须配多模光纤。

※比较

多模光纤从发射机到接收机的有效距离大约是 5 英里。可用距离还受发射/接收装置的类型和质量影响，光源越强、接收机越灵敏，距离越远。研究表明，多模光纤的带宽大约为 4000Mb/s。

单模光纤的纤芯较细，使光线能够直接发射到中心，建议距离较长时采用。另外，单模信号的距离损失比多模的小。单模的带宽潜力使其成为高速和长距离数据传输的唯一选择。最近的测试表明，在一根单模光缆上可将 40GB 以太网的 64K 信道传输长达 2840 英里的距离。

在安全应用中，选择多模还是单模的最常见决定因素是距离。如果只有 5 英里，首选多模，因为 LED 发射/接收机比单模需要的激光便宜得多。如果距离大于 5 英里，单模光纤最佳。另外，一个要考虑的问题是带宽。如果将来的应用可能包括传输大带宽数据信号，那么单模将是最佳选择。

按照光缆的使用环境和敷设方式进行分类：

（1）室内光缆。

室内光缆的抗拉强度较小，保护层较差，但也更轻便、更经济。室内光缆主要适用于综合布线系统中的水平干线子系统和垂直干线子系统。室内光缆可以分为以下几种类型。

- 多用途室内光缆（如图 1-17 所示）。多用途室内光缆的结构设计是按照各种室内所用场所的需要而定的。
- 分支光缆（如图 1-18 所示）。多用于布线终接和维护。分支光缆便于各光纤的独立布线或分支布线。
- 互连光缆（如图 1-19 所示）。为布线系统进行语音、数据、视频图像传输设备互连所设计的光缆，使用的是单纤和双纤结构。互连光缆连接容易，在楼内布线中可用作跳线。

图 1-17　多用途室内光缆

图 1-18　分支光缆

图 1-19　互连光缆

（2）室外光缆。

室外光缆的抗拉强度比较大，保护层厚重，在综合布线系统中主要用于建筑群子系统。

根据敷设方式的不同,室外光缆可分为架空式光缆、管道式光缆、直埋式光缆、隧道光缆和水底光缆等。

- 架空式光缆(如图 1-20 所示)。当地面不适宜开挖或无法开挖(如需要跨越河道敷设)时,可以考虑采用架空的方式敷设光缆。普通光缆虽然也可以架空敷设,但是往往需要预先敷设承重钢缆。而自承式架空光缆把两者合二为一,给施工带来简单和方便。
- 管道式光缆(如图 1-21 所示)。在新建成的建筑物中都预留了专用的布线管道,因为在布线中多使用管道式光缆。管道式光缆的强度并不大,但是拥有较好的防水性能,除了用于管道布线外,还可以通过预先敷设的承重钢缆用于架空铺设。

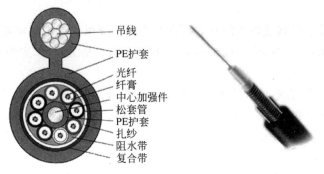

图 1-20 架空式光缆

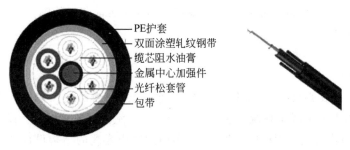

图 1-21 管道式光缆

- 直埋式光缆(如图 1-22 所示)。直埋式光缆在布线时需要在地下开挖一定深度的地沟(大约 1m),用于埋设光缆。直埋式光缆布线简单易行,施工费用较低,在一般光缆敷设时使用,直埋式光缆通常拥有两层金属保护层,并且具有很好的防水性能。
- 隧道光缆。隧道光缆是指经过公路、铁路等交通隧道的光缆。
- 水底光缆。水底光缆是指穿越江河、湖泊、海峡水底的光缆。

室外需要选用优质光纤,以确保光缆具有优良的传输性能,在使用时要精确控制光纤余长,保证光缆具有优良的机械特性和温度特性。要有严格的工艺、原材料控制,

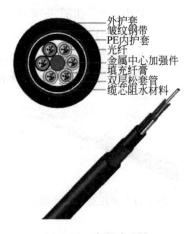

图 1-22 直埋式光缆

保证光缆稳定工作 30 年以上。在松套管内填充特种油膏,对光纤进行关键的保护。采用全截面阻水结构,确保光缆良好的阻水防潮性能。中心加强构件采用增强玻璃纤维塑料(FRP)制成。双面覆膜复合铝带纵包,与 PE 护套紧密粘接,既确保了光缆的径向防潮,又增强了光缆耐侧压能力。如果在光缆中选用非金属加强构件,可以适用于多雷地区。

（3）室内/室外通用光缆。

由于敷设方式的不同,室外光缆必须具有与室内光缆不同的结构特点。室外光缆要承受水蒸气扩散和潮气的侵入,必须具有足够的机械强度及对啮咬等保护措施。室外光缆由于有 PE 护套及易燃填充物,不适合室内敷设,因此人们在建筑物的光缆入口处为室内光缆设置了一个移入点,这样室内光缆才能可靠地在建筑物内进行敷设。室内/室外通用光缆(如图 1-23 所示)既可在室内也可在室外使用,不需要在室外向室内的过渡点进行熔接。

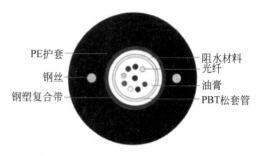

图 1-23　室内/室外通用光缆

8. 海底光缆

（1）简介。

世界各国的网络可以看成是一个大型局域网,海底和陆上光缆将它们连接成为互联网,光缆是 Internet 的"中枢神经",而美国几乎是 Internet 的"大脑"。美国作为 Internet 的发源地,存放着很多的 Web 和 IM(如 MSN)等服务器,全球解析域名的 13 个根服务器就有 10 个在美国,登录多数 .com 、net 网站或发电子邮件,数据几乎都要到美国绕一圈才能到达目的地。

海缆现在是分区维护的,出于安全目的,海缆平时也需维护。如果有人把海缆捞出来,加进光纤,就可以偷走信息。如果发生战争,也可能有人破坏光缆。目前海缆是通信的最好解决办法,别的方法如卫星、微波可以作为补充,但是仍无法取代海缆,因为它们的信道有限。海缆是能让广大用户以便宜的方式进行沟通的方式。

海缆系统的远程供电十分重要,海底电缆沿线的中继器,要靠登陆局远程供电工作。海底光缆用的数字中继器功能多,比海底电缆的模拟中继器的用电量要大好几倍,供电要求有很高的可靠性,不能中断。因此在有鲨鱼出没的地区,在海底光缆的外面还要加上钢带绕包两层和再加一层聚乙烯外护套。即使是如此严密的防护,在 20 世纪 80 年代末还是发现过深海光缆的聚乙烯绝缘体被鲨鱼咬坏造成供电故障的实例。

根据不同的海洋环境和水深,可分为深海光缆和浅海光缆,相应地在光缆结构上表现为单层铠装层和双层铠装层。在产品型号表示方法上用 DK 表示单层铠装,用 SK 表示双层铠装。规格由光纤数量和类别表示。

（2）中国海底光缆的数量。

中国的海底光缆连接点只有三个,因此非常容易对出入境的信息进行控制。

第一个是青岛(2 条光缆)。

第二个是上海(6 条光缆)。

第三个是汕头(3 条光缆)。

由于光缆之间存在重合,所以实际上,中国大陆与 Internet 的所有通道,就是 3 个入口 6 条光缆。

- APCN2(亚太二号)海底光缆

  带宽:2.56Tbps

  长度:19 000km

  经过地区:中国大陆、中国台湾地区及香港特别行政区,日本,韩国,马来西亚,菲律宾。

  入境地点:汕头,上海。

- CUCN(中美)海底光缆

  带宽:2.2Tbps

  长度:30 000km

  经过地区:中国大陆及中国台湾地区,日本,韩国,美国。

  入境地点:汕头,上海。

- SEA-ME-WE 3(亚欧)海底光缆

  带宽:960Gbps

  长度:39 000km

  经过地区:东亚,东南亚,中东,西欧。

  入境地点:汕头,上海。

- EAC-C2C 海底光缆

  带宽:10.24Tbps

  长度:36 800km

  经过地区:亚太地区。

  入境地点:上海,青岛。

- FLAG 海底光缆

  带宽:10Gbps

  长度:27 000km

  经过地区:西欧,中东,南亚,东亚。

  入境地点:上海。

- Trans-Pacific Express(TPE,泛太平洋)海底光缆

  带宽:5.12Tbps

  长度:17 700km

  经过地区:中国大陆及中国台湾地区,韩国,美国。

  入境地点:上海,青岛。

(3) 海底光缆的熔接。

海底光缆通常埋在海床下 1~2 米深的地方,由于海床不是很规则,光缆有时候免不了会露出来。渔船下锚和使用拖网捕鱼时都可能将光缆毁坏,因此,在海底有光缆通过的地方被划作禁止抛锚区,不许船只停靠。这个原理和陆地上的光缆一样,我们经常在路上看到这样的标志"地下有光缆,禁止施工"。海底光缆需要保护,也需加强技术提高海缆自身的抗拉性。

修复工作的第一步是找到断点。海缆工程师可以通过电话和互联网中断情况找到断点的大概位置。岸上终点站可以发射光脉冲,正常的光纤可以一直在海中传输这些脉冲,但是如果光纤在哪里断了,脉冲就会从那一点弹回,这样岸上终点站就可以找到断点。之后就需要船只运来新的光缆进行修补,但第一步是要把断的光纤捞上来。

如果光缆在水下不足 2000 米的深处,可以使用机器人打捞光缆,一般位于水深约 3000 米至 4000 米海域,只能使用一种抓钩,抓钩收放一次就需要 12 个小时以上。将断掉的光缆捞到船上后需要在中间加缆,这个工作是由专业性很强的技师来完成的。

海底熔接的过程如下:

- 机器人潜下水后,通过扫描检测,找到破损海底光缆的精确位置。
- 机器人将浅埋在泥中的海底光缆挖出,用电缆剪刀将其切断。船上放下绳子,由机器人系在光缆一头,然后将其拉出海面。同时,机器人在切断处安置无线发射应答器。
- 用相同办法将另一段光缆也拉出海面。和检修电话线路一样,船上的仪器分别接上光缆两端,通过两个方向的海底光缆登陆站,检测出光缆受阻断的部位究竟在哪一段。之后,收回较长一部分有阻断部位的海底光缆,剪下。另一段装上浮标,暂时任其漂在海上。
- 接下来靠人工将备用海底光缆接上海底光缆的两个断点。连接光缆接头,这是个技术含量极高的活,必须是经过专门的严格训练、并拿到国际有关组织的执照后的人员,才能上岗操作。
- 备用海底光缆接上后,经反复测试,通讯正常后,就抛入海水。这时,水下机器人又对修复的海底光缆进行"冲埋",即用高压水枪将海底的淤泥冲出一条沟,将修复的海底光缆"安放"进去。

(4)海底光缆铺设。

先由规划设计院根据海洋局提供的洋流、海底地形等资料,选择相对平缓的路由,提出设计方案,报相关省海洋局(厅)批复,如果跨省则要国家海洋局批复,施工由登陆站开始,用拖轮龙门吊逐段铺放专门的海底光缆,在船上熔接后,再用专用海底水泥铸件放到海底。

9. 光缆的规格型号

光缆的规格型号表示为形式代码和规格代码。

(1)形式代码。光缆的形式代码如图 1-24 所示。

其中,分类代号如表 1-10 所示。

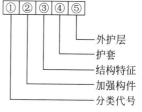

图 1-24　光缆的形式代码

外护层
护套
结构特征
加强构件
分类代号

表 1-10　分类代号的表示

代　号	含　义	代　号	含　义
GY	通信用室外光缆	GS	通信用设备内光缆
GM	通信用移动式光缆	GH	通信用海底光缆
GJ	通信用室内光缆	GT	通信用特种光缆

加强构件代号如表1-11所示。

表1-11 加强构件代号的表示

代　号	含　义
（无符号）	金属加强构件
F	非金属加强构件

缆芯和光缆派生结构特征的代号如表1-12所示。

表1-12 缆芯和光缆派生结构特征代号的表示

代　号	含　义	代　号	含　义
D	光纤带结构	T	填充式结构
S	光纤松套被覆结构	R	充气式结构
J	光纤紧套被覆结构	C	自承式结构
（无符号）	层纹结构	B	扁平形状
G	骨架槽结构	E	椭圆形状
X	缆中心带（被覆）结构	Z	阻燃结构

护套代号如表1-13所示。

表1-13 护套代号的表示

代　号	含　义	代　号	含　义
Y	聚乙烯护套	W	夹带钢丝的钢（简称W护套）
V	聚氯乙烯护套	L	铝护套
U	聚氨酯护套	G	钢护套
A	铝（简称A护套）	Q	铅护套
S	钢（简称S护套）		

外护层代号如表1-14所示。

表1-14 外护层代号的表示

铠　装　层		外被层或外套	
代号	含　义	代号	含　义
0	无铠装层	1	纤维外被
2	绕包双钢带	2	聚氯乙烯套
3	单细圆钢丝	3	聚乙烯套
33	双细圆钢丝	4	聚乙烯套加覆尼龙套
4	单粗圆钢丝	5	聚乙烯保护管
44	双粗圆钢丝		
5	皱纹钢带		

（2）规格代码。

光缆的规格由光纤数和光纤类别组成。如果同一根光缆中含有两种或两种以上规格（光纤数和类别）的光纤时，中间应用＋号连接，如图1-25所示。

图1-25 光缆的规格代码

其中,光缆中光纤的数目表示光缆中光纤的根数。

光缆中光纤的类别分为单模光纤(如表 1-15 所示)和多模光纤(如表 1-16 所示)。

表 1-15 单模光纤的类别表示

代 号	名 称	材 料
B1.1(或 B1)	非色散位移型	二氧化硅
B1.2	截止波长位移型	二氧化硅
B2	色散位移型	二氧化硅
B4	非零色散位移型	二氧化硅

表 1-16 多模光纤的类别表示

代 号	特 性	纤芯直径/mm	包层直径/mm	材 料
A1a	渐变折射率	50	125	二氧化硅
A1b	渐变折射率	62.5	125	二氧化硅
A1c	渐变折射率	85	125	二氧化硅
A1d	渐变折射率	100	140	二氧化硅
A2a	渐变折射率	100	140	二氧化硅

1.3.4 无线传输介质

在计算机网络中,无线传输可以突破有线网的限制,利用空间电磁波实现站点之间的通信,可以为广大用户提供移动通信。最常用的无线传输介质有:无线电波、微波和红外线。可以在自由空间利用电磁波发送和接收信号进行通信就是无线传输。地球上的大气层为大部分无线传输提供了物理通道,就是常说的无线传输介质。无线传输所使用的频段很广,人们现在已经利用了好几个波段进行通信。

1. 微波

微波是指频率为 300MHz～300GHz 的电磁波,是无线电波中一个有限频带的简称,即波长在 1 米(不含 1 米)到 1 毫米之间的电磁波,是分米波、厘米波、毫米波的统称。微波频率比一般的无线电波频率高,通常也称为"超高频电磁波",当两点间直线距离内无障碍时就可以使用微波传送。微波通信由于其频带宽、容量大,可以用于各种电信业务的传送,如电话、电报、数据、传真以及彩色电视等均可通过微波电路传输。微波通信具有可用频带宽、通信容量大、传输损伤小、抗干扰能力强等特点,质量好并可传至很远的距离,可用于点对点、一点对多点或广播等通信方式,因此是国家通信网的一种重要通信手段,也普遍适用于各种专用通信网,

由于地球表面是球面的,因而微波在地球表面直线传播距离有限,一般在 50km 左右,要实现远距离传播,则必须在两个通信终端间建立若干中继站。中继站在收到前一站信号后经放大再发送到下一站,如此接续下去,微波数据通信系统主要分为地面系统与卫星系统两种。

(1) 地面微波。

一般采用定向抛物面天线,这要求发送与接收方之间的通路没有大障碍或视线能及。地面微波信号一般在低 GHz 频率范围。由于微波连接不需要什么电缆,所以它比起基于电

缆方式的连接,较适合跨越荒凉或难以通过的地段。一般经常用于连接两个分开的建筑物或在建筑群中构成一个完整网络。

(2) 卫星微波。

是利用地面上的定向抛物天线,将视线指向地球同步卫星。收发双方都必须安装卫星接收及发射设备,且收发双方的天线都必须对准卫星,否则不能接收信息。卫星微波传输跨越陆地或海洋,所需要的时间与费用,与只传输几公里没有什么差别。由于信号传输的距离相当远,所以会有一段传播延迟。这段传播延迟时间小为500毫秒,大至数秒,同地面微波一样,高频微波会由于雨天或大雾,使衰减增加较大,抗电磁干扰性也较差。

2. 激光

激光束可以用于在空中传输数据,和微波通信相似,至少要有两个激光站,每个站点都拥有发送信息和接受信息的能力。激光设备通常安装在固定位置上,安装在高山上的铁塔上,并且天线相互对应,由于激光束能在很长的距离上得以聚集,因此激光的传输距离很远,能传输几十公里。激光需要无障碍的直线传播,任何阻挡激光束的人或物都会阻碍正常的传输。激光束不能穿过建筑物和山脉,但可以穿透云层。

3. 红外线

目前广泛使用的家电遥控器几乎都是采用红外线传输技术,红外线局域网采用小于$1\mu m$波长的红外线作为传输媒体,有较强的方向性,但受太阳光的干扰大,对非透明物体的透过性极差,这导致传输距离受限。

红外线通信有两个最突出的优点:

(1) 不易被人发现和截获,保密性强;

(2) 几乎不会受到电气、天电、人为干扰,抗干扰性强。此外,红外线通信机体积小,重量轻,结构简单,价格低廉。但是它必须在直视距离内通信,且传播受天气的影响。在不能架设有线线路,而使用无线电又怕暴露自己的情况下,使用红外线通信是比较好的。

缺点:

传输距离有限,受太阳光的干扰大,一般只限于室内通信,而且不能穿透坚实的物体(如墙砖等)。

1.4　综合布线系统常用连接硬件

连接器是用来将有线传输介质与网络通信设备或其他传输介质连接的布线部件。根据综合布线系统中使用的线缆可以分为两种类型。

1.4.1　电缆连接硬件

1. 双绞线连接器

在双绞线布线系统中,通常使用RJ-45连接器(通称为RJ-45水晶头)。它是一种透明的塑料接头插件,其外形与电话线的插头类似,只是电话线用的是RJ-11插头,是2针的,而RJ-45连接器是8针的。RJ-45连接器头部有8片平行的带V字形刀口的铜片并排放置,V字头的两尖锐处是较为锋利的刀口。制作双绞线插头时,将双绞线中的8根导线按一定的顺序插入RJ-45连接器的插头中,导线位于V字形刀口的上部,用压线钳将RJ-45插头压紧,这时 RJ-45 连接器中的 8 片 V 字形刀口将分别刺破每根双绞线绝缘外皮,使得 RJ-45 连接器与双绞线中的各导线紧密连接。RJ-45 连接器与其连接图如图 1-26 和图 1-27 所示。

图 1-26　RJ-45 连接器

图 1-27　RJ-45 连接线缆

在制作 UTP 电缆的信息插座时,信息插座上有与单根电缆导线相连的狭槽,通过冲压工具或者特殊的连接器帽盖将 UTP 电缆导线压到狭槽里,狭槽穿过导线的绝缘层直接与连接器物理接触。

2. 同轴电缆连接器

同轴电缆用同轴电缆连接器端接,同轴电缆连接器有许多不同的类型,常用的有 BNC 型、F 型和 N 型。

(1) BNC 型同轴电缆连接器。

BNC 型同轴电缆连接器如图 1-28 所示。和 RG-58 细缆一起使用的,单个 BNC 型同轴电缆连接器接在 RG-58 同轴电缆的末端,是 Male 式连接器。Female 式 BNC 型同轴电缆连接器安装在通信网卡上。BNC 型同轴电缆连接器是一个卡口式连接器,连接器设计成滑动插入 Female 式的连接器中,然后通过旋转固定。旋转一半就可以把连接器锁住,往相反方向旋转就可以解除锁定。

BNC 型同轴电缆连接器在细缆以太局域网中应用

图 1-28　BNC 型同轴电缆连接器

广泛。RG-58 同轴电缆用 Male 式 BNC 型同轴电缆连接器端接。BNC T 型连接器用来把两条 RG-58 电缆连接在一起。细缆以太网网卡的后面装有 Female 式的 BNC 型同轴电缆连接器,这样就可以和 BNC 型同轴电缆连接器相接。

(2) F 型同轴电缆连接器。

F 型同轴电缆连接器一般用在有线电视系统的 RG-59 或 RG-6 同轴电缆上。F 型同轴电缆连接器是一个螺口连接器。Male 式连接器通过螺口与通信设备上的 Female 式 F 型连接器拧在一起,或者拧在 Female 式耦合器上。耦合器可以使两条同轴电缆连接在一起。耦合器通常安装在信息插座上。同轴电缆用 F 型同轴电缆连接器端接,然后接在耦合器的后面,即信息插座的后面。这是家用有线电视电缆连接的常见结构。

(3) N 型同轴电缆连接器。

N 型同轴电缆连接器用于 RG-8 粗缆连接器,主要应用于早期的以太局域网。N 型同轴电缆连接器是一个螺口连接器,用于同轴电缆的端接。N 型同轴电缆连接器是 Male 式连接器,N 型端接器和节套连接器都是 Female 式连接器。

1.4.2 光缆连接硬件

光纤连接器概念

光纤连接器由两个光纤接头和一个耦合器组成。尾纤接入光纤接头,耦合器对准光纤接头套管,完成连接。

光纤耦合器的作用是将两个光纤接头对准并固定,以实现两个光纤接头端面的连接。光纤耦合器的规格与所连接的光纤接头有关,如图 1-29 所示。

光纤连接器是用来对光缆进行端接的。但是光纤连接器与铜缆连接器不同,它是把两根光缆的芯子对齐,提供低损耗的连接。连接器的对准功能使得光线可以从一条光缆进入另一条光缆或者通信设备。实际上,光纤连接器的对准功能必须非常精确。

图 1-29 光纤耦合器

按照不同的分类方法,光缆连接器可以分为不同的类型。按传输媒介的不同可分为单模光缆连接器和多模光缆连接器;按结构的不同可分为 FC、SC、ST、D4、DIN、Biconic、MU、LC 和 MT 等各种形式;按连接器的插针端面不同可分为 FC、PC(UPC)和 APC;按光缆芯数分还有单芯、多芯之分;按端面接触方式可分为 PC、UPC 和 APC 型。在实际应用中,一般按照光缆连接器结构的不同来加以区分,多模光缆连接器接头类型有 FC、SC、ST、FDDI、SMA、MT-RJ、LC、MU 及 VF45 等,单模光缆连接器接头类型有 FC、SC、ST、FDDI、SMA、MT-RJ 和 LC 等。

(1) FC 型光缆连接器。

FC 型光缆连接器的外部加强方式是采用金属套,紧固方式为螺丝扣。此类连接器结构简单,操作方便,制作容易,但光缆端面对微尘较为敏感,如图 1-30 所示。

(2) SC 型光缆连接器。

SC 型光缆连接器外壳呈矩形,所采用的插针和耦合套筒的结构尺寸与 FC 完全相同。其中插针的端面多采用 PC 或 APC 型研磨方式,紧固方式是采用插拔闩锁,无须旋转。此类 FC 型光缆连接器价格低廉,插拔方便,介入损耗波动小,抗压强度较高,安装密度高,如图 1-31 所示。

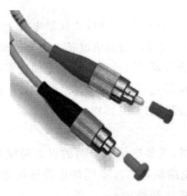

图 1-30 FC 型光缆连接器　　　　　　图 1-31 SC 型光缆连接器

（3）ST 型光缆连接器。

ST 型光缆连接器外壳呈圆形，所采用的插针和耦合套筒的结构尺寸与 FC 完全相同。其中，插针的端面多采用 PC 或 APC 型研磨方式，紧固方式是采用螺丝扣。此类型光缆连接器适用于各种光缆网络，操作简便，且具有良好的互换性，如图 1-32 所示。

（4）MT-RJ 型光缆连接器。

MT-RJ 型光缆连接器带有与 RJ-45 型 LAN 连接器相同的闩锁机构，通过安装于小型套管两侧的导向锁对准光缆。为便于与光收发信号相连，该连接器端面光缆为双芯排列设计，是主要用于数据传输的高密度光缆连接器，如图 1-33 所示。

图 1-32　ST 型光缆连接器　　　　　　图 1-33　MT-RJ 型光缆连接器

（5）LC 型光缆连接器。

LC 型光缆连接器（如图 1-34 所示）采用操作方便的模块化插孔（RJ）闩锁机构制成，该连接器所采用的插针和套筒的结构尺寸是普通 SC、FC 等连接器所用尺寸的一半，提高了光配线架中光缆连接器的密度。

（6）MU 型光缆连接器。

MU 型光缆连接器（如图 1-35 所示）是以 SC 型光缆连接器为基础研发的世界上最小的单芯光缆连接器，其优势在于能实现高密度安装。随着光缆网络向更大带宽、更大容量方向的迅速发展和 DWDM 技术的广泛应用，对 MU 型光缆连接器的需求也迅速增长。

图 1-34　LC 型光缆连接器　　　　　　图 1-35　MU 型光缆连接器

1.5　配　线　架

配线架是管理子系统中最重要的组件，是实现垂直干线和水平布线两个子系统交叉连接的枢纽，一般同理线架一同使用。配线架通常安装在机柜或墙上。通过安装附件，配线架可以全线满足 UTP、STP、同轴电缆、光纤、音视频的需要。在网络工程中常用的配线架有双绞线配线架和光纤配线架。双绞线配线架的作用是在管理子系统中将双绞线进行交叉连接,用在主配线间和各分配线间。双绞线配线架的型号很多,每个厂商都有自己的产品系列,并且对应超 5 类、6 类和 7 类线缆分别有不同的规格和型号。光纤配线架的作用是在管理子系统中将光缆进行连接,通常在主配线间和各分配线间。

1.5.1　双绞线配线架

双绞线配线架又叫模块式配线架,又称为 RJ-45 配线架,如图 1-36 所示,是一种 19 英寸的模块式嵌座配线架,线架后部以安装在一块印刷电路板 IDC 连接块为特色,这些连接块计划用于端接工作站、设备或中继电缆。配线架实现了模块化管理,主要应用在数据方面,信息点线缆(超 5 类或者 6 类线)进入设备间后首先进入配线架,将线打在配线架的模块上,然后用跳线(RJ-45 线缆)连接配线架与交换机。总体来说,配线架是用来管理的设备,比如说如果没有配线架,前端的信息点直接接入到交换机上,那么如果线缆一旦出现问题,就面临要重新布线。此外,管理上也比较混乱,多次插拔可能引起交换机端口的损坏。配线架的存在就解决了这个问题,可以通过更换跳线来实现较好的管理。

图 1-36　非屏蔽配线架和屏蔽配线架

1.5.2　110 型电缆配线架

110 型电缆配线架又叫通信跳线架,由 AT&T 公司于 1988 年首先推出。110 型配线架有 25 对、50 对、100 对和 300 对多种规格,它的套件还包括 4 对连接块或 5 对连接块、空白标签、标签夹和基座。110 型配线系统使用的插拔快接可以简单地进行回路的重新排列,这样就为非专业技术人员管理交叉连接系统提供了方便。110 型配线架系统如图 1-37 所示。110 跳线架与 RJ-45 配线架的作用相同,都是为了防止长时间的插拔,导致接口的松动和损坏。因此使用跳线架和配线架解决设备间的连接问题。不同的是,通信跳线架主要用于语音配线系统,是上级程控交换机过来的接线与到桌面终端的语音信息点连接线之间的连线和跳线部分,以便于管理、维护和测试。

图 1-37　110 型配线架系统

5 对连接块：由于大对数电缆都是 5 的倍数，如 25 对电缆，如果仅仅使用 4 对连接块，用 6 个就会缺少一对线，用 5 个则多出 5 对线。而 5 对连接块的出现很好地解决了这一问题(4 对连接块×5＋5 对连接块×1＝25 对)。因此，对于大对数电缆来说，使用 5 对连接块可方便凑数。

1.5.3 光缆配线架

光纤配线箱适用于光缆与光通信设备的配线连接，通过配线箱内的适配器，用光跳线引出光信号，实现光配线功能。也适用于光缆和配线尾纤的保护性连接。光纤管理器件根据光缆布线场合要求分为两类，即光纤配线架和光纤接线箱。光纤配线架适合于规模较小的光纤互连场合，如图 1-38 所示。

打开光纤配线架可以看到一排插孔，用于安装光纤耦合器。光纤配线架的主要参数是可安装光纤耦合器的数量以及高度，例如 IBDN 的 12 口/1U 机架式光纤配线架可以安装 12 个光纤耦合器。

光纤耦合器的作用是将两个光纤接头对准并固定，以实现两个光纤接头端面的连接。光纤耦合器的规格与所连接的光纤接头有关。常见的光纤接头有两类：ST 型和 SC 型，光纤耦合器也分为 ST 型和 SC 型。

光纤接线箱适合于光纤互连较密集的场合，如图 1-39 所示。

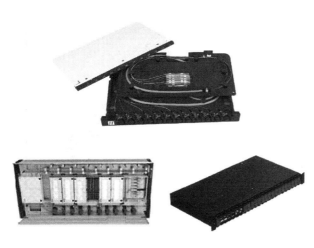

图 1-38　光缆配线架　　　　　　　　　图 1-39　光纤接线箱

1.6　常用工具

1.6.1 RJ-45 压线钳

制作 RJ-45 水晶头的工具一般选用 RJ-45 多用网线钳，这类网线钳集剥线、剪线和压线等功能于一身，使用起来非常方便，如图 1-40 所示。

综合布线系统概述

剥线 剪线

图 1-40 RJ-45 压线钳

选购 RJ-45 多用网线钳时应该注意以下几点：

(1) 用于剥线的金属刀片一定要锋利耐用,用它切出的端口应该是平整的,刀口的距离要适中,否则影响剥线;

(2) 压制 RJ-45 插头的插槽应该标准,如果压不到底会影响网络传输的速度和质量;

(3) 网线钳的簧丝弹性要好,压下后应该能够迅速弹起。

1.6.2 打线工具

打线工具用于双绞线的终接,有单对打线工具和 5 对打线工具两种,如图 1-41 和图 1-42 所示。其中单对打线工具用于将双绞线接到信息模块和数据配线架上,具有压线和截线功能,能截断多余的线头。5 对打线工具专用于 110 连接块和 110 配线架的连接。

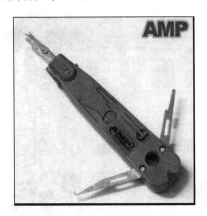

图 1-41 单对打线工具

图 1-42 5 对打线工具

1.6.3 剥线器

剥线器也称为剥线刀,如图 1-43 所示,它的主要功能是剥掉双绞线外部的绝缘层。其中的电缆剥线钳使用了高度可调的刀片,操作者可以自行调整切入的深度。使用剥线器进行剥皮不仅比使用压线钳快,而且还比较安全,一般不会损坏到包裹芯线的绝缘层。

1.6.4 光纤熔接机

光纤熔接机如图 1-44 所示,主要应用于各大运营商、工程公司、企事业单位的光缆线路工程施工、线路维护、应急抢修、光纤器件的生产测试以及科研院所的研究教学中。

图 1-43　剥线器(剥线刀)　　　　　　　　　图 1-44　光纤熔接机

　　一般光纤熔接机由熔接部分和监控部分组成,两者用多芯软线连接。熔接部分为执行机构,主要有光纤调芯平台、放电电极、计数器、张力试验装置以及监控系统的传感器(TV摄像头)和光学系统等。张力试验装置和光纤夹具装在一起,用来试验熔接后接头的强度,由于光纤径向折射率各点分布不同,光线通过时透过率不同,经反射进入摄像管的光也不相同,这样即可分辨出待接光纤而在监视器荧光屏上成像。从而监测和显示光纤耦合和熔接情况,并将信息反馈给中央处理机,后者再回控微调架执行调接,直至耦合最佳。

　　现有熔接机国外品牌有日新、古河、藤仓、住友光纤熔接机。国内品牌有电子 41 所,南京吉隆和迪威普。现在的熔接机操作方便,可以自动检测光纤端面,自动选择最佳熔接程序、熔接类型,自动推算接续损耗,简单直观的操作界面,一目了然的菜单设计、深凹式防风盖,在 15m/s 的强风下能进行接续工作。

1.6.5　光纤剥线钳

　　光纤剥线钳是一种特殊成型精确刀具,剥线时保证不伤及光纤,特殊三孔分段式剥线设计,剥线最为迅速。光纤剥线钳孔径可调范围为 2.2～8.2mm,如图 1-45 所示。

1.6.6　光纤切割工具和光纤切割笔

　　光纤切割工具(光纤切割刀)如图 1-46 所示,是由特殊材料制成的光纤切割专用工具,刀口锐利耐磨损,能够保证光纤切割面的平整性,能最大可能地减少光纤连接时的衰耗。

　　光纤切割笔如图 1-47 所示,使用了碳化钨笔尖,通过尖锐无比的旋转式笔尖来切割光纤。光纤切割工具可用于 MT-RJ 插座和压接式免打磨光纤连接器组装。

图 1-45　光纤剥线钳　　　　图 1-46　光纤切割工具　　　　图 1-47　光纤切割笔

综合布线系统概述

1.6.7 其他常用工具

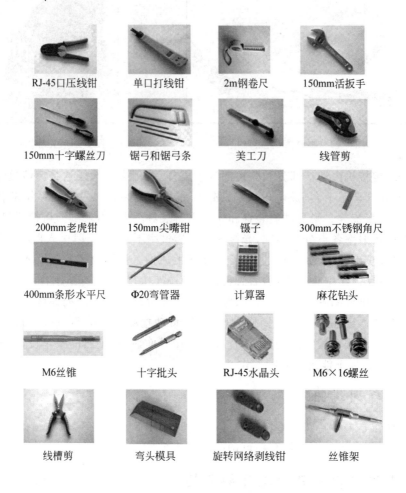

RJ-45口压线钳	单口打线钳	2m钢卷尺	150mm活扳手
150mm十字螺丝刀	锯弓和锯弓条	美工刀	线管剪
200mm老虎钳	150mm尖嘴钳	镊子	300mm不锈钢角尺
400mm条形水平尺	Φ20弯管器	计算器	麻花钻头
M6丝锥	十字批头	RJ-45水晶头	M6×16螺丝
线槽剪	弯头模具	旋转网络剥线钳	丝锥架

1.7 网络互联设备

1.7.1 中继器

信号在网络媒体上传输时会因损耗发生衰减,衰减到一定程度便导致信号失真,因此需要一个能够连续检测放大信号的底层连接设备,这就是中继器。中继器直接连接到电缆上,驱动电流传送,无须了解帧格式和物理地址,随时传递帧信息。因此,中继器就是一个物理层的硬件设备,如图1-48所示。

图 1-48 中继器

1.7.2 集线器

网络集线器(Hub)和交换机、路由器网络设备并非布线系统产品,但与布线系统紧密相关。

集线器是一种特殊的中继器,不同之处在于集线器是多端口的中继器,可使连接的网络之间互不干扰,若一条线路或一个结点出现故障,不会影响其他线路的正常工作。从带宽来看,集线器不管有多少个端口,所有端口都共享一条带宽,在同一时刻只能有两个端口传送数据,其他端口只能等待。同时集线器只能工作在半双工模式下。

目前主流的集线器带宽主要有 10M、100M、1000M 和 10M/100M 自适应、100M/1000M 自适应等几种;根据端口数目不同主要有 8 口、16 口和 24 口等几种。

1.7.3 网卡

网卡是计算机与网络相连的接口设备,如图 1-49 所示。网卡可以接收并拆分网络传入的数据报,组装并传送计算机传出的数据报,转化并行与串行数据,产生网络信号,利用缓存区对数据进行缓存和存取控制。在接收数据时,网卡识别数据头字段中的目的地址,依据驱动器程序设置的标准判断该数据是否合法,若数据满足接收条件即合法,则向 CPU 发出中断信号,若目的地址禁止状态则丢弃数据报。CPU 收到中断信号后产生中断,由操作系统调用程序接收并处理数据。新型的网卡采用并行机制,将整帧处理在确定帧地址后即开始转发数据,当网卡读完第一数据帧的最后字节后,CPU 就开始处理中断并转移数据。

1.7.4 网桥

网桥同中继器一样是连接两个网络的设备,如图 1-50 所示,用于扩展局域网,可以将地理位置分散或类型互异的局域网互联,也可以将一个大的单一局域网分割为多个局域网。网桥的特殊之处在于内部的逻辑电路可以随机监听网络信息并控制网络通信量,不会转发干扰信息,从而保证了整个网络的安全。网桥是数据链路层的存储转发设备,由于数据链路层分为逻辑链路控制层(LLC)和媒体访问控制层(MAC)两层,网桥工作在 MAC 子层,因此网桥连接的网络必须在 LLC 子层以上使用相同的协议。

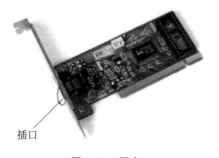

插口

图 1-49　网卡

图 1-50　无线网桥

1.7.5 交换机

交换机也被称为交换式集线器,如图 1-51 所示,它的外观类似于多端口的集线器,每个端口连接一台计算机,负责在通信网络中进行信息交换。交换机与集线器存在着许多不同的特性。首先,集线器工作在 OSI 的第 1 层(物理层),而交换机工作在 OSI 的第 2 层(数据链路层)。其次,在工作方式上,集线器采用广播方式发送信号,很容易产生网络风暴,对规模较大的网络的性能有很大的影响。而交换机工作时,只在源计算机和目的计算机之间互

综合布线系统概述

相作用,而不影响其他计算机,当目的计算机不在地址表中时才采用广播方式转发数据,并在数据到达目的地后及时扩展自身的原有地址表,因此能够在一定程度上隔离冲突,有效防止网络风暴产生。

1.7.6 路由器

路由器是在网络层实现互联的设备,能够对分组信息进行存储转发。路由器需要确定分组从一个网络到任意目的网络的最佳路径,因此具有协议转换和路由选择功能。路由器不关心所连接网络的硬件设备,但要求运行软件要与网络层协议一致,因此多用于异种网络互联和多个同构网络互联,如图 1-52 所示。

图 1-51　交换机

图 1-52　路由器

路由器为了实现最佳路由选择和有效传送分组,必须能够选择最佳的路由算法。路由表的存在支持了路由器的这种功能,表中保存了各条路径的各种信息供路由选择时使用,包括所连接各个网络的地址,整个网络系统中的路由器数目和下一个路由器的 IP 地址等。路由表可以在系统构建时根据配置预先由管理员设定,在系统运行过程中不会改变,也可以由路由器在路由协议支持下根据系统运行状况自动调整,计算最佳路径。

1.7.7 防火墙

网络互联使资源共享成为可能,但共享的数据可能是机密的信息,也可能是危险的病毒,这就需要一种技术或者设备,使进入网络的数据都是必要的,而输出网络的数据不会有安全隐患,防火墙正是解决这个问题的方法,防火墙的名字形象地体现了它的功能。传统的防火墙是在两个区域之间设置的关卡,起隔离或阻隔的作用,而网络中的防火墙则被安装在受保护的内部网络与外部网络的连接点上,负责检测过往的数据,将不安全的数据拦截下来,只允许那些合法的、安全的数据通过。

1.8　电气保护设备

(1)防雷保护器。如图 1-53 所示,安装于计算机网络双绞线 RJ-45 端口处,保护机房服务器、交换机等设备,最大防雷能力为 2.5KA,响应时间小于 1ns,抗干扰能力强,防雷效果明显。

(2)过压保护器。如图 1-54 所示,确保其电压稳定工作,防止产生大的电压。

(3)过流保护器。如图 1-55 所示,当电器的电流过大和线路短路时起到保护作用,使电器和人身安全得以保护。

图 1-53　防雷保护器

图 1-54　过压保护器　　　　　　　　　图 1-55　过流保护器

习　题　1

1. 选择题

(1) 综合布线系统的拓扑结构一般为_____。

  A. 总线型   B. 星型   C. 树型   D. 环型

(2) 垂直干线子系统的设计范围包括_____。

  A. 管理间与设备间之间的电缆

  B. 信息插座与管理间配线架之间的连接电缆

  C. 设备间与网络引入口之间的连接电缆

  D. 主设备间与计算机主机房之间的连接电缆

(3) 在综合布线系统的布线方案中,水平子系统主要以_____作为传输介质。

  A. 同轴电缆 B. 铜质双绞线 C. 大对数电缆 D. 光缆

(4) 在综合布线系统的布线方案中,主干子系统主要以_____作为传输介质。

  A. 同轴电缆 B. 铜质双绞线 C. 大对数电缆 D. 光缆

(5) 综合布线系统中直接与用户终端设备相连的子系统是_____。

  A. 工作区子系统 B. 水平子系统 C. 干线子系统 D. 管理子系统

(6) 综合布线系统中安装有线路管理器件及各种公共设备,以实现对整个系统的集中管理的区域属于_____。

  A. 管理子系统 B. 干线子系统 C. 设备间子系统 D. 建筑群子系统

(7) 综合布线系统中用于连接两幢建筑物的子系统是_____。

  A. 管理子系统 B. 干线子系统 C. 设备间子系统 D. 建筑群子系统

(8) 综合布线系统中用于连接楼层配线间和设备间的子系统是_____。

  A. 工作区子系统 B. 水平子系统 C. 干线子系统 D. 管理子系统

(9) 综合布线系统中用于连接信息插座与楼层配线间的子系统是_____。

  A. 工作区子系统 B. 水平子系统 C. 干线子系统 D. 管理子系统

(10) 在 GB 50311-2007 标准中,综合布线系统一般逻辑性地分为_____个子系统。

  A. 4   B. 7   C. 5   D. 6

(11) 工作区子系统所指的范围是_____。

  A. 信息插座到楼层配线架   B. 信息插座到主配线架

      C. 信息插座到用户终端   D. 信息插座到计算机

（12）水平布线子系统也称作水平子系统，其设计范围是指_____。

      A. 信息插座到楼层配线架   B. 信息插座到主配线架

      C. 信息插座到用户终端   D. 信息插座到服务器

（13）管理子系统由_____组成。

      A. 配线架和标识系统   B. 跳线和标识系统

      C. 信息插座和标识系统   D. 配线架和信息插座

（14）_____是安放通信设备的场所，也是线路管理维护的集中点。

      A. 交接间   B. 设备间   C. 配线间   D. 工作区

（15）对于建筑物的综合布线系统，一般根据用户的需要和复杂程度可分为三种不同的系统设计等级，它们是_____。

      A. 基本型、增强型和综合型   B. 星型、总线型和环型

      C. 星型、总线型和树型   D. 简单型、综合型和复杂型

（16）综合型综合布线系统适用于综合布线系统中配置标准较高的场合，一般采用的布线介质是_____。

      A. 双绞线和同轴电缆   B. 双绞线和光纤

      C. 光纤同轴电缆   D. 双绞线

（17）目前，中华人民共和国颁布的《综合布线系统工程设计规范》是_____。

      A. GB 50311-2007   B. GB 50312-2007

      C. CECS 89：97   D. YD/T 926.1～3-1997

（18）目前，中华人民共和国颁布的《综合布线系统工程验收规范》是_____。

      A. GB 50311-2007   B. GB 50312-2007

      C. CECS 89：97   D. YD/T 926.1～3-1997

（19）目前，最新的综合布线国际标准是_____。

      A. ANSI TIA/EIA 568-B

      B. ISO/IEC 11801：2002

      C. T568B

      D. ANSI TIA/EIA 568-B 和 ISO/IEC 11801：2002

（20）综合布线的使用寿命一般要求至少为_____。

      A. 10 年以上   B. 5 年以上

      C. 8 年以上   D. 15 年以上

2. 简答题

（1）什么叫综合布线系统？

（2）与传统的布线技术相比，综合布线系统具有哪些特点？

（3）综合布线系统的国际与国内标准主要有哪些？

（4）UTP、STP 和 FTP 三种线缆的区别是什么？

第2章　工作区子系统的设计与安装

本章要点：

- 掌握工作区的基本概念；
- 熟悉工作区的设计步骤，掌握信息插座的施工技巧。

2.1　基 本 概 念

GB 50311-2007 中规定："一个独立的需要设置终端设备(TE)的区域宜划分为一个工作区。工作区应由配线子系统的信息插座模块(TO)延伸到终端设备处的连接缆线及适配器组成。"

上面所说的终端设备可以是电话机、计算机、网络打印机和数字摄像机等，也可以是控制仪表、测量传感器、电视机及监控主机等设备终端。工作区就是安装这些终端设备的一个独立区域，在实际工程中一个网络插口即为一个独立的工作区，如安装在建筑物墙面或者地面的各种信息插座，有单口插座，也有双口插座，如图 2-1 所示。

墙面暗装底盒　　墙面明装底盒　　方形地弹插座　　圆形地弹插座

图 2-1　常用插座类型

而在终端设备与信息插座连接时需要特定的设备，为的是把连接设备的传输特点与非屏蔽双绞线布线系统的传输特点匹配，如模拟监控系统通常需要适配器型设备。工作区的连接电缆是非永久性的，随终端设备的移动而移动。图 2-2 所示为工作区子系统的示意图。

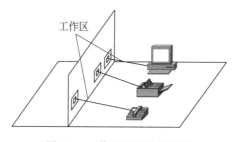

图 2-2　工作区子系统示意图

2.2 设 计 步 骤

一般工程的项目设计按照用户设计委托书的需求来进行，在设计前需要了解建筑物的用途、数据量的大小、人员数量等，也要熟悉强电、水暖的路由和位置。在认真阅读建筑物设计图纸的基础上，配置和计算工作区信息插座的数量，进行规划、设计和预算，完成设计任务。一般工作流程和步骤如图 2-3 所示。

图 2-3　工作区子系统设计流程

1. 确定设计等级

为了满足现有和未来的语音、数据和视频的需求，使布线系统的应用更具体化，可将其定义为三种不同的设计等级，即基本型、增强型和综合型综合布线系统。这些布线系统应能随需求的变化而转向更高功能的布线系统。

（1）基本型综合布线系统。

基本型综合布线系统方案是一个经济有效的布线方案。它支持语音或综合型语音/数据产品，并能够全面过渡到数据的异步传输或综合型布线系统。基本配置如下：

① 每一个工作区有一个信息插座；

② 每一个工作区有一条水平布线（4 对 UTP）系统；

③ 完全采用交叉连接硬件，并与未来的附加设备兼容；

④ 每个工作区的干线电缆（即楼层配线架至设备室总配线架电缆）至少有 2 对双绞线。

特点如下：

① 能够支持所有语音和数据传输应用；

② 支持语音、综合型语音/数据高速传输；

③ 便于维护人员维护、管理；

④ 能够支持众多厂家的产品设备和特殊信息的传输。

（2）增强型综合布线系统。

增强型综合布线系统不仅支持语音和数据的应用，还支持图像、影像、影视和视频会议等。它具有为增加功能提供发展的余地，并能够利用接线板进行管理。基本配置如下：

① 每个工作区有两个或两个以上信息插座；

② 每个信息插座均有独立的水平布线（4 对 UTP）系统；

③ 卡接式交叉连接硬件；

④ 每个工作区的垂直干线电缆至少有 3 对双绞线。

特点如下：

① 每个工作区有两个或两个以上的信息插座，灵活方便、功能齐全；

② 任何一个插座都可以提供语音和高速数据传输；

③ 便于管理与维护；

④ 能够为众多厂商提供服务环境的布线方案。

（3）综合型综合布线系统。

综合型布线系统是将双绞线和光缆纳入建筑物布线的系统。基本配置如下：

① 在建筑、建筑群的干线或水平布线子系统中配置 $62.5\mu m$ 等的多模或单模的光缆；

② 在每个工作区的干线电缆内配有 3 对双绞线；

③ 每个工作区的干线光缆，推荐至少 0.2 芯光纤。

除了具备增强型系统的所有特点之外，还具备以下特点：

① 在整个系统内通过光纤支持语音和高速数据应用；

② 提高了抗电磁干扰（Electromagnetic Interference，EMI）能力；

③ 通过光纤互联或交连器件，实现光纤用户自行管理。

工作区信息插座的数量主要涉及综合布线系统的设计等级，如果按基本型设计等级配置，那么每个工作区只有一个信息插座，即单点结构。如果按增强型或综合型设计等级配置，那么每个工作区就有两个或两个以上的信息插座。

为了确定设计等级，要掌握用户的当前用途和未来扩展需要，把设计对象分为写字楼、宾馆、综合办公室、生产车间、会议室和商场等类别，为后续设计确定方向和重点。表 2-1 列出了常见工作区类别的信息插座配置。

表 2-1　常见工作区信息插座的配置

工作区类型及功能	安装位置	信息插座数量	
		数　据	语　音
网管中心、呼叫中心和信息中心等终端设备较为密集的场地	工作台附近的墙面集中布置的隔断或地面	1 个/工位	1 个/工位
集中办公区域的写字楼、开放式工作区等人员密集场所	工作台附近的墙面集中布置的隔断或地面	1 个/工位	1 个/工位
研发室、试制室等科研场所	工作台或试验台处墙面或者地面	1 个/台	1 个/台
董事长、经理、主管等独立办公室	工作台处墙面或者地面	2 个/间	2 个/间
餐厅、商场等服务业	收银区和管理区	1 个/50 平方米	1 个/50 平方米
宾馆标准间	床头或写字台或浴室	1 个/间，写字台	1～3 个/间
学生公寓（4 人间）	写字台处墙面	4 个/间	4 个/间
公寓管理室、门卫室	写字台处墙面	1 个/间	1 个/间
教学楼教室	讲台附近	2 个/间	0
住宅楼	书房	1 个/套	2～3 个/套
小型会议室/商务洽谈室	主席台处地面或者台面会议桌地面或者台面	2～4 个/间	2 个/间
大型会议室/多功能厅	主席台处地面或者台面会议桌地面或者台面	5～10 个/间	2 个/间
大于 5000 平方米的大型超市或者卖场	收银区和管理区	1 个/100 平方米	1 个/100 平方米
2000～3000 平方米中小型卖场	收银区和管理区	1 个/30～50 平方米	1 个/30～50 平方米

在设计过程中,首先确定整栋建筑物的功能,随后要逐层确定各个工作区的信息插座配置,因为现在的建筑物往往具有多种用途,例如,一栋 7 层的建筑物可能会有以下用途:地下 2 层为空调机组等设备安装层,地下 1 层为停车场,1~6 层为商场,7 层为餐厅。

2. 工作区估算

索取和认真阅读建筑物设计图纸是不能省略的程序,根据建筑物的平面施工图,综合布线设计工程师就可以估算出每个楼层的实际工作区域(不包括建筑物内的走廊、公用卫生间、楼梯、管道井和电梯厅等公用区域)的面积,然后再把所有楼层的工作区域的面积相加,就可计算出整栋建筑的工作区域的总面积。用公式 2.1 可以估算工作区的总数量:

$$Z = S/P \tag{2.1}$$

其中,Z 为工作区的总数量,S 为整栋建筑物实际工作区域的总面积,P 为单个工作区的面积,一般为 10m^2。

工作区面积的详细确定则取决于应用场合的具体分析,建筑物可大体分为商业、文化、媒体、体育、医院、学校、交通、住宅和通用工业等类型,其工作区的面积设定可参考表 2-2。

表 2-2　工作区面积划分表

建筑物类型及功能	工作区面积/m^2
网管中心、呼叫中心、信息中心等终端设备较为密集的场地	3~5
办公区	5~10
会议、会展	10~60
商场、生产机房、娱乐场所	20~60
体育场馆、候机室、公共设施区	20~100
工业生产区	60~200

3. 确定信息插座数量

在确定了设计等级和工作区的数量后,可以利用公式 2.2 计算信息插座的数量:

$$M = Z \times N \times (1 + R) \tag{2.2}$$

其中,M 为建筑物总信息点数,Z 为工作区的数量,N 为单个工作区配制的信息插座个数,R 一般取 $2\% \sim 3\%$。

工作区信息插座的命名和编号也很重要,命名首先必须准确表达信息点的位置或者用途,要与工作区的名称相对应,这个名称从项目设计开始到竣工验收及后续维护最好一致。如果项目投入使用后用户改变了工作区名称或者编号,必须及时制作名称变更对应表,作为竣工资料保存。最后制作成工作区信息插座数目统计表,如表 2-3 所示。

最后要与用户进行技术交流,这是非常必要的。不仅要与技术负责人交流,也要与项目或者行政负责人进行交流,进一步充分和广泛地了解用户的需求,特别是未来的发展需求。在交流中重点了解每个房间或者工作区的用途、工作区域、工作台位置、工作台尺寸和设备安装位置等详细信息。在交流过程中必须进行详细的书面记录,每次交流结束后要及时整理书面记录,这些书面记录是初步设计的依据。

表2-3　工作区信息插座数目统计表

房间号 楼层号		x01 TO	x01 TP	x02 TO	x02 TP	x03 TO	x03 TP	x04 TO	x04 TP	x05 TO	x05 TP	x06 TO	x06 TP	x07 TO	x07 TP	x08 TO	x08 TP	x09 TO	x09 TP	x10 TO	x10 TP	x11 TO	x11 TP	x12 TO	x12 TP	x13 TO	x13 TP	x14 TO	x14 TP	x15 TO	x15 TP	合计
四层	TO	2		8		2		0		10		15		10		4		10				10										71
	TP		2		8		2		0		10		15		10		0		10				10									67
三层	TO	2		10		1		10		2		2		2		15		4		10		10		4		10				10		90
	TP		2		10		1		10		2		0		2		15		4		10		10		2		10				10	88
二层	TO	4		2		1		2		1		2		2		2		2		0		4		16		4		22		12		76
	TP		2		2		1		2		1		2		2		2		2		0		4		16		4		2		12	54
一层	TO	2		34		14		0		24		0		17		0		1		116		16				14				2		240
	TP		2		34				0		24		0		3		0		1		10		16				2		2		2	96
合计	TO																															477
	TP																															305
	Σ																															782

注：TO表示网络点点位，TP表示电话点位。

2.3 工作区连接件

1. 适配器

目前,综合布线用的适配器种类很多,还没有统一的国际标准。但各供应商的产品可以相互兼容,应根据应用系统的终端设备选择适当的适配器。

(1) 当终端设备的连接器类型与信息插座不同时,可以用专用电缆适配器,如图 2-4 所示。

(2) 当在单一信息插座上连接两个终端设备时,可应用 Y 型适配器,如图 2-5 所示。

图 2-4　专用电缆适配器　　　　　　　　图 2-5　Y 型适配器

(3) 在选用电缆类别(介质)不同时,例如在水平布线子系统中采用光缆作为传输通道,而交换机的光接口的数量有限,并且终端工作站没有安装光网卡时,可选用光电转换适配器,如图 2-6 所示。

(4) 在连接不同种类的信号设备时,如数/模转换或传输速率转换等,应采用接口适配器,如图 2-7 所示。

图 2-6　光电转换适配器　　　　　　　　图 2-7　接口适配器

2. 跳线

从信息插座到计算机等终端设备之间的跳线一般使用软跳线,软跳线的线芯应由多股铜线组成,不宜使用线芯直径为 0.5mm 以上的单芯跳线,长度一般小于 5m。

跳线必须与布线系统的等级和类型相配套。6 类电缆综合布线系统必须使用 6 类跳线,7 类电缆综合布线系统必须使用 7 类跳线,在屏蔽布线系统中禁止使用非屏蔽跳线。光纤布线系统必须使用对应的光纤跳线,光缆跳线使用室内光纤,没有铠装层和钢丝,比较柔软。国际电联标准对光缆跳线的规定是橙色为多模跳线,黄色为单模跳线。各类跳线如图 2-8 和图 2-9 所示。

工作区子系统的跳线宜使用工厂专业化生产的跳线,不允许现场制作跳线,这是因为现场制作跳线时,往往会使用工程剩余的短线,而这些短线已经在施工过程中承受了较大拉力和多次拐弯,缆线结构已经发生了很大的改变。另外,实际工程经验表明,在信道测试中影响最大的就是跳线,在 6 类、7 类布线系统中尤为明显,信道测试不合格的主要原因往往是两端的跳线造成的。

图 2-8　多模光纤跳线

图 2-9　双绞线跳线

习 题 2

1. 填空题

(1) 从信息插座到计算机等终端设备之间的跳线一般使用软跳线,软跳线的线芯应为多股铜线组成,长度一般小于_____ m。

(2) 光缆布线系统必须使用配套的光缆跳线,国际电联标准规定橙色为_____,黄色为_____。

(3) 一般情况下,信息中心的场地面积在 $3\sim5\mathrm{m}^2$ 之间,办公区域的面积在_____之间。

(4) 一般情况下,面积在 $60\sim200\mathrm{m}^2$ 的建筑物类型是_____。

(5) 在某一信息插座上连接两个终端设备时,可以用_____适配器。

(6) 综合布线系统可分为_____、_____和_____三种不同的设计等级。

(7) 工作区由_____及_____组成。

(8) 跳线必须与布线系统的等级和类型相配套,6 类电缆综合布线系统必须使用_____。

2. 简答题

(1) 简述工作区子系统的设计步骤。

(2) 可以自己做跳线吗? 为什么?

(3) 简述三种设计等级的配置要求。

工作区子系统的设计与安装

第 3 章　水平子系统的设计与安装

本章要点：

- 掌握水平子系统的基本概念；
- 熟悉水平子系统的设计原则和设计步骤；
- 熟悉水平子系统缆线的选择，掌握缆线长度的计算方法；
- 熟悉水平子系统的各种布线方式，掌握管槽、缆线的敷设技巧。

3.1　基 本 概 念

水平子系统是由连接各办公区的信息插座及各楼层配线架之间的线缆构成的，在GB 50311-2007国家标准中也称为配线子系统。水平子系统一般在同一个楼层上，是从工作区的信息插座开始到管理间子系统的配线架，由用户信息插座、水平电缆和配线设备等组成，如图 3-1 所示。

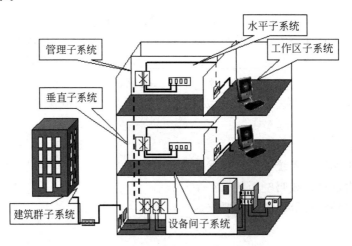

图 3-1　水平子系统示意图

水平子系统的设计涉及水平布线子系统的传输介质及组件的集成，水平布线子系统的传输介质包括铜缆和光缆，组件包括 8 针脚模块插座以及光纤插座，它们被用来连接工作区的铜缆和光缆。

3.2 设 计 原 则

在水平子系统的设计中,一般遵循下列原则。

1. 性价比最高原则

这是因为水平子系统范围广、布线长、材料用量大,对工程总造价和质量有比较大的影响。

2. 预埋管原则

认真分析布线路由和距离,确定缆线的走向和位置。新建建筑物优先考虑在建筑物梁和立柱中预埋穿线管,旧楼改造或者装修时考虑在墙面刻槽埋管或者墙面明装线槽。因为在新建建筑物中预埋线管的成本比明装布管、槽的成本低,工期短,外观美观。

3. 水平缆线最短原则

为了保证水平缆线最短原则,一般把楼层管理间设置在信息点居中的房间,保证水平缆线最短。对于楼道长度超过100m的楼层,或者信息点比较密集时,可以在同一层设置多个管理间,这样既能节约成本,又能降低施工难度,因为布线距离短时,线管和电缆也短,拐弯减少,布线拉力也小一些。

4. 水平缆线最长原则

按照GB 50311国家标准规定,铜缆双绞线电缆的信道长度不超过100m,水平缆线长度一般不超过90m。因此在前期设计时,水平缆线最长不宜超过90m。

5. 避让强电原则

一般尽量避免水平缆线与36V以上强电供电线路平行走线。在工程设计和施工中,一般原则为网络布线避让强电布线。

如果确实需要平行走线时,应保持一定的距离,一般非屏蔽网络双绞线电缆与强电电缆距离大于30cm,屏蔽网络双绞线电缆与强电电缆距离大于7cm。

如果需要近距离平行布线甚至交叉跨越布线时,需要用金属管保护网络布线。

6. 地面无障碍原则

在设计和施工中,必须坚持地面无障碍原则。一般考虑在吊顶上布线,楼板和墙面预埋布线等。对于管理间和设备间等需要大量地面布线的场合,可以增加抗静电地板,在地板下布线。

3.3 设 计 步 骤

水平子系统的设计步骤一般为:

(1)需求分析。根据用户对建筑物综合布线系统提出的近期和远期设备需求来分析。

(2)阅读建筑物图纸。根据建筑物建筑平面图,确定建筑物信息插座的数量类型及安装位置。

(3)规划和设计。确定每个布线区的布线方式及布线路由图。

(4)材料统计。确定每个布线区的电缆类型及计算电缆长度,为确认的水平布线子系统订购电缆和其他材料。

一般工作流程如图3-2所示。

图3-2 水平子系统设计步骤

水平子系统的设计与安装

3.3.1 需求分析

需求分析对水平子系统的设计尤为重要,因为水平子系统是综合布线工程中最大的一个子系统,使用材料最多,工期最长,投资最大,也直接决定每个信息点的稳定性和传输速度,对后续水平子系统的施工是非常重要的,也直接影响网络综合布线工程的质量、工期,甚至影响最终工程造价。

智能建筑往往各个楼层功能不同,甚至同一个楼层不同区域的功能也不同,建筑结构也不同,这就需要针对每个楼层,甚至每个区域布线路由进行分析和设计。例如,地下停车场、商场、餐厅、写字楼、宾馆等楼层信息点的水平子系统有非常大的区别。

由于水平子系统往往覆盖每个楼层的立面和平面,布线路径也经常与照明线路、电器设备线路、电器插座、消防线路、暖气或者空调线路有多次的交叉或者并行,因此不仅要与技术负责人交流,也要与项目或者行政负责人进行交流。在交流中重点了解每个信息点路径上的电路、水路、气路和电器设备的安装位置等详细信息。在交流过程中必须进行详细的书面记录,每次交流结束后要及时整理书面记录。

3.3.2 阅读建筑物图纸

认真阅读建筑物设计图纸是不能省略的程序,通过阅读建筑物图纸掌握建筑物的土建结构、强电路径、弱电路径,特别是主要电器设备和电源插座的安装位置(在第2章工作区子系统的设计中已经讲解了电源插座的规划和设计),重点掌握在综合布线路径上的电器设备、电源插座和暗埋管线等。在阅读图纸时,进行记录或者标记,正确处理水平子系统布线与电路、水路、气路和电器设备的直接交叉或者路径冲突问题。

3.3.3 规划和设计

1. 水平子系统的拓扑结构

建筑综合布线系统从整体布局上来看是分级星型拓扑结构,当然水平部分在应用上有所区别。例如,在语音应用中,电缆的连接方式是星型结构,但在计算机网络应用中的拓扑结构并不一定是星型结构,它可以通过在水平配线架上的跳接来实现各种网络结构的应用。因此,水平布线应采用星型拓扑结构,如图3-3所示。从图中可以看出,水平子系统的线缆一端与工作区的信息插座端接,另一端与楼层配线间的配线架连接。

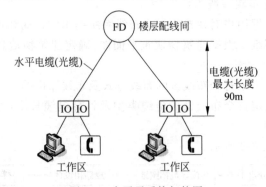

图 3-3　水平子系统拓扑图

2. 水平子系统的布线距离规定

GB 50311-2007 国家标准对于水平子系统的线缆长度做了统一规定,如图 3-4 所示。

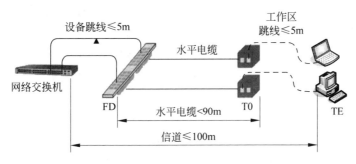

图 3-4　水平电缆和信道长度

水平子系统的长度应符合以下要求:

(1) 在电缆水平子系统中,信道最大长度不应大于 100m。其中水平电缆长度不大于 90m,一端工作区设备连接跳线不大于 5m,另一端设备间(电信间)的跳线不大于 5m。

(2) 信道总长度(包括综合布线系统的水平缆线和建筑物主干缆线及建筑群主干三部分缆线之和)不应大于 2000m。

(3) 建筑物或建筑群配线设备之间(FD 与 BD、FD 与 CD、BD 与 BD、BD 与 CD 之间)组成的信道出现 4 个连接器件时,主干缆线的长度不应小于 15m。

具体要求如表 3-1 所示。

表 3-1　水平子系统各段缆线长度限值表

电缆总长度/m	水平布线电缆 H/m	工作区电缆 w/m	电信间跳线和设备电缆 D/m
100	90	5	5
99	85	9	5
98	80	13	5
97	75	17	5
97	70	22	5

3. CP 集合点的设置

对大多数企业来说,模块化的办公室已经越来越流行。模块化办公的基础依赖一种结构化布线安装方法,它既可以满足日后频繁的移动、增加和变更(MAC),而又无须重新敷设连至电信间的所有水平线缆。为此,设计者需要在水平线缆通道内提供一个靠近办公区域的集合点或多用户电信插座盒,使将来布线系统的重新配置离工作区更近。

ANSI TIA/EIA 568 B.1 商用建筑物电信布线标准给集合点(Consolidation Point,CP)下的定义是:连接建筑物通道的水平线缆和连至家具通道的水平线缆之间的对接位置。CP 是水平电缆的转接点,不设跳线,也不接有源设备;同一个水平电缆不允许超过一个 CP 或同时存在转接点(TP);从 CP 引出的水平电缆必须接于工作区的信息插座或多用户信息插座上(北美标准 ANSI TIA/EIA 568 中有 TP(Transition Point)和 CP,国际标准 ISO/IEC 11801 中只有 TP)。

为了便于变更,集合点应该安装在一个容易被技术人员访问的地方。而集合点经常安装在一个带锁的箱体内,如西蒙的 CPEV,此配线箱可以被固定在靠近工作区的柱子或墙壁上。配线箱内的对接一般通过将来自电信间的线缆端接在 S110(增强 5 类)或 S210(6 类)连接架上来完成。在集合点和工作区插座之间使用实心双绞线,线缆的集合点端一般使用 S110 或 S210 现场制作插头接到连接架上,而工作区端则直接卡接到插座背面。

在某些时候,必须把集合点安装在吊顶内或架空地板下的特殊设计密闭箱体内,此时的安装空间会比较局促,特别是在架空地板的环境下,因此需要使用薄型箱体及使用模块化插座。连接集合点到工作区时,需要使用单端 RJ-45 接头(使用实心线缆)的模块化跳线。模块化插头端插入集合点的插座/配线架,另一端卡接到工作区插座的背面。

为了保证增强 5 类或更高的系统性能,西蒙推荐使用工厂原装和测试过的单端模块化跳线,比如 IC5(增强 5 类)或 IC6(6 类)。另外,集合点并不仅限于双绞线,铜缆集合点节省时间和节约开支的优势同样适用于采用光纤到桌面的用户。

CP 的设置需要注意以下几点。

(1) 如果在水平布线系统施工中,需要增加 CP 集合点时,同一个水平电缆上只允许一个 CP 集合点,而且 CP 集合点与 FD 配线架之间水平线缆的长度应大于 15m。CP 配线设备容量宜以满足 12 个工作区信息插座需求设置。

(2) CP 集合点的端接模块或者配线设备应安装在墙体或柱子等建筑物固定的位置,不允许随意放置在线槽或者线管内,更不允许暴露在外边。

(3) CP 集合点只允许在实际布线施工中应用,规范了缆线端接做法,适合解决布线施工中个别线缆穿线困难时中间接续,实际施工中尽量避免出现 CP 集合点。在前期项目设计中不允许出现 CP 集合点。

4. 布线方式

水平子系统缆线的路径在新建筑物设计时易采取暗埋管线,这种设计简单明了,安装、维护都比较方便,工程造价也低。一般可分为三种:直接埋管方式;吊顶内线槽和支管方式;适合大开间的地面线槽方式。其他布线方式都是这三种方式的改良型和综合型。

旧建筑(如住宅楼、老式办公室、厂房)进行改造或者需要增加网络布线系统时,一般采取明装布线方式。一般将机柜安装在每个单元的中间楼层,然后沿墙面安装 PVC 线槽到每户门上方墙面固定插座。

已经入住的住宅楼需要增加信息插座时,一般设计在楼道,位于入户门上方。这是因为每个住户家里的布局和装饰结构不同,进入室内施工不方便。

3.3.4 材料统计

1. 线缆用量的估算

(1) 确定信息插座的数量。根据建筑物的平面图,计算出每层楼的工作区数量,以及整个建筑物的工作区总数量,并充分考虑用户对综合布线系统信息量的需求后,决定该建筑物所采用的设计等级,估算出整个建筑物信息点的总数。

(2) 确定水平子系统的布线路由。根据建筑物的用途、建筑物平面设计图、楼层配线间的位置及楼层配线间所服务的区域、转接点的位置、水平子系统的布线方式以及信息插座的安装位置,设计水平子系统布线路由图。

(3) 确定水平子系统线缆类型。综合布线设计的原则是向用户提供支持语音、数据传输、视频图像应用的传输通道。按照水平子系统对线缆及长度的要求,在水平区段,即楼层配线间到工作区的信息插座之间,应优先选择 4 对双绞线电缆,在配线间与转接点之间可选 25 对双绞线电缆。这种双绞线电缆具有支持语音和数据传输要求所需的物理特性和电气特性。因为水平电缆不易更换,所以在选择水平电缆时应按照用户的长远需求配置较高类型的双绞线电缆。

（4）水平电缆用量的估算。

目前,国际与国内生产的双绞线长度不等,一般从 90m 到 5km。另外,双绞线电缆可以以箱为单位订购,并有两种装箱形式:卷盘形式和卷筒形式。水平子系统的双绞线电缆一般以箱订购,而每箱的电缆长度为 305m(1000ft),如有特殊需求时,可按需要的长度订购。

布线前要估算一下线缆的用量,可采用公式 3.1 进行计算。

$$C = [0.55(L+S)+6](IO) \tag{3.1}$$

其中,L 为配线架连接最远信息点(IO)的距离;S 为配线架连接最近信息点的距离;6 为余量,可根据需要调整(缆线布放时应该考虑两端的预留,方便理线和端接。在管理间电缆预留长度一般为 3～6m,工作区为 0.3～0.6m;光缆在设备端预留长度一般为 5～10m。有特殊要求的应按设计要求预留长度)。

这个公式只算出平均线缆的长度 C,然后用 305 除以 C,得到一箱线缆可以布几个点(余数只舍不入),再用楼层总点数除以这个值,得到此楼层所需的线缆箱数即可(因为材料表中的线缆单位是箱而不是米)。

水平子系统电缆的数量按照设计用电缆工作单所需电缆数量订购。

2. 线缆估算举例

已知某学生宿舍楼有 7 层,每层有 12 个房间,要求每个房间安装两个计算机网络接口,以实现 100M 接入校园网络。为了方便计算机网络管理,每层楼中间的楼梯间设置一个配线间,各房间信息插座连接的水平线缆均连接至楼层管理间内。根据现场测量知道每个楼层最远的信息点到配线间的距离为 70m,每个楼层最近的信息点到配线间的距离为 10m。请确定该幢楼应选用的水平布线线缆的类型并估算出整幢楼所需的水平布线线缆用量。实施布线工程应订购多少箱电缆?

解答: 由题目可知每层楼的布线结构相同,因此只须计算出一层楼的水平布线线缆数量即可以计算整栋楼的用线量。

要实现 100Mbps 传输率,楼内的布线应采用超 5 类 4 对非屏蔽双绞线。

楼层信息点数 $N = 12 \times 2 = 24$(个)

一个楼层用线量 $C = [0.55(70+10)+6] \times 24 = 1200$m

整栋楼的用线量 $S = 7 \times 1200 = 8400$m

订购电缆箱数 $M = INT(8400/305) = 28$(箱)

3.4 施工技术

3.4.1 水平子系统布线方式

水平布线是将线缆从配线间连接到工作区的信息插座上。而对于综合布线系统设计工程师来说,要根据建筑物的结构特点,从布线路由最短、工程造价最低、施工方便及布线规范等诸多方面考虑,才能设计出合理的、实用的布线系统。

在新的建筑物中,所有的管线都是预埋的(包括强电电缆、楼宇控制电缆、消防电缆、保安监控电缆和有线电视电缆等),所以建筑物内的预埋管道就比较多,往往要遇到一些具体问题,所以在综合布线系统设计时,应考虑并与相应的专业设计人员相配和,选取最佳的水平布线方式。

水平子系统的布线方式一般可分为三种:直接埋管方式;吊顶内线槽和支管方式;适合大开间的地面线槽方式。其他布线方式都是这三种方式的改良型和综合型。

1. 直接埋管方式

直接埋管布线由一系列密封在混凝土中的金属布线管道组成,如图3-5所示。这些金属管道从楼层管理间向信息插座的位置辐射。根据通信和电源布线要求、地板厚度和占用的地板空间等条件,直接埋管布线方式可以采用厚壁镀锌管或薄型电线管。

老式建筑物由于布设的线缆较少,因此一般埋设的管道直径较小,最好只布放一条水平电缆。如果要考虑经济性,一条管道也可布放多条水平电缆。现代建筑物增加了计算机网络、有线电视等多种应用系统,需要布设的水平电缆会比较多,因此推荐使用SC镀锌钢管和阻燃高强度PVC管。考虑到方便于以后的线路调整和维护,管道内布设的电缆应占管道截面积的30%~50%,每根直接埋管在30m处加装线缆过渡盒,且不能超过两个90度弯头。预埋在墙体中间暗管的最大管外径不宜超过50mm,预埋在楼板中暗埋管的最大管外径不宜超过25mm,室外管道进入建筑物的最大管外径不宜超过100mm,如图3-6所示。

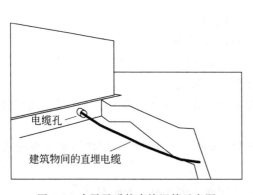

图 3-5 水平子系统直接埋管示意图

图 3-6 直接埋管布线施工图

在工程设计和施工中,一般原则为网络布线避让强电布线,尽量避免水平缆线与36V以上强电供电线路平行走线。如果确实需要平行走线时,应保持一定的距离,一般非屏蔽网络双绞线电缆与强电电缆距离大于30cm,屏蔽网络双绞线电缆与强点电缆距离大于7cm。如果需要近距离平行布线甚至交叉跨越布线时,需要用金属管保护网络布线。

这种布线方式管道数量比较多,钢管的费用相应增加,相对于其他布线方式优势不明显,而局限性较大,在现代建筑中逐步被其他布线方式取代。不过在地下层信息点比较少且没有吊顶的情况下,一般还继续使用直接埋管布线方式。

2. 吊顶内线槽和支管方式

先走吊顶内线槽再走支管方式是指由楼层管理间引出来的线缆先走吊顶内的线槽,到各房间后,经分支线槽从槽梁式电缆管道分叉后将电缆穿过一段支管引向墙壁,沿墙而下到房内信息插座的布线方式,如图 3-7 和图 3-8 所示。

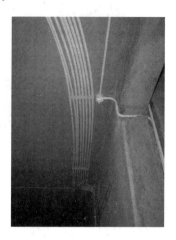

图 3-7　水平子系统吊顶方式示意图　　　　图 3-8　吊顶布线施工图

这种布线方式中,线槽通常安装在吊顶内或悬挂在天花板上,用横梁式线槽将线缆引向所要布线的区域,通常用在大型建筑物或布线系统比较复杂而需要额外支撑物的场合。在设计和安装线槽时,应尽量将线槽安放在走廊的吊顶内,并且布放到各房间的支管应适当集中布放至检修孔附近,以便于以后的维护。这样安装线槽可以减少布线工时,还利于保护已敷设的线缆,不影响房内装修。

先走吊顶内线槽再走支管的布线方式可以降低布线工程的造价,而且吊顶可以与别的通道管线一起施工,减少了工程协调量,可以有效地提高布线的效率。因此,在有吊顶的新型建筑物内应推荐使用这种布线方式。

3. 地面线槽方式

地面线槽方式就是从楼层管理间引出的线缆走地面线槽到地面出线盒或由分线盒引出的支管到墙上的信息出口,如图 3-9 和图 3-10 所示。由于地面出线盒或分线盒不依赖于墙或柱体直接走地面垫层,因此这种布线方式适用于大开间或需要打隔断的场合。

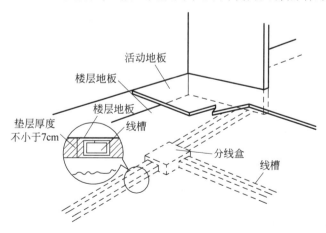

图 3-9　水平子系统地面线槽方式示意图

水平子系统的设计与安装

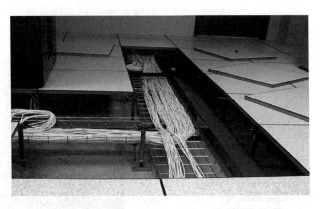

图 3-10　地面槽线布线施工图

在地面线槽布线方式中,把长方形的线槽打在地面垫层中,每隔 4～8cm 设置一个过线盒或出线盒,直到信息出口的接线盒。分线盒与过线盒有两槽和三槽两类,均为正方形,每面可接两根或三根地面线槽,这样分线盒与过线盒能起到将 2～3 路分支线缆汇成一个主路的功能,或起到 90°转弯的功能。

要注意的是,地面线槽布线方式不适合于楼板较薄、楼板为石质地面或楼层中信息点特别多的场合。一般来说,地面线槽布线方式的造价比吊顶内线槽布线方式要贵 3～5 倍,目前主要应用在资金充裕的金融业或高档会议室等建筑物中。

3.4.2　旧建筑物布线方式

所谓旧建筑物指的是已经建好并且已经使用的建筑物。在对旧建筑进行改造或者需要增加网络布线系统时,为了不损坏这种建筑物的结构与装修,一般采取明装布线方式,可采用以下几种布线方式。

(1) 护壁板管道布线方式。沿地脚线敷设金属管道,如图 3-11 所示。

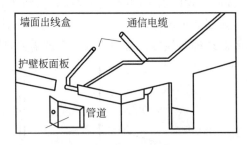

图 3-11　护壁板管道布线方式

(2) 地板导管布线方式。在地板上有胶皮或金属导管来保护线缆,如图 3-12 和图 3-13 所示。

(3) PVC 线槽布线方式。用 PVC 线槽把线缆固定到墙壁上,如图 3-14 所示。

住宅楼增加网络布线的常见做法是将机柜安装在每个单元的中间楼层,然后安装线管或 PVC 线槽到每户门上方墙面固定插座。使用 PVC 线槽外观美观、施工方便,但是安全性较差,使用线管安全性比较好。

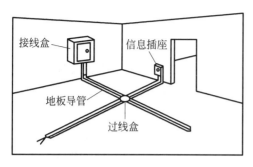

图 3-12 地板导管布线方式

图 3-13 地板导管布线实例

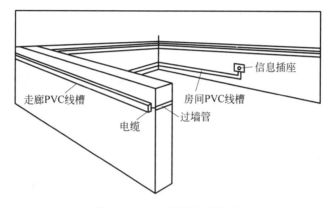

图 3-14 PVC 线槽布线方式

3.4.3 水平子系统的区域布线法

水平子系统的区域布线方式一般适用于大开间的场合,并能组成专用的计算机网络,如设计研究所的专业设计室、大型计算机机房等。由于开放办公室布线系统可以为现代办公环境提供灵活的、经济实用的网络布线,因此变得越来越流行。区域布线模型如图 3-15 所示。

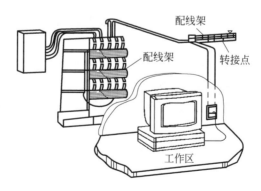

图 3-15 水平子系统区域布线模型

其中连接转接点与工作区之间的电缆称为扩展电缆。扩展电缆的类型取决于转接点所使用的硬件类型。在采用区域布线时,最大电缆长度限制在 100m 之内,100m 信道长度按

水平子系统的设计与安装

照大楼布线标准包括 10m 软跳线和 90m 水平电缆。图 3-16 所示为某实验室区域布线示例。

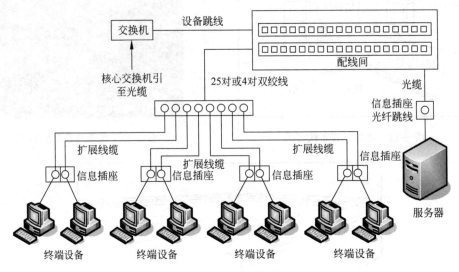

图 3-16　区域布线示例

3.4.4　安装要求

1. 暗敷管路的安装要求

新建的智能建筑物内一般都采用暗敷管路来敷设线缆。在建筑物土建施工时,一般同时预埋暗敷管路,因此在设计建筑物时就应同时考虑暗敷管路的设计内容。暗敷管路是水平子系统中经常使用的支撑保护方式之一。暗敷管路常见的有钢管和硬质的 PVC 管。预埋暗敷管路一般与土建施工同时进行,按下列要求安装:

(1) 预埋暗敷管路应采用直线管道为好,尽量不采用弯曲管道,直线管道超过 30m 再须延长距离时,应置暗线箱等装置,以利于牵引敷设电缆时使用。如必须采用弯曲管道时,要求每隔 15m 处设置暗线箱等装置。

(2) 暗敷管路如必须转弯时,其转弯角度应大于 90°。暗敷管路曲率半径不应小于该管路外径的 6 倍。要求每根暗敷管路在整个路由上需要转弯的次数不得多于两个,暗敷管路的弯曲处不应有折皱、凹穴和裂缝。

(3) 明敷管路应排列整齐,横平竖直,且要求管路每个固定点(或支撑点)的间隔均匀。

(4) 要求在管路中放有牵引线或拉绳,以便牵引线缆。

(5) 在管路的两端应设有标志,其内容包含序号、长度等,应与所布设的线缆对应,以使布线施工中不容易发生错误。

(6) 转弯的夹角角度不小于 90°,不应有两个以上的弯曲,且不超过 15m。

(7) 管路中不能出现 S 形或 U 形弯。

2. 明敷管路的安装要求

旧建筑物的布线施工常使用明敷管路,新的建筑物应少用或尽量不用明敷管路。在综合布线系统中明敷管路常见的有钢管、PVC 线槽和 PVC 管等。

钢管具有机械强度高、密封性能好、抗弯、抗压和抗拉能力强等特点,尤其是有屏蔽电磁干扰的作用,管材可根据现场需要任意截锯勒弯,施工安装方便。但是它存在材质较重、价格高且易腐蚀等缺点。PVC 线槽和 PVC 管具有材质较轻、安装方便、抗腐蚀、价格低等特点,因此在一些造价较低、要求不高的综合布线场合需要使用 PVC 线槽和 PVC 管。常用的 PVC 线槽和 PVC 管辅助材料如图 3-17 和图 3-18 所示。

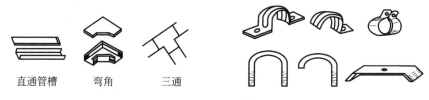

直通管槽　　　　弯角　　　　三通

图 3-17　PVC 线槽及相关辅材　　　　图 3-18　PVC 管安装使用的管卡

　　在潮湿场所中明敷的钢管应采用管壁厚度大于 2.5mm 的厚壁钢管,在干燥场所中明敷的钢管可采用管壁厚度为 1.6～2.5mm 的薄壁钢管。使用镀锌钢管时,必须检查管身的镀锌层是否完整,如有镀锌层剥落或有锈蚀的地方应刷防锈漆或采用其他防锈措施。

3. 预埋金属槽道/线槽的安装要求

适用于大开间、机房、防静电地板。

4. 明敷电缆槽道或桥架的安装要求

槽道又称为桥架,其制造材料有金属和非金属材料两类。它主要用于支承和安放建筑内的各种缆线,一般由托盘、梯架的直线段、弯通、连接件、附件、支承件和悬吊架等组成,分为以下三种形式:

（1）托盘式。

托盘式槽道,又称为有孔托盘式槽道或托盘式桥架。它是由带孔洞眼的底板和无孔洞眼的侧边所构成的槽形部件,如图 3-19 所示。

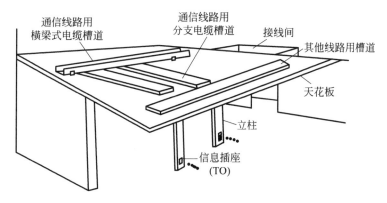

图 3-19　托盘式槽道示意图

　　托盘式槽道适用于无电磁干扰、不需要屏蔽的地段,或环境干燥清洁、无灰、无烟等污染的场所,以及要求不高的一般场合。

（2）梯架式。

梯架式槽道,又称为梯级式桥架。它是一种敞开式结构,两侧设有挡板,以防线缆溢出;底部由若干个横挡组装构成的梯形部件,如图 3-20 所示。

水平子系统的设计与安装

图 3-20　梯架式槽道实例图

梯架式槽道适用于环境干燥清洁、无外界干扰,以及要求不高的一般场合。

(3)线槽式。

线槽式槽道是由底板和侧边构成或由整块钢板弯制成的槽形部件,再配上盖子时,成为一种全封闭结构,如图 3-21 所示。

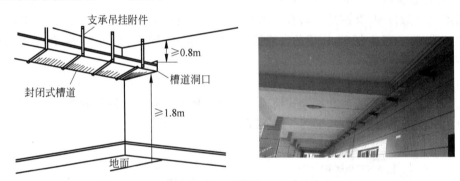

图 3-21　线槽式槽道示意图

线槽式槽道适用于外界各种气体或液体等条件较恶劣的场合,线槽为金属,具有抑制外部电磁干扰性能,也适用于需要屏蔽的场所。

3.4.5　材料选择

1. 信息插座的选择

信息插座如图 3-22 所示。一般情况下,信息插座宜选用双口插座。不建议使用三口或者四口插座,因为一般墙面安装的网络插座底盒和面板的尺寸为长 86mm、宽 86mm,底盒内部空间很小,无法保证和容纳更多网络双绞线的曲率半径。

在墙面安装的信息插座距离地面高度为 300mm,在地面设置的信息插座必须选用金属面板,并且具有抗压防水功能。在学生宿舍、家居遮挡等特殊应用情况下信息插座的高度也可以设置在写字台以上位置。

为了保证传输速率和使用方便及美观,GB 50311-2007 规定信息插座与计算机等终端设备的距离宜保持在 5m 范围内。

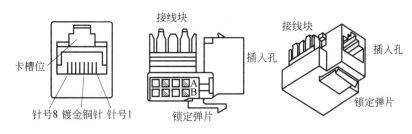

图 3-22　模块正视图、侧视图、立体图

信息插座主要分为以下几类。

（1）5 类信息插座模块。支持 100Mbps 及 ATM155Mbps 信息传输，适合语音、数据、视频应用；8 位/8 针无锁信息模块，可安装在配线架或接线盒内；符合 ISO/IEC 11801 对 5 类通道的连接硬件要求。

（2）超 5 类信息插座模块。如图 3-23 所示，支持 100Mbps 及 ATM622Mbps 信息传输，适合语音、数据、视频应用；可安装在配线架或接线盒内，一旦装入即被锁定，只能用两用电线插帽来松开；符合 ISO/IEC 11801 对 5 类通道的连接硬件要求。

（3）6 类信息插座模块。支持 1000Mbps 信息传输，适合语音、数据、视频应用；可安装在配线架或接线盒内，侧面盖板可防尘、防潮；45°或 90°安装方式，应用范围大；符合 ISO/IEC 11801 对 5 类通道的连接硬件要求。

（4）屏蔽插座信息模块，如图 3-24 所示。

图 3-23　超 5 类信息插座模块　　　　图 3-24　屏蔽插座信息模块

（5）光纤插座（FJ）模块。支持 100Mbps 及 1000Mbps 信息传输，适合语音、数据、视频应用；外形与 RJ-45 型插座相同，有单工的和双工的之分，连接头类型有 ST、SC、LC 三种；可安装在配线架或接线盒内；现场端接；符合 ISO/IEC 11801 对 5 类通道的连接硬件要求。

（6）免打线工具模块。如图 3-25 所示。

（7）多媒体信息插座。如图 3-26 所示，支持 100Mbps 及 1000Mbps 信息传输，适合语音、数据、视频应用；可安装 RJ-45 型插座或 SC、ST 和 MIC 型耦合器；带铰链的面板底座，满足光纤弯曲半径要求；符合 ISO/IEC 11801 对 5 类通道的连接硬件要求。

VP6509

图 3-25　免打线工具模块　　　　图 3-26　多媒体信息插座

水平子系统的设计与安装

2. 线缆的选择

水平子系统的线缆是信息传输的介质,按类型可分为铜缆和光缆两类。而铜缆可分为4对铜缆、大对数铜缆(25对、50对和100对),光缆可分为多模光缆($62.5/125\mu m$、$50/125\mu m$)和单模光缆($8.3/125\mu m$)。

选择水平子系统的线缆,要依据建筑物信息的类型、容量、带宽、传输速率和用户的需求来确定。在水平子系统中推荐采用的铜缆及光缆的类型为:

- 100Ω双绞线,其中包括100Ω4对双绞线和100Ω25对双绞线;
- $62.5/125\mu m$多模光纤(Multi Mode Fiber);
- $50/125\mu m$多模光纤;
- $8.3/125\mu m$单模光纤(Single Mode Fiber);
- $9/125\mu m$单模光纤。

62.5或50指的是多模光纤的纤芯,包层外径是$125\mu m$。

(1) 铜缆解决方案。

① 超5类解决方案。

② 6类解决方案。

③ 屏蔽解决方案。

(2) 光纤解决方案。

① 多模光缆解决方案。

② 单模光缆解决方案。

3.4.6 施工经验

1. 埋管最大直径原则

预埋在墙体中间暗管的最大管外径不宜超过50mm,预埋在楼板中暗埋管的最大管外径不宜超过25mm,室外管道进入建筑物的最大管外径不宜超过100mm。

2. 穿线数量原则

不同规格的线管根据拐弯的多少和穿线长度的不同,管内布放线缆的最大条数也不同。同一个直径的线管内如果穿线太多,拉线困难;如果穿线太少,增加布线成本,这就需要根据现场实际情况确定穿线数量,如表3-2和表3-3所示。

表3-2 线槽规格型号与容纳双绞线最多条数表

线槽/桥架类型	线槽/桥架规格/mm	容纳双绞线最多条数	截面利用率
PVC	20×10	2	30%
PVC	25×12.5	4	30%
PVC	30×16	7	30%
PVC	39×18	12	30%
金属、PVC	50×25	18	30%
金属、PVC	60×22	23	30%
金属、PVC	75×50	40	30%
金属、PVC	80×50	50	30%
金属、PVC	100×50	60	30%
金属、PVC	100×80	80	30%
金属、PVC	150×75	100	30%
金属、PVC	200×100	150	30%

表 3-3　线管规格型号与容纳双绞线最多条数表

线 管 类 型	线管规格/mm	容纳双绞线最多条数	截面利用率
PVC、金属	16	2	30%
PVC	20	3	30%
PVC、金属	25	5	30%
PVC、金属	32	7	30%
PVC	40	11	30%
PVC、金属	50	15	30%
PVC、金属	63	23	30%
PVC	80	30	30%
PVC	100	40	30%

3. 保证管口光滑和安装护套原则

在钢管现场截断和安装施工中,两根钢管对接时必须保证同轴度和管口整齐,没有错位,焊接时不要焊透管壁,避免在管内形成焊渣。金属管内的毛刺、错口、焊渣和垃圾等必须清理干净,否则会影响穿线,甚至损伤缆线的护套或内部结构。图 3-27 显示了管口的几种情况。

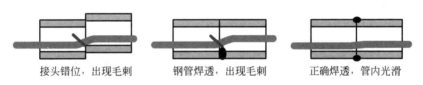

接头错位,出现毛刺　　钢管焊透,出现毛刺　　正确焊透,管内光滑

图 3-27　钢管接头示意图

4. 保证曲率半径原则

布线中如果不能满足最低弯曲半径要求,双绞线电缆的缠绕节距会发生变化,严重时电缆可能会损坏,直接影响电缆的传输性能,例如在光纤系统中会导致高衰减。因此设计布线路径时,应尽量避免和减少弯曲,增加电缆的拐弯曲率半径值。线缆允许的弯曲半径如表 3-4 所示。

表 3-4　管线敷设允许的弯曲半径表

缆 线 类 型	弯曲半径(mm)/倍
4 对非屏蔽电缆	不小于电缆外径的 4 倍
4 对屏蔽电缆	不小于电缆外径的 8 倍
大对数主干电缆	不小于电缆外径的 10 倍
2 芯或 4 芯室内光缆	大于 25mm
其他芯数和主干室内光缆	不小于光缆外径的 10 倍
室外光缆、电缆	不小于缆线外径的 20 倍

金属管一般使用专门的弯管器成型,拐弯半径比较大,能够满足双绞线对曲率半径的要求。墙内暗埋 Φ16、Φ20PVC 塑料布线管时,要特别注意拐弯处的曲率半径。宜用弯管器现

场制作大拐弯的弯头连接,这样既保证了缆线的曲率半径,又方便轻松拉线,降低布线成本,保护线缆结构。用弯管器自制大拐弯的步骤如图 3-28 所示。

准备和标记　　　插入弯管器　　　弯管　　　弯头安装

图 3-28　使用弯管器制作拐弯示意图

5. 横平竖直原则

土建预埋管一般都在隔墙和楼板中,为了垒砌隔墙方便,一般按照横平竖直的方式安装管线,不允许将线管斜放。如果在隔墙中倾斜放置线管,需要异型砖,影响施工进度。

6. 平行布管原则

平行布管就是同一走向的线管应遵循平行原则,不允许出现交叉或者重叠。因为智能建筑的工作区信息点非常密集,楼板和隔墙中有许多线管,必须合理布局这些线管,避免出现线管重叠。

7. 线管连续原则

线管连续原则是指从插座底盒至楼层管理间之间的整个布线路由的线管必须连续,如果出现一处不连续时将来就无法穿线。特别是在用 PVC 管布线时,要保证管接头处的线管连续,管内光滑,方便穿线,如图 3-29 所示。

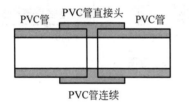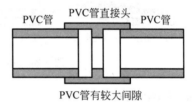

图 3-29　PVC 管连接示意图

8. 拉力均匀原则

水平子系统路由的暗埋管比较长,大部分都在 20～50m 之间,有时可能长达 80～90m,中间还有许多拐弯,布线时需要用较大的拉力才能把网线从插座底盒拉到管理间。

4 对双绞线最大允许的拉力为一根 100N、两根 150N、三根 200N。N 根拉力为 $N \times 5 + 50N$,不管多少根线对电缆,最大拉力不能超过 400N。

在拉线过程中,缆线不要与管口形成 90°拉线。如图 3-30 所示,如果在管口形成一个90°的直角拐弯,不仅施工拉线困难费力,而且容易造成缆线护套和内部结构的破坏。

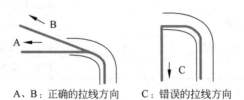

A、B:正确的拉线方向　　　C:错误的拉线方向

图 3-30　拉线方向示意图

9. 规避强电原则

在水平子系统布线施工中,必须考虑与电力电缆之间的距离,不仅考虑墙面明装的电力电缆,更要考虑在墙内暗埋的电力电缆。关于综合布线电缆与电力电缆的间距如表 3-5 所示。

表 3-5　网络电缆与电力电缆的间距表

类　别	与综合布线接近状况	最小间距/mm
380V 以下电力电缆小于 2kV·A	与缆线平行敷设	130
	有一方在接地的金属线槽或钢管中	70
	双方都在接地的金属线槽或钢管中	10
380V 电力电缆为 2~5kV·A	与缆线平行敷设	300
	有一方在接地的金属线槽或钢管中	150
	双方都在接地的金属线槽或钢管中	80
380V 电力电缆大于 5kV·A	与缆线平行敷设	600
	有一方在接地的金属线槽或钢管中	300
	双方都在接地的金属线槽或钢管中	150

除了电力电缆外,电器设备(如电动机、变压器等)也可能产生高电平电磁干扰,所以综合布线电缆与电器设备要保持一定的距离,以减少电器设备的电磁场对网络系统的影响。GB 50311-2007国家标准对这方面的规定如表 3-6 所示。

表 3-6　缆线与电器设备的间距表

名　称	最小净距/m	名　称	最小净距/m
配电箱	1	电梯机房	2
变电室	2	空调机房	2

另外,综合布线缆线及管线与其他管线的间距也有要求,如表 3-7 所示。

表 3-7　缆线与其他管线的间距表

其他管线	平行净距/mm	垂直交叉净距/mm
避雷引下线	1000	300
保护地线	50	20
给水管	150	20
压缩空气管	150	20
热力管(不包封)	500	500
热力管(包封)	300	300
煤气管	300	20

10. 穿牵引钢丝原则

土建埋管后,必须穿牵引钢丝,方便后续穿线。

11. 管口保护原则

钢管或者 PVC 管在敷设时,应该采取措施保护管口,防止水泥砂浆或者垃圾进入管口,堵塞管道,一般用塞头封住管口,并用胶布绑扎牢固。

水平子系统的设计与安装

习 题 3

1. 填空题

(1) 水平子系统由连接 _____ 之间的线缆组成,在 GB 50311-2007 国家标准中也称为 _____。

(2) 在水平布线方式中,_____ 方式适用于大开间或需要打隔断的房间。

(3) 按照 GB 50311 规定,铜缆双绞线电缆的信道长度不超过 _____ m,水平缆线长度一般不超过 _____ m。

(4) 需要平行走线时,网络电缆应与强电电缆保持一定的距离,一般非屏蔽网络双绞线电缆与强电电缆距离大于 _____ cm,屏蔽网络双绞线电路与强电电缆距离大于 _____ cm。

(5) 水平子系统的拓扑结构一般为 _____。

(6) 信息插座到计算机终端的距离不应超过 _____ m。

(7) 信道总长度不应大于 _____ m,其中包括 _____、建筑物主干缆线及 _____ 三部分。

(8) 旧建筑进行改造或需要增加网络布线系统时,一般采用 _____ 方式,包括护壁板管道布线方式、_____、_____。

(9) 在综合布线系统中明敷管路常见的有 _____、_____、PVC 管等。

(10) 水平子系统的线缆分铜缆和光缆,铜缆分为 _____ 和 _____,光缆可分为 _____ 和 _____。

2. 简答题

(1) 简述水平子系统的设计原则。

(2) 水平子系统有哪几种布线方式?

(3) 旧建筑物改造时如何布线?

(4) 水平子系统在施工中应注意哪些问题?

第4章 管理子系统的设计与安装

本章要点：

- 熟悉管理子系统的概念和设计原则；
- 掌握用于管理的色标和标记的原理和制作；
- 熟悉交连场的管理方法，熟悉管理子系统的连接器件；
- 掌握管理子系统的设计步骤，掌握标签的设计和制作。

4.1 概　　述

管理子系统通常由配线架和相应的跳线组成，它一般位于一栋建筑物的中心设备机房和各楼层的配线间，用户可以在配线架上灵活地改变、增加、转换和扩展线路，如图 4-1 所示。

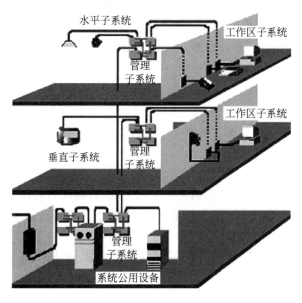

图 4-1　管理子系统示意图

管理线缆和连接件的区域称为管理区。管理子系统包括配线架、工作区的线缆、垂直干线和相关连接硬件以及交接方式、标记和记录。

4.2　管理子系统房间的设计

1. 管理间的位置和数量

管理间的主要功能是供水平布线和主干布线在其间互相连接。为了以最小的空间覆盖最大的面积,安排管理间位置时,设计人员应慎重考虑。管理间最理想的位置是位于楼层平面的中心,每个管理间的管理区域面积一般不超过 1000m²。

管理间应与强电间分开设置,以保证通信安全。在管理间内或其紧邻处应设置相应的干线通道(或电缆竖井),各个管理间之间利用电缆竖井或管槽系统使它们互相之间的路由沟通,以达到网络灵活、安全畅通的目的。

管理间的数量应按所服务的楼层范围及工作区面积来确定。如果该层信息点数量不大于 400 个,水平线缆长度在 90m 范围以内,宜设置一个管理间;若水平线缆长度超过 90m,则应设置多个管理间,以求减少水平电缆的长度,缩小管辖和服务范围,保证通信传输质量;当每个楼层的信息点数量较少,且水平线缆长度不大于 90m,宜几个楼层合设一个管理间。

2. 管理间的面积和布局

管理间的使用面积不应小于 5m²,也可根据工程中配线设备和网络设备的容量进行调整,一般情况下,综合布线系统的配线设备和计算机网络设备采用 19in 标准机柜安装。如果按建筑物每个楼层 1000m² 面积,电话和数据信息点各为 200 个考虑配置,大约需要有 2 个 19in(42U)的机柜空间,以此测算管理间面积至少应为 5m²(2.5m×2.0m)。但如果是国家政府、部委等部门的办公楼,且综合布线系统须分别设置内、外网或专用网时,应分别设置管理间,并要求它们之间有一定的间距,分别估算管理间的面积。对于专用安全网也可单独设置管理间,不与其他布线系统合用房间。

3. 管理间的供电

管理间的网络有源设备应由设备间或机房不间断电源(UPS)供电。为了便于管理,可采用集中供电方式。并应设置至少两个 220V、10A 带保护接地的单相电源插座,但不作为设备供电电源。

4. 管理间的环境

管理间应采用外开丙级防火门,门宽大于 0.7m。管理间内温度应为 10~35℃,相对湿度宜为 20%~80%。如果安装信息网络设备,应符合相应的设计要求。

4.3　管理子系统的设计原则

1. 配线架数量确定原则

配线架端口数量应该大于信息点数量,保证全部信息点过来的缆线全部端接在配线架中。在工程中,一般使用 24 口或者 48 口配线架。例如,某楼层共有 64 个信息点,至少应该选配三个 24 口配线架,配线架端口的总数量为 72 口,就能满足 64 个信息点缆线的端接需要,这样做比较经济。

有时为了在楼层进行分区管理,也可以选配较多的配线架。例如,上述的 64 个信息点如果分为 4 个区域，平均每个区域有 16 个信息点时，也需要选配 4 个 24 口配线架，这样每个配线架端接 16 口，预留 8 口，能够进行分区管理，维护方便。

2. 标识管理原则

由于管理间缆线和跳线很多，必须对每根缆线进行编号和标识，在工程项目实施中还需要将编号和标识规定张贴在该管理间内，方便施工和维护。

3. 理线原则

对管理间缆线必须全部端接在配线架中，完成永久链路安装。在端接前必须先整理全部缆线，预留合适长度，重新做好标记，剪掉多余的缆线，按照区域或者编号顺序绑扎和整理好，通过理线环，然后端接到配线架。不允许出现大量多余缆线，缠绕和绞接在一起。

4. 配置不间断电源原则

管理间安装有交换机等有源设备，因此应该设计有不间断电源或者稳压电源。

5. 防雷电措施

管理间的机柜应该可靠接地，防止雷电以及静电损坏。

4.4　色标与标记

1. 色标

管理子系统由交连和互联（或直连）组成，管理节点提供了同其他子系统相连的方法，调整管理子系统的连接方式则可安排或重新安排线路路由，因而传输线路能够延伸到建筑物内不同的工作区域来实现对传输线路的管理。

在每个交连场实现线路管理的方法是在各种色标场之间连接跨接线或跳线，这种色标用来标明该区域是干线电缆、水平电缆或设备电缆，以便区分各设备间和楼层配线间中下述类型的电缆线路。

2. 标记

综合布线系统使用三种标记：电缆标记、区域标记和接插件标记，其中接插件标记是最常用的标记，这种标记可分为不干胶标记条或插入式标记两种，可供选择使用。

电缆和光缆的两端应采用不易脱落和磨损的不干胶条标明相同的编号。目前为电缆和光缆做标记时，采用一种叫号码管的标记方式，这种号码管套在线缆上，不易脱落和磨损，并且使用方便，如图 4-2 所示。

在设备间：

绿色——网络接口的进线侧，来自电信局的中继线，即中继/辅助场的总机中继线；

紫色——公用设备端接点（端口线路、中继线路和交换机等）；

黄色——交换机和其他各种引出线；

白色——干线电缆和建筑群电缆；

蓝色——从设备间到工作区或服务终端的连接（水平）；

橙色——网络接口；

灰色——二级干线（从电信间到二级交接间之间的干线）；

红色——关键电话系统；

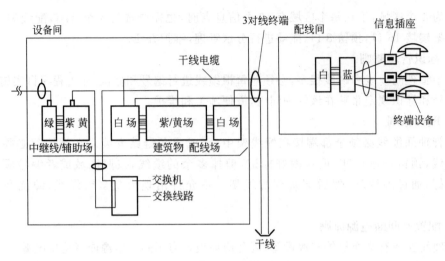

图 4-2　典型的配线示意图

棕色——建筑群干线电缆。

4.5　交连场管理方法

这里所谓管理,就是指线路的跳线连接控制,通过跳线连接可安排或重新安排线路路由,管理整个用户终端,从而实现综合布线系统的灵活性。管理交接方案有单点管理和双点管理两种。在不同类型的建筑物中管理子系统常采用下面 4 种方式:单点管理单交连、单点管理双交连、双点管理双交连和双点管理三交连。

1. 单点管理单交连

单点管理单交连指位于设备间里面的交换设备或互联设备附近,通常线路不进行跳线管理,直接连至用户工作区。这种方式使用的场合较少,其结构如图 4-3 所示。

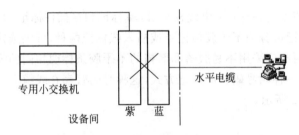

图 4-3　单点管理单交连

规模较小时,只设 MDF,只须在 MDF 上管理。

2. 单点管理双交连

管理子系统宜采用单点管理双交连。单点管理位于设备间里面的交换设备或互连设备附近,通过线路不进行跳线管理,直接连至配线间里面的第二个接线交接区。如果没有配线间,第二个交连可放在用户间的墙壁上,如图 4-4 所示。

规模稍大时,设 IDF 和 MDF(在 MDF 和 IDF 上各有一次交连),但只在 IDF 或 MDF

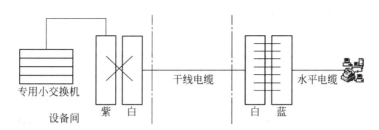

图 4-4　单点管理双交连(第二个交连在配线间用硬接线实现)

中的一个进行管理(大部分情况是在 MDF)。

3. 双点管理双交连

对于机场、大型商场这些低矮而又宽阔的建筑物,管理结构较复杂,通常会采用二级交接间,设置双点管理双交连。管理子系统中干线配线管理宜采用双点管理双交连。双点管理除了在设备间里有一个管理点之外,在配线间仍是一级管理交接(跳线)。在二级交接间或用户间的墙壁上还有第二个可管理的交连。双交连要经过二级交连设备。第二个交连可能是一个连接块,它对一个接线块或多个终端块(其配线场与站场各自独立)的配线和站场进行组合,如图 4-5 所示。

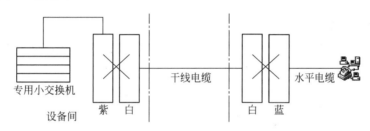

图 4-5　双点管理双交连(第二个交连用作配线间的管理点)

规模稍大时,设 IDF 和 MDF(在 MDF 和 IDF 上各有一次交连),同时在 IDF 和 MDF 作管理。

4. 双点管理三交连

若建筑物的规模比较大,而且结构复杂,还可以采用双点管理三交连(如图 4-6 所示),甚至采用双点管理四交连方式。综合布线中使用的电缆一般不能超过 4 次交连。

单点管理双连接和双点管理双连接的区别:

单点管理双连接方式,设备间中的交叉是通过跳线来管理设备区域和主干或用户区域的连接;另一个水平连接是从设备间由主干线引至配线间后,直接用硬接线(连接块)连接至水平电缆,配线间是不进行管理的,只有设备间一个管理点。

而双点管理双连接是两个交叉,在配线间中也通过跳线来管理主干区域和用户区域的连接,这样就存在两个管理点。由此可见,双

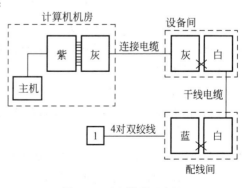

图 4-6　双点管理三交连

管理子系统的设计与安装

点管理双交连的形式在管理上更加灵活，但是费用也更高。

4.6 管理子系统组件

管理子系统的组件主要是配线架，它是用于端接水平线缆、干线电缆和光缆的连接中枢，使综合布线系统组成一个完整的信息传输通道。管理子系统的核心部件是配线架，按类型可以分为双绞线电缆（或称为铜缆）配线架和光纤配线架（或称为配线箱）两大类。

光纤配线架的类型有机架式光纤配线架和光纤接续箱。电缆配线架的类型有卡接式配线架、模块化配线架和光纤配线架。为了便于布线系统的管理，布线厂商推出了电子配线架。

1. 卡接式配线架——110 型交连系统

110 型交连硬件是 AT&T 公司为卫星接线间、干线接线间和设备的连线端接而选定的 PDS 标准，目前常用于语音点的交连管理。110 型交连硬件分为两大类：110A 和 110P。

- 110A 型：采用夹跳接线连接方式，可以垂直叠放，便于扩展，比较适合于线路调整较少、线路管理规模较大的综合布线场合。
- 110P 型：采用接插软线连接方式，管理比较简单，但不能垂直叠放，较适合于线路管理规模较小的场合。

2. 模块化配线架

模块化配线架主要用于计算机网络系统，根据传输性能的要求分为 5 类、超 5 类、6 类模块化配线架。

配线架的一般宽度为 19 英寸，主要安装于 19 英寸机柜中。模块化配线架的规格一般由配线架根据传输性能、前端面板接口数量以及配线架高度决定。

3. 光纤配线架（配线箱）

在使用光纤连接时，要用到光纤接续箱（LIU），箱内可以有多个 ST 连接器安装孔，箱体及箱内的线路弯曲设计应符合 $62.5/125\mu m$ 多模光纤的弯曲要求。

光纤接头用 ST，由陶瓷材料制成，最大衰减为 0.2dB，光耦合器可作为多模光纤与网络设备或光纤接续装置上的连接。配线架和光纤接续箱通常设在弱电井或设备间内，用来连接其他系统，并对它们通过跳线进行管理。

4. 电子配线架

目前市面上的电子配线架按照其原理可分为端口探测型配线架和链路探测型配线架两种类型，而按布线结构可以分为单配线架方式（Inter Connection）和双配线架方式（Cross Connection），按跳线种类分为普通跳线和 9 针跳线，按配线架生产工艺可分为原产型和后贴传感器条型。

电子配线架的基本功能如下：

（1）引导跳线，其中包括用 LED 灯引导，显示屏文字引导以及声音和机柜顶灯引导等方式；

（2）实时记录跳线操作，形成日志文档；

（3）以数据库方式保存所有链路信息；

（4）以 Web 方式远程登录系统。

4.7　管理子系统连接器件

4.7.1　铜缆连接器件

1. 110 系列配线架

110A 配线架采用夹跳接线连接方式,可以垂直叠放,便于扩展,比较适合于线路调整较少、线路管理规模较大的综合布线场合;110P 配线架采用接插软线连接方式,管理比较简单,但不能垂直叠放,较适合于线路管理规模较小的场合。110 系列配线架如图 4-7 所示。

(a) AVAYA 110A配线架　　(b) AVAYA 110P配线架　　　(c) 110 5对连接块

图 4-7　110 系列配线架

110A 配线架由以下配件组成:

(1) 100 对或 300 对线的接线块。

(2) 3 对、4 对或 5 对线的 110C 连接块。

(3) 底板、理线环、标签条。

110P 配线架由以下配件组成:

(1) 安装于面板上的 100 对线的 110D 型接线块。

(2) 3 对、4 对或 5 对线的连接块。

(3) 188C2 和 188D2 垂直底板。

(4) 188E2 水平跨接线过线槽。

(5) 管道组件、接插软线、标签条。

2. RJ-45 模块化配线架

RJ-45 模块化配线架主要用于网络综合布线系统,根据传输性能的要求分为 5 类、超 5 类、6 类模块化配线架。配线架前端面板为 RJ-45 接口,可通过 RJ-45—RJ-45 软跳线连接到计算机或交换机等网络设备。配线架后端为 BIX 或 110 连接器,可以端接水平子系统线缆或干线线缆。配线架的一般宽度为 19 英寸,高度为 1~4U,主要安装于 19 英寸机柜中,如图 4-8 所示。模块化配线架的规格一般由配线架根据传输性能、前端面板接口数量以及配线架高度决定。

图 4-8　24 口模块化配线架

管理子系统的设计与安装

3. BIX 交叉连接系统

BIX 交叉连接系统是 IBDN 智能化大厦解决方案中常用的管理器件,可用于计算机网络、电话语音和安保等弱电布线系统。BIX 交叉连接系统主要由以下配件组成。

(1) 50/250/300 线对的 BIX 安装架,如图 4-9 所示。

图 4-9　50/250/300 对 BIX 安装架

(2) 25 对 BIX 连接器,如图 4-10 所示。

(3) 布线管理环,如图 4-11 所示。

图 4-10　25 对 BIX 连接器　　　　　　　图 4-11　布线管理环

(4) 标签条。

(5) BIX 跳插线,如图 4-12 所示。

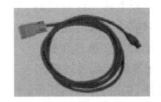

图 4-12　BIX 跳插线和 BIX-RJ45 端口

BIX 安装架可以水平或垂直叠加,可以很容易地根据布线现场要求进行扩展,适合于各种规模的综合布线系统。BIX 交叉连接系统既可以安装在墙面上,也可使用专用套件固定在 19 英寸的机柜上。图 4-13 展示了一个完整的 BIX 交叉连接系统。

4.7.2　光纤管理器件

1. 光纤管理器件

光纤管理器件分为光纤配线架和光纤连接箱两种。

光纤配线架适合于规模较小的光纤互连场合,如图 4-14 所示。打开光纤配线架可看到一排插孔用于安装管线耦合器。光纤配线架的主要参数是可安装光纤耦合器的数量以及高度。

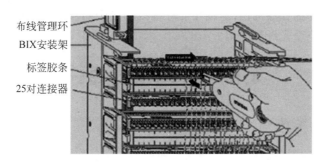

布线管理环
BIX安装架
标签胶条
25对连接器

图 4-13　BIX 交叉连接系统

　　光纤配线架又分为机架式和墙装式光纤配线架两种,机架式光纤配线架宽度为 19 英寸,可直接安装于标准的机柜内;墙装式光纤配线架体积较小,适合于安装在楼道内。

　　而光纤连接箱适合于光纤互连较密集的场合,如图 4-15 所示。

图 4-14　光纤配线架

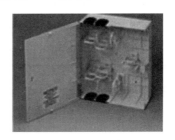

图 4-15　光纤连接箱

2. 光纤耦合器

　　光纤耦合器的作用是将两个光纤接头对准并固定,以实现两个光纤接头端面的连接。光纤耦合器的规格与所连接的光纤接头有关,常见的光纤接头有两类:ST 型和 SC 型,如图 4-16 所示。光纤耦合器也分为 ST 型和 SC 型,除此之外还有 FC 型,如图 4-17 所示。

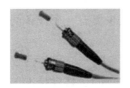

图 4-16　ST 型和 SC 型光纤接头

图 4-17　ST 型、SC 型和 FC 型光纤耦合器

　　两个光纤接头可以在耦合器内准确端接起来,从而实现两个光纤系统的连接。一般多芯光纤剥除后固定在光纤配线架内,通过熔接或磨接技术使各纤芯连接于多个光纤接头。

管理子系统的设计与安装

这些光纤接头端接于耦合器的内侧,使用光纤跳线端接于耦合器的外侧,然后光纤跳线可以连接光纤设备或另一个光纤配线架。

4.8 管理子系统设计

4.8.1 管理子系统设计要求

管理子系统包括楼层配线间及二级交接间两种。楼层配线间是干线子系统与水平子系统转接的地方,应从干线所服务的可用楼层面积考虑,并确定干线通道及楼层配线间的数量,如果对给定楼层配线间所服务的信息插座都在 75m 范围之内,可采用单干线子系统;如果超出这个范围,可采用双干线或多干线子系统,也可以采用分支电缆与配线间干线相连的二级交接间。

楼层配线间的使用面积比设备间小,当配线间兼作设备间时,其面积不应小于 10m²。常用配线间与二级交接间的设置要求如表 4-1 所示。

表 4-1　配线间和二级交接间的设置

工作区数量/个	配　线　间		二级交接间	
	数　量	面积/m²	数　量	面积/m²
≤200	1	1.5~1.2	0	0
201~400	1	2.1~1.2	1	1.5~1.2
401~600	1	2.7~1.2	1	1.5~1.2

4.8.2 管理子系统设计

管理子系统设计主要是确定楼层交接间的大小,它是放置配线架(柜)、应用系统设备的专用房间。配线子系统和干线子系统在这里的配线架(柜)上进行交换。每座大楼的配线架的数量不限,依具体情况而定,但每座建筑物至少要有一个设备间。管理子系统设计包括管理交接方案、管理连接硬件和管理标记。

1. 管理间数量的确定

每个楼层一般宜至少设置一个管理间(电信间)。特殊情况下,每层信息点数量较少,且水平缆线长度不大于 90m 时,宜几个楼层合设一个管理间。管理间数量的设置宜按照以下原则:如果该层信息点数量不大于 400 个,水平缆线长度在 90m 范围以内,宜设置一个管理间,当超出这个范围时宜设两个或多个管理间。

在实际工程应用中,为了方便管理和保证网络传输速度或者节约布线成本,例如学生公寓,信息点密集,使用时间集中,楼道很长,也可以按照 100~200 个信息点设置一个管理间,将管理间机柜明装在楼道。

2. 配线间及二级交接间的设计

管理子系统可以根据色码标签来鉴别配线间及二级交接间所具有不同外观的各个子系统。设计配线间及二级交接间时,应根据色标场来确定配线间及二级交接间中管理点所要求的规模。下面是配线间及二级交接间可能出现的色标。

蓝色：连接到配线间的水平子系统电缆；

白色：连接到设备间的干线电缆；

灰色：连接到同一楼层的另一个配线间的二级干线电缆；

紫色：配线间公用设备（控制器、交换机等）的线缆。

设计配线间及二级交接间管理子系统时,需要进行以下的准备工作:

(1) 硬件类型的选择。

① 110A/110VP 配线架每行端接 25 线。

② 110VP 配线架每行端接 28 线。

以上两类一般用在语音通信中。

③ 模块化配线架有 24 口、48 口等,安装在机柜或机架上。

④ 光纤配线架有两种类型:壁挂配线架和机架配线架。

(2) 确定端接线路的模块化系数。

线路的模块化系数主要有 3 对、4 对或 5 对线的,PDS 标准推荐如下:

① 工作区设备端接采用 4 对线;

② 基本型 PDS 设计的干线电缆端接采用 2 对线;

③ 综合型或增强型 PDS 设计中的干线电缆端接采用 4 对线;

④ 连接电缆端接采用 3 对线。

(3) 决定蓝场所需的配线架规格及数量。

蓝场即综合布线系统的水平子系统,每条电缆连接一个工作区的终端。110A 和 110P 这两种类型的配线架每行可端接 6 条水平电缆。110VP 类型的配线架每行可端接 7 条水平电缆。

公式 4.1～公式 4.4 给出了 110 配线架的容量计算方法:

$$线路数 / 行 = \frac{线对最大数目 / 行}{线路的模块化系统} \tag{4.1}$$

$$线路数 / 块 = 行数 \times 线路数 / 行 \tag{4.2}$$

$$配线设备数目 = \frac{信息插座数}{线路数 / 行} \tag{4.3}$$

或者

$$配线设备数目 = \frac{信息插座数}{配线设备最大端接线路数} \tag{4.4}$$

其中,配线设备最大端接线路数可由表 4-2 和表 4-3 查出。如果选用模块化配线设备,配线设备最大端接水平电缆数为 24 或 48。

表 4-2　110A/110P 型配线设备端接容量

110A/110P 配线设备容量	25 对接线盘数量	每行端接信息点数量	每个配线设备端接信息点数量
100 对	4	6	24
300 对	12	6	72
900 对	36	6	216

表 4-3　110VP 型配线设备端接容量

VisiPatch 配线设备容量	28 对接线盘数量	每行端接信息点数量	每个配线设备端接信息点数量
28 对	1	7	7
112 对	4	7	28
336 对	12	7	84

【例 4-1】　分别计算含 150 对线、350 对线的一个接线块可以端接多少个 4 对线线路?

解:一个接线块每行可端接 25 对线,故 150 对线的接线块每块有 6 行,350 对线的接线块每块有 14 行。

每行的线路数=25(线对最大数目行)/4(线路的模块化系数)≈6(取整)(最后的线路需用一个 100C5 来连接多余的线对)

所以一个 150 对线的接线块可接线路数为 6×6=36 条,一个 350 对线的接线块可接线路数为 6×14=84 条,每条线路含 4 对线。

(4) 决定紫场所需的配线架规格及数量。

紫场是电子设备端接的区域。如果连接方式采用互连则不需要紫场。如果采用交互连接方式,前提是用户已经给定了所需连接应用系统的信息点数,计算公式如下:

$$信息点数(I/O)/(12×6) = 300 对配线架的数量 \tag{4.5}$$

$$信息点数 /24 = 24 口配线架的数量 \tag{4.6}$$

其中,计算结果要向上取整。

【例 4-2】　计算 I/O 数为 232 时需要选用多少个含 300 对线的接线块?

解:接线块数目=(I/O 数)/(线路数/块)=232/72≈4(取整)

即需要 4 个含 300 对线的接线块,也等于用于端接干线所需的 300 对线接线块的块数。

(5) 决定白场所需的配线架规格及数量。

由公式 4.7 确定配线间端接干线电缆所需要的线对数。端接干线电缆所需要的线对数取决于工作区的数量而不是信息插座的数量。

$$G = N × I/S \tag{4.7}$$

其中,G 为配线架的个数,N 为工作区线对数(取 2,3,4),I 为工作区数,S 为配线架对数(可取 100 对、300 对、900 对)。

【例 4-3】　已知增强型设计,配线间需要服务的 I/O 数为 192,工作区总数为 80。干线电缆规格(增强型)采用 3 对线的线路模块化系数,为每个工作区配 3 对线。

所需的干线电缆所含线对的数目=工作区数(80)×线路模块化系数(3)=240。

取实际可购得的较大电缆规格为 300 对线的。这就是说,用一个 300 对线的接线块就可端接 80 条 3 对线的线路。

(6) 决定灰场所需的配线架规格及数量。

模块化系数是 4,每个插座是 4 对线,按照蓝场计算,公式如下:

$$信息点数 /(12×6) = 300 对配线架的数量 \tag{4.8}$$

(7) 配线间及二级交接间墙面场的布局。

大部分安装都用机柜,光纤配线架在上,依次是交换设备、铜缆配线架。

3. 设备间的设计

设备间用于安放建筑物内部的公用系统设备,如核心交换机、服务器及接入设备等。在设备间无疑还有电缆和连接硬件,其作用是把公用系统的设备连接到综合布线系统上,管理设备线缆和干线电缆的线路交连,它是整个布线系统的主要管理区(主布线场)。下面是设备间可能出现的颜色。

蓝色:连接到设备间的水平子系统电缆。

白色:连接到配线间的干线电缆。

灰色:至其他设备和计算机机房的连接电缆。

紫色:设备间公用设备(控制器、交换机等)的线缆。

棕色:连接到其他大楼的建筑群电缆。

绿色:电话局总机中继线。

黄色:交换机的各种引出线。

设计设备间管理子系统时,一般采用下述步骤。

(1)确认线路模块化系数是 2 对线、3 对线,还是 4 对线。每个线路模块当作一条线路处理,线路模块化系数视具体系统而定。例如,System85 的线路模块化系数是 3 对线。

(2)确定语音和数据线路要端接的电缆对总数,并分配好语音或数据线路所需的墙场或终端条带。

(3)决定采用何种 110 型交连硬件。

如果线对总数超过 6000(即 2000 条线路),则使用 110A 型交连硬件。

如果线对总数少于 6000,则可使用 110A 或 110P 型交连硬件。

如果输入的干线电缆含有 900 对以上的线对,则在电缆进入设备间的地方可能需要设置绞接盒,以便在主布线场处比较容易安排电缆和进行端接。从绞接盒到交连场可用 100 对线的电缆进行连接。

(4)决定每个接线块可供使用的线对总数,主布线交连硬件的白场接线数目取决于三个因素,即硬件类型、每个接线块可供使用的线对总数和需要端接的线对总数。

由于每个接线块端接行的第 25 对线通常不用,故一个接线块极少能容纳全部线对。

表 4-4 列出了在模块化系数为 4 对线的情况下每种接线块的可用线对。

表 4-4　接线块可用线对表

接线块规模	100 对线	300 对线	900 对线
可用线对总数	96	288	864

(5)决定白场的配线架数量。首先把每种应用(语音或数据)所需的输入线对总数除以每个接线块的可用线对总数,然后以就高原则取整数,作为白场配线架的总数。

(6)选择和确定交连硬件(中继线/辅助场)的规模。中继线/辅助场用于端接中继线、公用系统设备和交换机辅助设备(如值班控制台、应急传输线路等)。中继线/辅助场分为三个色场:绿场、紫场和黄场,所需要的配线架与白场计算方法相同。

(7)确定设备间交连硬件的实际布置。

管理子系统的设计与安装

(8) 绘制整个布线系统(即所有子系统)的详细施工图。

4.9　管理系统标签设计

对设备间、配线间的配线设备、线缆和信息点等设施应按一定的模式进行标识和记录，这样给今后布线工程维护和管理带来很大的方便，有利于提高管理水平和工作效率。

1. 标签设计要求

为了有效地管理电缆，标签的标记方案必须作为技术文件存档，以便查阅。标签作为综合布线系统的一个重要和不可缺少的组成部分，应该能提供以下信息：

(1) 建筑物的编号；

(2) 建筑物的区域；

(3) 建筑物的起始点；

(4) 建筑物内信息点的位置。

2. 设备间标记方法

设备间是整个建筑物布线系统干线的汇聚和交连管理的中心，它有来自建筑群子系统的干线电缆，也有建筑物内部的垂直干线电缆。通常干线电缆的标记信息有起始信息、配线架编号、配线架行号、机柜编号及线对编号等。

3. 配线间标记方法

配线间是整个建筑物布线系统垂直子系统和水平子系统线缆的汇聚和交连管理的中心，它有来自设备间子系统的干线电缆，也有建筑物内部工作区的水平线缆。通常配线间干线电缆的标记信息有起始信息、配线架编号、配线架行号、机柜编号及线对编号等。

习　题　4

1. 填空题

(1) 管理子系统一般位于一幢建筑物的_____。

(2) 综合布线系统使用三种标记：_____、_____和_____。

(3) 管理子系统管理交接的方式有单点管理单交连、_____、_____、_____。

(4) 管理子系统的核心部件是_____。

(5) 光纤管理器件分为_____和_____两种。

2. 选择题

(1) 配线架主要类型有_____。

　　A. 110 系列配线架　　　　　　　B. RJ-45 模块化配线架

　　C. 5 对连接块　　　　　　　　　D. 电子配线架

(2) 在综合布线系统中，管理间子系统包括_____。

　　A. 楼层配线间　　　　　　　　　B. 二级交接间

　　C. 建筑物设备间的线缆、配线架　　D. 相关接插跳线

(3) 在配线间及二级交接间的色标中_____表示连接到设备间的干线电缆。

　　A. 蓝色　　　　B. 白色　　　　C. 灰色　　　　D. 紫色

（4）光纤耦合器分为_____。

  A. ST 型   B. SC 型   C. FC 型   D. LC 型

（5）110A 配线架由_____配件组成。

  A. 100 对线连接块   B. 理线环

  C. 接插软线   D. 标签条

3. 简答题

（1）管理子系统的管理方式有哪些？各有什么特点？

（2）管理间的数量和面积应如何确定？

（3）简述管理子系统的设计原则。

（4）简述各色标代表的意义。

管理子系统的设计与安装

第5章   垂直子系统的设计与安装

本章要点：
- 熟悉垂直子系统的概念；
- 掌握垂直子系统的设计原则和步骤；
- 掌握垂直子系统的施工要求和技巧。

5.1   概   述

在 GB 50311-2007 国家标准中把垂直子系统称为干线子系统。垂直子系统是综合布线系统中非常关键的组成部分，它由设备间子系统与管理间子系统的引入口之间的布线组成，两端分别连接在设备间和楼层管理间的配线架上。它是建筑物内综合布线的主干缆线，一般用光缆传输。图 5-1 为垂直子系统示意图。

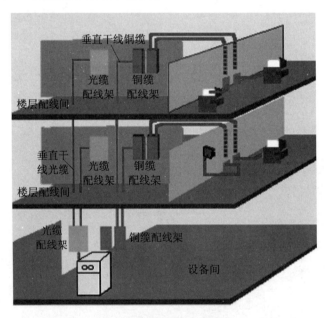

图 5-1   垂直子系统示意图

垂直子系统的布线采用星型结构，从建筑物设备间向各个楼层的管理间布线，实现大楼信息流的纵向连接。图 5-2 所示为垂直子系统布线原理图。

在实际工程中，大多数建筑物都是垂直向高空发展的，因此很多情况下会采用垂直型的布线方式。但是也有很多建筑物是横向发展,如飞机场候机厅、工厂仓库等建筑,这时也会采用水平型的主干布线方式。因此主干线缆的布线路由既可能是垂直型的,也可能是水平型的,或是两者的综合。

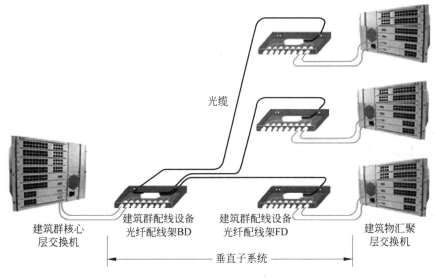

图 5-2　垂直子系统布线原理图

5.2　设 计 原 则

在垂直子系统的设计中应符合以下要求:

1. 星型拓扑结构原则

垂直子系统必须为星型网络拓扑结构。

2. 保证传输速率原则

垂直子系统首先考虑传输速率,一般选用光缆。

3. 无转接点原则

由于垂直子系统中的光缆或者电缆路由比较短,而且跨越楼层或者区域,因此在布线路由中不允许有接头或者 CP 集合点等各种转接点。

4. 语音和数据电缆原则

在垂直子系统中,语音和数据往往用不同种类的缆线传输,语音电缆一般使用大对数电缆,数据一般使用光缆,但是在基本型综合布线系统中也常常使用电缆。由于语音和数据传输时工作电压和频率不相同,往往语音电缆工作电压高于数据电缆工作电压,为了防止语音传输对数据传输的干扰,必须遵守语音电缆和数据电缆分开的原则。

5. 大弧度拐弯原则

垂直子系统主要使用光缆传输数据,同时对数据传输速率要求高,涉及终端用户多,一般会涉及一个楼层的很多用户,因此在设计时,垂直子系统的缆线应该垂直安装。如果在路由中间或者出口处需要拐弯时,不能直角拐弯布线,必须设计大弧度拐弯,保证缆线的曲率半径和布线方便。

垂直子系统的设计与安装

6. 满足整栋大楼需求原则

由于垂直子系统连接大楼的全部楼层或者区域,不仅要能满足信息点数量少,速率要求低楼层用户的需要,更要保证信息点数量多,传输速率高楼层的用户要求。因此在垂直子系统的设计中一般选用光缆,并且需要预留备用缆线,在施工中要规范施工和保证工程质量,最终保证垂直子系统能够满足整栋大楼各个楼层用户的需求和扩展需要。

7. 布线系统安全原则

由于垂直子系统涉及每个楼层,并且连接建筑物的设备间和楼层管理间交换机等重要设备,布线路由一般使用金属桥架,因此在设计和施工中要加强接地措施,预防雷电击穿破坏,还要防止缆线遭破坏等措施,并且注意与强电保持较远的距离,防止电磁干扰等。

8. 布线距离

为了使信息得到有效的传输,根据国际及国内的标准,综合布线垂直子系统的最大距离如图 5-3 所示。即建筑物配线架(BD)到楼层配线架(FD)的最大布线距离不应超过 500m。

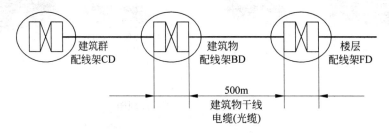

图 5-3　垂直子系统布线距离示意图

在设计综合布线系统时,通常将设备间设置在建筑物的中间位置,这样垂直子系统的电缆长度最短,但也要根据建筑物的结构和用户的要求综合考虑。有些建筑物在设计结构时,把用户程控交换机的位置设置在底层或地下层,网络中心设置在另一层,所以在设计垂直干线子系统时,更应考虑干线子系统的最大距离限制。

5.3　设计步骤

垂直干线子系统的设计过程有以下几个步骤:

(1)确定垂直干线的规模。

(2)计算每个配线间的干线要求。

(3)估算整个建筑物的干线要求。

(4)确定从每个楼层配线间到设备间的干线电缆路由。

(5)确定干线电缆的结合方法。

1. 确定垂直干线的规模

垂直子系统是建筑物内的主干线缆。通常使用的干线子系统通道是由一连串穿过管理间地板且垂直对准的通道组成,穿过弱电间地板的线缆井和线缆孔确定干线子系统的通道规模,主要就是确定干线通道和配线间的数目。确定的依据就是综合布线系统所要覆盖的可用楼层面积。

如果给定楼层的所有信息插座都在配线间的 75m 范围之内,那么采用单干线接线系统。单干线接线系统就是采用一条垂直干线通道,每个楼层只设一个配线间。如果有部分信息插座超出配线间的 75m 范围,那就要采用双通道干线子系统,或者采用经分支电缆与设备间相连的二级交接间。

如果同一幢大楼的管理间上下不对齐,则可采用大小合适的线缆管道系统将其连通。

2. 计算每个配线间的干线要求

对于语音业务,大对数主干电缆的对数应按每一个电话 8 位模块通用插座配置 1 对线。如果是双绞线最好是 4 对,并在总需求线对的基础上至少预留约 10% 的备用线对。

对于数据业务应以每个交换机设备设置 1 个主干端口配置。主干端口为电端口时,应按 4 对线容量;为光端口时,则按 2 芯光纤容量配置。

当工作区至电信间的水平光缆延伸至设备间的光配线设备(BD/CD)时,主干光缆的容量应包括所延伸的水平光缆光纤的容量在内。

3. 估算整个建筑物的干线要求

确定各楼层的规模后,将所有楼层的干线分类相加,就可确定整座建筑物的干线线缆类别和数量,或根据设计工作单,计算出整座建筑物的干线线缆数量。

4. 确定从每个楼层配线间到设备间的干线电缆路由

垂直子系统布线有垂直和水平两种布放,需要时两种混用。

应选择干线段最短、最安全和最经济的路由,通常采用电缆孔、电缆井和电缆托架。

(1)电缆孔方法。

干线通道中所用的电缆孔是很短的管道,通常是由一根或数根直径为 10cm 的金属管组成。它们嵌在混凝土地板中,这是浇注混凝土地板时嵌入的,比地板表面高出 2.5~5cm。也可直接在地板中预留一个大小适当的孔洞。电缆往往捆在钢绳上,而钢绳固定在墙上已铆好的金属条上。当楼层配线间上下都对齐时,一般可采用电缆孔方法,如图 5-4 所示。

(2)电缆井方法。

电缆井是指在每层楼板上开出一些方孔,一般宽度为 30cm,并有 2.5cm 高的井栏,具体大小要根据所布线的干线电缆数量而定,如图 5-5 所示。与电缆孔方法一样,电缆也是捆扎或箍在支撑用的钢绳上,钢绳靠墙上的金属条或地板三角架固定。离电缆井很近的墙上的立式金属架可以支撑很多电缆。电缆井比电缆孔更为灵活,可以让各种粗细不一的电缆以任何方式布设通过。但在建筑物内开电缆井造价较高,而且不使用的电缆井很难防火。

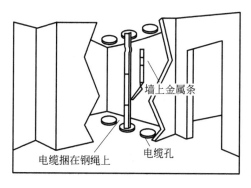

图 5-4 电缆孔方法示意图

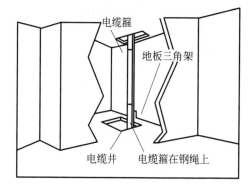

图 5-5 电缆井方法示意图

垂直子系统的设计与安装

（3）金属管道方法。

金属管道方法是指在水平方向架设金属管道，水平线缆穿过这些金属管道，让金属管道对干线电缆起到支撑和保护的作用，如图 5-6 所示。

对于相邻楼层的干线配线间存在水平方向的偏距时，就可以在水平方向布设金属管道，将干线电缆引入下一楼层的配线间。金属管道不仅具有防火的优点，而且它提供的密封和坚固空间使电缆可以安全地延伸到目的地。但是金属管道很难重新布置且造价较高，因此在建筑物设计阶段必须进行周密的考虑。土建工程阶段要将选定的管道预埋在地板中，并延伸到正确的交接点。金属管道方法较适合于低矮而又宽阔的单层平面建筑物，如企业的大型厂房、机场等。

（4）电缆托架方法。

电缆托架是铝制或钢制的部件，外形很像梯子，既可安装在建筑物墙面上、吊顶内，也可安装在天花板上，供干线线缆水平走线，如图 5-7 所示。电缆布放在托架内，由水平支撑件固定，必要时还要在托架下方安装电缆绞接盒，以保证在托架上方已装有其他电缆时可以接入电缆。

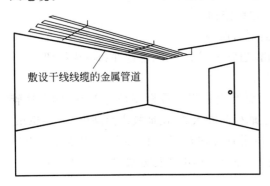

图 5-6　金属管道方法示意图

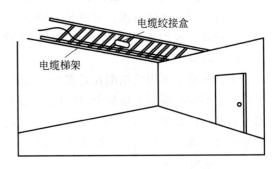

图 5-7　电缆托架方法示意图

电缆托架方法最适合电缆数量很多的布线需求场合。要根据安装的电缆粗细和数量决定托架的尺寸。由于托架及附件的价格较高，而且电缆外露，很难防火，不美观，因此在综合布线系统中，一般推荐使用封闭式线槽来替代电缆托架。吊装式封闭式线槽主要应用于楼间距离较短且要求采用架空的方式布放干线线缆的场合。

5. 确定干线电缆的结合方法

干线电缆可采用点对点端接，也可采用分支递减端接以及电缆直接连接。

（1）点对点端接法。

点到点端接法是最简单、最直接的方法。从设备间引出电缆，经过干线通道，端接于该楼层配线间的连接硬件，如图 5-8 所示。

优点：

采用较小、较轻的电缆，不必使用昂贵的绞接盘。

缺点：

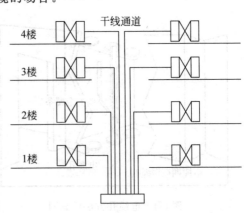

图 5-8　干线电缆点对点端接方式

① 穿过二级交接间的电缆数目较多。

② 确定楼层配线间与二级交接间之间的接合方法。

（2）分支接合法。

大对数电缆经绞接盒后，分出若干根小电缆再连接各楼层配线间的连接硬件，如图 5-9 所示，分为以下两种接合方法。

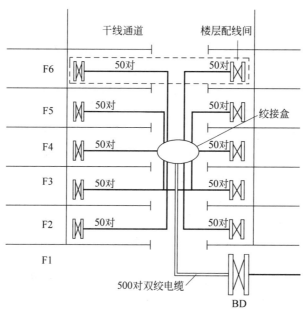

图 5-9　分支接合方法

① 单楼层接合方法。

二级交接间没有安装端接信息插座的连接硬件。一根电缆通过干线通道到达楼层后，使用一个适当大小的绞接盒分出若干根小电缆，再连往各个二级交接间。

② 多楼层接合方法。

通常用于支持 5 个楼层的信息插座需要（每 5 层一组）。一根主电缆接至中央点（第 3 层），在该层配线间内通过绞接盒分出各根小电缆再分别连接上两层楼和下两层楼。

优点：

主干电缆总数少，可以节省空间。

缺点：

电缆对数过于集中，发生故障影响面积大。

（3）端接与连接电缆。特殊情况下使用。

5.4　安装技术

1. 垂直子系统线缆选择

根据建筑物的结构特点以及应用系统的类型决定选用干线线缆的类型。在垂直子系统中可以采用以下类型的电缆：

- 100Ω 大对数电缆;
- 150Ω FTP 双绞电缆;
- $62.5/125\mu m$ 多模光缆;
- $50/125\mu m$ 多模光缆;
- $8.3/125\mu m$ 单模光缆;
- $9.0/125\mu m$ 单模光缆;
- 75Ω 同轴电缆(有线电视宽带接入)。

目前,针对电话语音传输一般采用三类大对数对绞电缆(25 对、50 对、100 对等规格),针对数据和图像传输采用光缆或者 5 类以上 4 对双绞线电缆以及 5 类大对数对绞电缆,针对有线电视信号的传输采用 75Ω 同轴电缆。要注意的是,由于大对数线缆对数多,很容易造成相互间的干扰,因此很难制造超 5 类以上的大对数对绞电缆,为此 6 类网络布线系统通常使用 6 类 4 对双绞线电缆或光缆作为主干线缆。在选择主干线缆时还要考虑主干线的长度限制,如 5 类以上 4 对双绞线电缆在应用于 100Mbps 的高速网络系统时,电缆长度不宜超过 90m,否则宜选用单模或者多模光缆。

在综合布线垂直子系统中,常用的电缆是 100Ω 大对数双绞电缆和 $62.5/125\mu m$ 多模光缆。

垂直子系统所需要的电缆总对数和光纤总芯数应满足工程的实际需求,并留有适当的备份容量。主干缆线宜设置电缆与光缆,并互相作为备份路由。

2. 垂直子系统缆线的绑扎

垂直子系统敷设缆线时应对缆线进行绑扎。对绞电缆、光缆及其他信号电缆应根据缆线的类别、数量、缆径、缆线芯数分束绑扎,绑扎间距不宜大于 1.5m,防止线缆因重量产生的拉力造成线缆变形。在绑扎缆线的时候特别注意的是应该按照楼层进行分组绑扎。

3. 线缆敷设要求

在敷设线缆时,对不同的介质要区别对待。

(1) 光缆。

- 光缆敷设时不应该绞接;
- 光缆在室内布线时要走线槽;
- 光缆在地下管道中穿过时要用 PVC 管;
- 光缆需要拐弯时,其曲率半径不得小于 30cm;
- 光缆的室外裸露部分要加铁管保护,铁管要固定牢固;
- 光缆不要拉得太紧或太松,并要有一定的膨胀收缩余量;
- 光缆埋地时要加铁管保护。

(2) 双绞线。

- 双绞线敷设时要平直,走线槽,不要扭曲;
- 双绞线的两端点要标号;
- 双绞线的室外部分要加套管,严禁搭接在树干上;
- 双绞线不要拐硬弯。

4. 线缆的垂放和牵引技术

目前,在建筑中的电缆竖井或上升房内敷设电缆有两种施工方式。一种是由建筑的高层向低层敷设,利用电缆本身自重的有利条件向下垂放的施工方式。另一种是由低层向高层敷设,将电缆向上牵引的施工方式。

这两种施工方式虽然仅是敷设方向不同,但差别较大,向下垂放远比向上牵引简便、容易、减少劳动工时和劳力消耗,且加快施工进度;相反,向上牵引费时费工,困难较多。因此,通常采用向下垂放的施工方式,只有在电缆搬运到高层确有很大困难时,才采用由下向上牵引的施工方式。在电缆敷设施工时应注意以下几点:

(1) 向下垂放电缆的施工方式,应将电缆搬到建筑的顶层。在牵引过程中,吊挂缆线的支点相隔间距不应大于 1.5m。电缆由高层向低层垂放,要求每个楼层有人引导下垂和观察敷设过程中的情况,及时解决敷设中的问题。

(2) 为了防止电缆洞孔或管孔的边缘不光滑,磨破电缆的外护套,应在洞孔中放置一个塑料保护槽,以便保护。

(3) 在向下垂放电缆的过程中,要求敷设的速度适中,不宜过快,使电缆从电缆盘中慢速放下垂直进入洞孔。各个楼层的施工人员都应将经过本楼层的电缆徐徐引导到下一个楼层的洞孔,直到电缆逐层布放到要求的楼层为止。并要在统一指挥下宣布敷设完毕后各个楼层的施工人员才将电缆绑扎固定。

(4) 如果各个楼层不是预留直径较小的洞孔,而是大的洞孔或通槽,这时不需使用保护装置,应采用滑车轮的装置,将它安装在建筑的顶层,用绳索固定在洞孔或槽口中央,然后电缆通过滑车轮向下垂放。

(5) 向上牵引电缆的施工方法一般采用电动牵引绞车,电动牵引绞车的型号和性能应根据牵引电缆的重量来选择。其施工顺序是由建筑的顶层下垂一条布放牵引拉绳,其强度应足以牵引电缆的所有重量(电缆长度为顶层到最底楼层),将电缆牵引端与拉绳连接妥当。启动绞车,慢慢速将电缆逐层向上牵引,直到电缆引到顶层,电缆应预留一定长度,才停止绞车。此外,各个楼层必须采取加固措施将电缆绑扎牢固,以便连接。

(6) 缆线牵引过程中光缆盘转动应与光缆布放同步,光缆牵引的速度一般为 15m/s。光缆出盘处要保持松弛的弧度,并留有缓冲的余量,又不宜过多,避免光缆出现背扣。

(7) 布放缆线的牵引力,应小于缆线允许张力的 80%,对光缆瞬间最大牵引力不应超过光缆允许的张力。在以牵引方式敷设光缆时,主要牵引力应加在光缆的加强芯上。

(8) 缆线布放过程中为避免受力和扭曲,应制作合格的牵引端头。如果用机械牵引时,应根据缆线牵引的长度,布放环境,牵引张力等因素选用集中牵引或分散牵引等方式。

(9) 电缆布放时应有一定冗余量,在交接间或设备间内,电缆预留长度一般为 3~6m。主干电缆的最小曲率半径应至少是电缆外径的 10 倍,以便缆线的连接和今后维护检修时使用。

5.5 施 工 经 验

在建筑物内综合布线系统的缆线,包括对绞铜缆及光缆,常用暗敷管路或利用桥架和槽道进行安装敷设,它们虽然是辅助的保护或支撑措施,但它在工程中是一项极为重要的内容,一般要满足以下要求:

(1) 在建筑物内综合布线系统的线缆和所用槽道或桥架必须与公用的网络管线相连。

(2) 设备间和主干布线的桥架和槽道安装施工中,采用槽道或桥架的规格尺寸、组装方式和安装位置均应依照设计规定和图纸要求。

(3) 暗敷管路要横平竖直。

(4) 主干布线安装在电缆竖井时必须有支撑件。

(5) 暗敷管路是一种永久性的设施,一旦建成后使用年限必须与建筑物的使用年限一致。

(6) 设备与插座等要与设计一致。房间内的暗敷配线接续设备及其附近不允许有其他管线穿过。

(7) 暗敷管路接好后,裸露在外面的部分要做好防腐蚀处理。

(8) 暗敷管路敷设好后如需要牵引线缆,要及时放钢丝。

(9) 选择线缆敷设路由时,要根据建筑物结构的允许条件尽量选择最短距离,并保证线缆长度不超过标准中规定的长度,水平电缆敷设的路由根据水平布线所采用的布线方案,有走地下线槽管道的,有走活动地板下面的,有房屋吊顶的,形式多种多样。

干线电缆敷设的路由主要根据建筑物内竖井或垂直管路的路径以及其他一些垂直走线路径来决定。根据建筑物结构,干线电缆敷设路由有垂直路由和水平路由。建筑群子系统的干线线缆敷设路由与采用的布线方案有关,有架空布线方法、直埋电缆布线法和采用管道布线法。

(10) 暗敷管路后及时作好隐蔽工程的记录。

(11) 桥架和槽道在竖井内安装可采用明敷方式。

(12) 根据具体位置选择桥架和槽道的大小。

(13) 桥架和槽道的安装是为设备服务的,要服从设备和电缆。

习 题 5

1. 填空题

(1) 垂直子系统的结合方法有_____和_____。

(2) 垂直子系统是由_____之间的连接线缆组成,其布线距离最大为_____。

(3) 垂直子系统缆线的绑扎间距不宜大于_____。

(4) 在竖井中敷设垂直干线一般有两种方式:_____和_____。

(5) 垂直子系统的布线方式有_____的,也有_____的,这主要根据建筑的结构而定。

2. 选择题

(1) 垂直子系统的设计范围包括_____。

    A. 管理间与设备间之间的电缆

    B. 信息插座与管理间、配线架之间的连接电缆

    C. 设备间与网络引入口之间的连接电缆

    D. 主设备间与计算机主机房之间的连接电缆

(2) 综合布线系统中用于连接楼层配线间和设备间的子系统是_____。

    A. 工作区子系统   B. 水平子系统

    C. 干线子系统   D. 管理子系统

（3）光缆需要拐弯时,其弯曲半径不得小于_____。

    A. 15cm   B. 30cm   C. 35cm   D. 40cm

（4）垂直子系统的拓扑结构是_____。

    A. 星型拓扑结构   B. 环型拓扑结构

    C. 树型拓扑结构   D. 总线型拓扑结构

（5）根据建筑物的结构特点以及应用系统的类型决定选用干线线缆的类型。在垂直子系统设计中常用_____线缆。

    A. 4 对双绞线电缆(UTP 或 STP)   B. 100Ω 大对数对绞电缆(UTP 或 STP)

    C. 62.5/125μm 多模光缆   D. 8.3/125μm 单模光缆

    E. 75Ω 有线电视同轴电缆

3. 简答题

（1）列举出向下垂放电缆和向上牵引电缆的详细步骤。

（2）说明光缆、双绞线在敷设时各有什么要求。

（3）简述垂直子系统的设计原则。

（4）简述垂直子系统的设计步骤。

垂直子系统的设计与安装

第6章　设备间子系统的设计与安装

本章要点：

- 熟悉设备间子系统的概念；
- 掌握设备间子系统的设计步骤和方法；
- 掌握设备间子系统的安装技术。

6.1　概　　述

设备间子系统由设备室的电缆、连接器和相关支持硬件组成，把各种公用系统设备互连起来。设备间的主要设备有数字程控交换机、计算机网络设备、服务器、楼宇自动控制设备主机等。设备间是整个网络的数据交换中心。典型的设备间如图6-1所示。

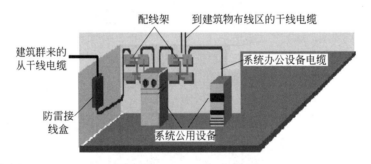

图6-1　设备间子系统示意图

6.2　设备间子系统的设计步骤和方法

设备间子系统的设计主要考虑设备间的位置以及设备间的环境要求，具体设计要点如下。

1. 设备间的位置

设备间的位置及大小应根据设备的数量、规模、最佳网络中心、网络构成等因素，综合考虑确定。通常有以下几种因素会使设备间的设置方案有所不同。

(1) 主体工程的建设规模和工程范围的大小。

(2) 设备间内安装的设备种类和数量多少。

(3) 设备间有无常驻的维护管理人员，是专职人员用房还是合用共管的性质，这些都会影响到设备间的位置和房间面积的大小等。

每幢建筑物内应至少设置 1 个设备间,如果用户电话交换机与计算机网络设备分别安装在不同的场地或根据安全需要时,也可设置两个或两个以上的设备间,以满足不同业务的设备安装需要。

一般而言,设备间应尽量在建筑平面及其综合布线干线综合体的中间位置。在高层建筑内,设备间也可以设置在一、二层。

2. 设备间的面积

设备间的使用面积要考虑所有设备的安装面积,还要考虑预留工作人员管理操作设备的地方,一般最小使用面积不得小于 20m²。

设备间的使用面积可按照下述两种方法之一确定。

方法一:已知 S_b 为设备所占面积(m²),S 为设备间的使用总面积(m²),那么

$$S = (5 \sim 7) \sum S_b$$

方法二:当设备尚未选型时,设备间使用总面积 $S = KA$。其中,A 为设备间所有设备台(架)的总数,K 为系数,取值为(4.5~5.5)m²/台(架)。

3. 设备间的建筑结构

设备间的建筑结构主要依据大小、设备搬运以及设备重量等因素而设计。设备间的高度一般为 2.5~3.2m。设备间门的大小至少为高 2.1m,宽 1.5m。

设备间一般安装有不间断电源的电池组,由于电池组非常重,因此对楼板承重设计有一定的要求,一般分为两级,A 级≥500kg/m²,B 级≥300kg/m²。

4. 设备间的环境要求

设备间内安装有计算机、网络设备、电话程控交换机、建筑物自控设备等硬件设备。这些设备的运行需要相应的温度、湿度、供电和防尘等要求。设备间内的环境设置可以参照国家计算机用房设计标准 GB 50174-1993《电子计算机机房设计规范》、程控交换机的 CECS09:89《工业企业程控用户交换机工程设计规范》等相关标准及规范。

(1)温湿度。

综合布线有关设备的温湿度要求可分为 A、B、C 三级,设备间的温湿度也可参照三个级别进行设计。三个级别的具体要求如表 6-1 所示。

表 6-1 设备间温湿度要求

项 目	A 级	B 级	C 级
温度	夏季:22±4,冬季:18±4	12~30	8~35
相对湿度	40%~65%	35~70	20~80

设备间的温湿度控制可以通过安装降温或加湿、加湿或除湿功能的空调设备来实现控制。选择空调设备时,南方地区主要考虑降温和除湿功能,北方地区要全面具有降温、升温、除湿、加湿功能。空调的功率主要根据设备间的大小及设备多少而定。

(2)尘埃。

设备间内的电子设备对尘埃要求较高,尘埃过高会影响设备的正常工作,降低设备的工

设备间子系统的设计与安装

作寿命。设备间的尘埃指标一般可分为 A、B 两级,如表 6-2 所示。

表 6-2　设备间尘埃指标要求

项　　目	A 级	B 级
粒度/μm	最大 0.5	最大 0.5
个数/粒/dm³	<10 000	<18 000

降低设备间尘埃度关键在于定期清扫灰尘,工作人员进入设备间应更换干净的鞋具。

(3) 空气。

设备间内保持空气洁净且有防尘措施,并防止有害气体侵入。允许有害气体限值如表 6-3 所示。

表 6-3　有害气体限值

有害气体/mg/m³	二氧化硫(SO₂)	硫化氢(H₂S)	二氧化氮(NO₂)	氨(NH₃)	氯(Cl₂)
平均限值	0.2	0.006	0.04	0.05	0.01
最大限值	1.5	0.03	0.15	0.15	0.3

(4) 照明。

为了方便工作人员在设备间内操作设备和维护相关综合布线器件,设备间内必须安装足够照明度的照明系统,并配置应急照明系统。设备间内距地面 0.8m 处照明度不应低于 200lx。设备间配备的事故应急照明,在距地面 0.8m 处照明度不应低于 5lx。

(5) 噪声。

为了保证工作人员的身体健康,设备间内的噪声应小于 70dB。如果长时间在 70~80dB 噪声的环境下工作,不但影响人的身心健康和工作效率,还可能造成人为的噪声事故。

(6) 电磁场干扰。

根据综合布线系统的要求,设备间无线电干扰的频率应在 0.15~1000MHz 范围内,噪声不大于 120dB,磁场干扰场强不大于 800A/m。

(7) 电源要求。

电源频率为 50Hz,电压为 220V 和 380V,三相五线制或者单相三线制。

设备间供电电源允许变动的范围如表 6-4 所示。

表 6-4　设备间供电电源允许变动的范围

项　　目	A 级	B 级	C 级
电压变动/%	−5~+5	−10~+7	−15~+10
频率变动/%	−0.2~+0.2	−0.5~+0.5	−1~+1
波形失真率/%	<±5	<±7	<±10

5. 设备间的管理

设备间内的设备种类繁多,而且缆线布设复杂。为了管理好各种设备及缆线,设备间内的设备应分类分区安装,设备间内所有进出线装置或设备应采用不同色标,以区别各类用途的配线区,方便线路的维护和管理。

6. 安全分类

设备间的安全分为 A、B、C 三个类别,具体规定如表 6-5 所示。

A 类:对设备间的安全有严格的要求,设备间有完善的安全措施。

B 类:对设备间的安全有较严格的要求,设备间有较完善的安全措施。

C 类:对设备间的安全有基本的要求,设备间有基本的安全措施。

表 6-5　设备间的安全要求

安 全 项 目	A　　类	B　　类	C　　类
场地选择	有要求或增加要求	有要求或增加要求	无要求
防火	有要求或增加要求	有要求或增加要求	有要求或增加要求
内部装修	要求	有要求或增加要求	无要求
供配电系统	要求	有要求或增加要求	有要求或增加要求
空调系统	要求	有要求或增加要求	有要求或增加要求
火灾报警及消防设施	要求	有要求或增加要求	有要求或增加要求
防水	要求	有要求或增加要求	无要求
防静电	要求	有要求或增加要求	无要求
防雷击	要求	有要求或增加要求	无要求
防鼠害	要求	有要求或增加要求	无要求
电磁波防护	有要求或增加要求	有要求或增加要求	无要求

根据设备间的要求,设备间安全可按某一类执行,也可按某些类综合执行。综合执行是指一个设备间的某些安全项目可按不同的安全类型执行。例如,某设备间按照安全要求可选防电磁干扰为 A 类,火灾报警及消防设施为 B 类。

7. 防火结构

为了保证设备使用安全,设备间应安装相应的消防系统,配备防火防盗门。为了在发生火灾或意外事故时方便设备间工作人员迅速向外疏散,对于规模较大的建筑物,在设备间或机房应设置直通室外的安全出口。

8. 设备间的散热要求

机柜、机架与缆线的走线槽道摆放位置对于设备间的气流组织设计至关重要,图 6-2 所示为各种设备建议的安装位置。

以交替模式排列设备行,即机柜/机架面对面排列以形成热通道和冷通道。冷通道是机架/机柜的前面区域,热通道位于机架/机柜的后部,形成从前到后的冷却路由。电子设备机柜在冷通道两侧相对排列,冷空气从架空地板板块的排风口吹出,热通道两侧电子设备机柜则背靠背,热通道部位的地板无孔,依靠天花板上的回风口排出热气。

对于高散热、高精度设备集装架,可采用弧形高密度孔门。图 6-2 所示的集装架中安装的是发热量极大的 IBM 卡片式服务器和 2U 高密度服务器。

9. 设备间的接地要求

设备间设备安装过程中必须考虑设备的接地。根据综合布线相关规范,接地要求如下:

(1)直流工作接地电阻一般要求不大于 4Ω,交流工作接地电阻也不应大于 4Ω,防雷保护接地电阻不应大于 10Ω。

(2)建筑物内应设有网状接地系统,保证所有设备等电位。如果综合布线系统单独

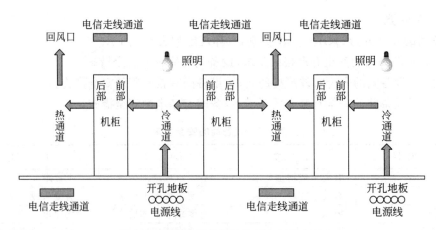

图 6-2　设备间设备摆放位置与气流组织

设接地系统,且能保证与其他接地系统之间有足够的距离,则接地电阻值应小于或等于 4Ω。

(3) 为了获得良好的接地,推荐采用联合接地方式。所谓联合接地方式就是将防雷接地、交流工作接地和直流工作接地等统一接到共用的接地装置上。当采用联合接地系统时,通常利用建筑钢筋作防雷接地引下线,而接地体一般利用建筑物基础内钢筋网作为自然接地体,使整幢建筑的接地系统组成一个笼式的均压整体,联合接地电阻要求不大于 1Ω。

(4) 接地所使用的铜线电缆规格与接地的距离有直接关系,一般接地距离在 30m 以内,接地导线采用直径为 4mm 的带绝缘套的多股铜线缆。接地铜线电缆规格与接地距离的关系如表 6-6 所示。

表 6-6　接地铜线电缆规格与接地距离的关系

接地距离/m	接地导线直径/mm	接地导线截面积/mm²
小于 30	4.0	12
30～48	4.5	16
48～76	5.6	25
76～106	6.2	30
106～122	6.7	35
122～150	8.0	50
150～300	9.8	75

10. 设备间的内部装饰

设备间装修材料使用符合 TJ 16-1987《建筑设计防火规范》中规定的难燃材料或阻燃材料,应能防潮、吸音、不起尘和抗静电等。

(1) 地面。

为了方便敷设缆线和电源线,设备间的地面最好采用抗静电活动地板,接地电阻在 0.11～1000MΩ 之间,具体要求应符合国家标准 GB 6650《计算机机房用地板技术条件》。

(2) 墙面。

墙面应选择不易产生灰尘,也不易吸附灰尘的材料,常用涂阻燃漆或耐火胶合板。

（3）顶棚。

为了吸音及布置照明灯具,吊顶材料应满足防火要求。目前,我国大多数采用铝合金或轻钢作龙骨,安装吸音铝合金板、阻燃铝塑板和喷塑石英板等。

（4）隔断。

根据设备间放置的设备及工作需要,可用玻璃将设备间隔成若干个房间,隔断可以选用防火的铝合金或轻钢作龙骨,安装 10mm 厚玻璃,或从地板面至 1.2m 处安装难燃双塑板,1.2m 以上安装 10mm 厚玻璃。

11. 设备间的缆线敷设

（1）活动地板方式。

该方式是缆线在活动地板下的空间敷设,由于地板下空间大,因此电缆容量和条纹多,节省电缆费用,缆线敷设和拆除均简单方便,能适应线路增减变化,有较高的灵活性,便于维护管理。但该方式造价较高,会减少房屋的净高,对地板表面材料也有一定要求,如耐冲击性、耐火性、抗电性和稳固性等。

（2）地板或墙壁沟槽方式。

该方式是缆线在建筑中预先建成的墙壁或地板内沟槽中敷设,沟槽的断面尺寸大小根据缆线终期容量来设计。这种方式造价较活动地板低,便于施工和维护,利于扩建,但沟槽设计和施工必须与建筑设计和施工同时进行,在配合协调上较为复杂。沟槽方式因是在建筑中预先制成,因此在使用中会受到限制,缆线路由不能自由选择和变动。

（3）预埋管路方式。

该方式是在建筑的墙壁或楼板内预埋管路,其管径和根数根据缆线需要来设计。这种方式穿放缆线比较容易,维护、检修和扩建均有利,造价低廉,技术要求不高,是最常用的方式。

（4）机架走线架方式。

这种方式是在设备或者机架上安装桥架或槽道的敷设方式,桥架和槽道的尺寸根据缆线需要设计,可以在建成后安装,便于施工和维护,也有利于扩建。机架上安装桥架或槽道时,应结合设备的结构和布置来考虑,在层高较低的建筑中不宜使用。

6.3 设备间子系统的安装技术

6.3.1 走线通道敷设安装施工

设备间内各种桥架、管道等走线通道敷设应符合以下要求:

（1）横平竖直,水平走向支架或者吊架左右偏差应不大于 10mm,高低偏差不大于 5mm。

（2）走线通道与其他管道共架安装时,走线通道应布置在管架的一侧。

（3）走线通道内缆线垂直敷设时,在缆线的上端和每间隔 1.5m 处应固定在通道的支架上;水平敷设时,在缆线的首、尾、转弯及每间隔 3～5m 处进行固定。

（4）布放在电缆桥架上的线缆必须绑扎。外观平直整齐,线扣间距均匀,松紧适度。

（5）要求将交、直流电源线和信号线分架走线,或金属线槽采用金属板隔开,在保证线缆间距的情况下,可以同槽敷设。

(6) 缆线应顺直,不宜交叉,特别是在缆线转弯处应绑扎固定。

(7) 缆线在机柜内布放时,不宜绷紧,应留有适量余量。绑扎线扣间距均匀,力度适宜,布放顺直、整齐,不应交叉缠绕。

(8) 6 类 UTP 网线敷设通道填充率不应超过 40%。

6.3.2 缆线端接

设备间有大量的跳线和端接工作,在进行缆线与跳线的端接时应遵守下列基本要求:

(1) 需要交叉连接时,尽量减少跳线的冗余和长度,保持整齐和美观。

(2) 满足缆线的弯曲半径要求。

(3) 缆线应端接到性能级别一致的连接硬件上。

(4) 主干缆线和水平线缆应被端接在不同的配线架上。

(5) 双绞线外护套剥除最短。

(6) 线对开绞距离不能超过 13mm。

(7) 六 A 类网线绑扎固定不宜过紧。

6.3.3 布线通道安装

开放式网络桥架的安装施工如下。

1. 地板下安装

设备间桥架必须与建筑物垂直子系统和管理间主桥架连通,在设备间内部,每隔 1.5m 安装一个地面托架或者支架,用螺栓、螺母等固定。

一般情况下可采用支架,支架与托架离地高度也可以根据用户现场的实际情况而定,不受限制,底部至少距地 50mm。

2. 天花板安装

在天花板安装桥架时采取吊装方式,通过槽钢支架或钢筋吊竿,再结合水平托架和 M6 螺栓将桥架固定,吊于机柜上方。将相应的缆线布放到机柜中,通过机柜中的理线器等对其进行绑扎、整理归位。

3. 特殊安装方式

分层吊挂安装可以敷设更多线缆,便于维护和管理,使现场美观。

采用机架支撑安装,安装人员不用在天花板上钻孔,而且安装和布线时,工人无须爬上爬下,省时省力,非常方便。用户不仅能对安装工程有更直观的控制,线缆也能自然通风散热,机房日后的维护升级也很简便。

6.3.4 设备间接地

1. 设备间的机柜和机架接地连接

设备间的机柜和机架等必须可靠接地,一般采用自攻螺丝与机柜钢板连接方式。如果机柜表面是油漆过的,接地必须直接接触到金属,用褪漆溶剂或者电钻帮助,实现电气连接。

在机柜或者机架上,距离地面 1.21m 高度分别安装静电释放(ESD)保护端口,并且安装相应标识。通过 6AWG 跳线与网状共用等电位接地网络相连,压接装置用于将跳线和网状共用等电位接地网络导线压接在一起。在实际安装中,禁止将机柜的接地线按"菊链"的方式串接在一起。

2. 设备接地

安装在机柜或机架上的服务器、交换机等设备必须通过接地汇集排可靠接地。

3. 桥架的接地

桥架必须可靠接地。

6.3.5 设备间内部的通道设计与安装

1. 人行通道

设备间人行通道与设备之间的距离应符合下列规定:

(1)用于运输设备的通道净宽不应小于1.5m。

(2)面对面布置的机柜或机架,正面之间的距离不宜小于1.2m。

(3)背对背布置的机柜或机架,背面之间的距离不宜小于1m。

(4)当需要在机柜侧面维修测试时,机柜与机柜、机柜与墙之间的距离不宜小于1.2m。

(5)成行排列的机柜,其长度超过6m(或数量超过10个)时,两端应设有走道。当两个走道之间的距离超过15m(或中间的机柜数量超过25个)时,其间还应增加走道。走道的宽度不宜小于1m,局部可为0.8m。

2. 架空地板走线通道

架空地板,地面起到防静电的作用,在它的下部空间可以作为冷、热通风的通道。同时又可设置线缆的敷设槽、道。

在地板下走线的设备间中,缆线不能在架空地板下面随便摆放。架空地板下缆线敷设在走线通道内,通道可以按照缆线的种类分开设置,进行多层安装,线槽高度不宜超过150mm。在建筑设计阶段,安装于地板下的走线通道应当与其他的设备管线(如空调、消防和电力等)相协调,并做好相应防护措施。

3. 天花板下走线通道

(1)净高要求。

常用的机柜高度一般为2.0m,气流组织所需机柜顶面至天花板的距离一般为500~700mm,尽量与架空地板下净高相近,故机房净高不宜小于2.6m。

(2)通道形式。

天花板走线通道由开放式桥架、槽式封闭式桥架和相应的安装附件组成。开放式桥架因其方便线缆维护的特点,在新建的数据中心应用较广。

走线通道安装在离地板2.7m以上机房走道和其他公共空间上空的空间,否则天花板走线通道的底部应敷设实心材料,以防止人员触及和保护其不受意外或故意的损坏。

(3)通道位置与尺寸要求。

通道顶部距楼板或其他障碍物不应小于300mm;通道宽度不宜小于100mm,高度不宜超过150mm;通道内横断面的线缆填充率不应超过50%;如果存在多个天花板走线通道时,可以分层安装,光缆最好敷设在铜缆的上方,为了方便施工与维护,铜缆线路和光纤线路宜分开通道敷设;灭火装置的喷头应当设置于走线通道之间,不能直接放置在通道的上面。

习　题　6

1. 填空题

(1) 设备间子系统是一个集中化设备区,连接系统公共设备,并通过_____连接至管理间子系统。

(2) 设备间子系统一般设在建筑物中部或在建筑物的_____层。

(3) 设备间室内环境温度应为_____摄氏度,相对湿度应为_____,并应有良好的通风。

(4) 设备间最小使用面积不得小于_____。

(5) 设备间的安全分为三个类别,分别是_____。

(6) 屏蔽布线系统只需要在_____端接地。

(7) 6A UTP 线缆敷设通道填充率不应超过_____。

2. 简答题

(1) 说明建筑物设备间子系统的设计原则。

(2) 设备间子系统面积如何确定?

(3) 数据中心的设备在安装时分别怎么做到接地?

(4) 设备间的缆线敷设有哪几种方式?

第7章 建筑群和进线间子系统的设计与安装

本章要点：

- 掌握建筑群子系统的概念；
- 掌握建筑群子系统的设计步骤和设计要点；
- 掌握建筑群子系统的布线方法；
- 熟悉进线间子系统的基本概念；
- 掌握进线间子系统的设计。

7.1 建筑群子系统

7.1.1 建筑群子系统概述

建筑群子系统也称为楼宇子系统，主要实现建筑物与建筑物之间的通信连接，一般采用光缆并配置光纤配线架等相应设备，它支持楼宇之间通信所需的硬件，包括缆线、端接设备和电气保护装置。

进线间是建筑物外部通信和信息管线的入口部位，并可作为入口设施和建筑群配线设备的安装场地。进线间是 GB 50311-2007 国家标准在系统设计内容中专门增加的，要求在建筑物前期系统设计中要增加进线间，满足多家运营商业务需要。

7.1.2 建筑群子系统设计步骤

（1）确定敷设现场的特点。包括确定整个工地的大小、工地的地界和建筑物的数量等。

（2）确定电缆系统的一般参数。包括确认起点、端接点位置、所涉及的建筑物及每座建筑物的层数、每个端接点所需的双绞线的对数、有多个端接点的每座建筑物所需的双绞线总对数等。

（3）确定建筑物的电缆入口。

建筑物入口管道的位置应便于连接公用设备，根据需要在墙上穿过一根或多根管道。

对于现有的建筑物，要确定各个入口管道的位置、每座建筑物有多少入口管道可提供使用、入口管道数目是否满足系统的需要。

如果入口管道不够用，则要确定在移走或重新布置某些电缆时是否能腾出某些入口管道，再不够用的情况下应另装多少入口管道。

如果建筑物尚未建起，则要根据选定的电缆路由完善电缆系统设计，并标出入口管道。建筑物入口管道的位置应便于连接公用设备，根据需要在墙上穿过一根或多根管道。查阅当地的建筑法规,了解对承重墙穿孔有无特殊要求。所有易燃材料(如聚丙烯管道、聚乙烯管道)应端接在建筑物的外面,外线电缆的聚丙烯表皮可以例外。如果外线电缆延伸到建筑物内部的长度超过 15m,就应使用合适的电缆入口器材,在入口管道中填入防水和气密性很好的密封胶,如 B 型管道密封胶。

(4) 确定明显障碍物的位置。包括确定土壤类型、电缆的布线方法、地下公用设施的位置、查清拟定的电缆路由中沿线各个障碍物位置或地理条件及其对管道的要求等。

(5) 确定主电缆路由和备用电缆路由。包括确定可能的电缆结构、所有建筑物是否共用一根电缆,查清在电缆路由中哪些地方需要获准后才能通过、选定最佳路由方案等。

(6) 选择所需电缆的类型和规格。包括确定电缆长度、画出最终的结构图、画出所选定路由的位置和挖沟详图,确定入口管道的规格、选择每种设计方案所需的专用电缆、保证电缆可进入入口管道,选择其规格和材料、规格、长度和类型等。

(7) 确定每种选择方案所需的劳务成本。包括确定布线时间、计算总时间、计算每种设计方案的成本、总时间乘以当地的工时费以确定成本。

(8) 确定每种选择方案的材料成本。包括确定电缆成本,所有支持结构的成本、所有支撑硬件的成本等。

(9) 选择最经济、最实用的设计方案。把每种选择方案的劳务费成本加在一起,得到每种方案的总成本,比较各种方案的总成本,选择成本较低者,确定比较经济的方案是否有重大缺点,以致抵消了经济上的优点。如果发生这种情况,应取消此方案,考虑更优化的设计方案。

7.1.3　建筑群子系统的设计要点

建筑群子系统主要应用于多幢建筑物组成的建筑群综合布线工程,设计时主要考虑布线路由等内容。建筑群子系统应按下列要求进行设计:

(1) 环境美化要求。

建筑群主干布线子系统设计应充分考虑建筑群覆盖区域的整体环境美化要求,建筑群干线电缆尽量采用地下管道或电缆沟敷设方式。因客观原因最后选用了架空布线方式的,也要尽量选用原已架空布设的电话线或有线电视电缆的路由,干线电缆与这些电缆一起敷设,以减少架空敷设的电缆线路。

(2) 建筑群未来发展需要。

在布线设计时,要充分考虑各建筑需要安装的信息点种类、信息点数量,选择相对应的干线光缆类型以及敷设方式,使综合布线系统建成后保持相对稳定,能满足今后一定时期内各种新的信息业务发展需要。

(3) 路由的选择。

考虑到节省投资,应尽量选择距离短、线路平直的路由。但具体的路由还要根据建筑物之间的地形或敷设条件而定。在选择路由时,应考虑原有已敷设的地下各种管道,在管道内应与电力线缆分开敷设,并保持一定间距。

(4) 电缆引入要求。

建筑群干线光缆进入建筑物时都要设置引入设备,并在适当位置终端转换为室内电缆、光缆。引入设备应安装必要保护装置以达到防雷击和接地的要求。干线光缆引入建筑物时应以地下引入为主,如果采用架空方式,应尽量采取隐蔽方式引入。

(5) 干线电缆、光缆交接要求。

建筑群的主干光缆布线的交接不应多于两次。

(6) 建筑群子系统缆线的选择。

建筑群子系统敷设的缆线类型及数量由连接应用系统种类及规模来决定。计算机网络系统常采用光缆,经常使用 $62.5\mu m/125\mu m$ 规格的多模光纤,户外布线大于 2km 时可选用单模光纤。

电话系统常采用 3 类大对数电缆,为了适合于室外传输,电缆还覆盖了一层较厚的外层皮。3 类大对数双绞线根据线对数量分为 25 对、50 对、100 对、250 对、300 对等规格,要根据电话语音系统的规模来选择 3 类大对数双绞线相应的规格及数量。

有线电视系统常采用同轴电缆或光缆作为干线电缆。

(7) 缆线的保护。

当缆线从一个建筑物到另一个建筑物时,易受到雷击、电源碰地、感应电压等影响,必须进行保护。如果铜缆进入建筑物时,按照 GB 50311 的强制规定必须增加浪涌保护器。

7.1.4　建筑群子系统的布线方法

建筑群子系统的缆线布设方式通常使用架空布线法、直埋布线法、地下管道布线法和隧道内布线法等。下面将详细介绍这 4 种方法。

(1) 架空布线法。

架空布线法通常应用于有现成电杆,对电缆的走线方式无特殊要求的场合。这种布线方式造价较低,但是影响环境美观且安全性和灵活性不足。架空布线法要求用电杆将缆线和建筑物之间悬空架设,一般先架设钢丝绳,然后在钢丝绳上挂放缆线。架空布线使用的主要材料和配件有缆线、钢线、固定螺栓、固定拉攀、预留架、U 形卡、挂钩和标志管等,如图 7-1 所示,在架设时需要使用滑车、安全带等辅助工具。

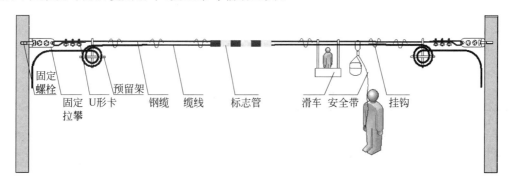

图 7-1　架空布线示意图

(2) 直埋布线法。

直埋布线法根据选定的布线路由在地面上挖沟,然后将缆线直接埋在沟内。直埋布线的电缆除了穿过基础墙的那部分电缆有管保护外,电缆的其余部分直埋于地下,没有保护。直埋电缆通常应埋在距地面 0.6m 以下的地方,或按照当地城管等部门的有关法规去施工。

当建筑群子系统采用直埋沟内敷设时,如果在同一个沟内埋入了其他的图像、监控电

建筑群和进线间子系统的设计与安装

缆,应设立明显的共用标志。

直埋布线法的路由选择受到土质、公用设施、天然障碍物(如木、石头)等因素的影响。直埋布线法具有较好的经济性和安全性,总体优于架空布线法,但更换和维护电缆不方便且成本较高。

(3) 地下管道布线法。

地下管道布线是一种由管道和入孔组成的地下系统,它把建筑群的各个建筑物进行互连,一根或多根管道通过基础墙进入建筑物内部的结构。地下管道对电缆起到很好的保护作用,因此电缆受损坏的机会减少,且不会影响建筑物的外观及内部结构。

管道埋设的深度一般为 0.8~1.2m,或符合当地城管等部门有关法规规定的深度。为了方便日后的布线,管道安装时应预埋一根拉线。为了方便缆线的管理,地下管道应间隔50~180m 设立一个接合井,以方便人员维护。接合井可以是预制的,也可以是现场浇筑的。

此外,安装时至少应预留 1~2 个备用管孔,以供扩充之用。地埋布线材料如图 7-2所示。

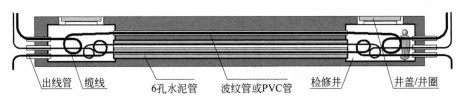

出线管　缆线　　6孔水泥管　　波纹管或PVC管　　检修井　　井盖/井圈

图 7-2　地埋布线材料图

(4) 隧道内电缆布线。

在建筑物之间通常有地下通道,大多是供暖供水的,利用这些通道来敷设电缆不仅成本低,而且可以利用原有的安全设施。如考虑到暖气泄漏等条件,电缆安装时应与供气、供水、供电的管道保持一定的距离,安装在尽可能高的地方,可根据民用建筑设施的有关条件进行施工。

以上叙述了管道内、直埋、架空、隧道 4 种建筑群布线方法,它们的优缺点如表 7-1所示。

表 7-1　4 种建筑群布线方法比较

方　　法	优　　点	缺　　点
地下管道布线法	提供最佳机械保护,任何时候都可敷设,扩充和加固都很容易,保持建筑物的外貌	挖沟、开管道和入孔的成本很高
直埋布线法	提供某种程度的机械保护。保持建筑物的外貌	挖沟成本高,难以安排电缆的敷设位置,难以更换和加固
架空布线法	如果有电线杆,则成本最低	没有提供任何机械保护,灵活性差,安全性差,影响建筑物美观
隧道内布线法	保持建筑物的外貌,如果有隧道,则成本最低、安全	热量或泄漏的热气可能损坏缆线,可能被水淹

7.2　进线间子系统的设计要点

进线间实际就是通常所说的进线室,是建筑物外部通信和信息管线的入口部位,并可作为入口设施和建筑群配线设备的安装场地。在智能化建筑中通常利用地下室部分。

1. 进线间的位置

一般一个建筑物设置一个进线间,同时提供给多家电信运营商和业务提供商使用,通常设于地下一层。外线可以从两个不同的路由引入进线间,有利于与外部管道沟通。进线间与建筑物红外线范围内的入孔或手孔采用管道或通道的方式互连。

由于许多的商用建筑物地下一层环境条件大大改善,可安装电、光缆的配线架设备及通信设施。在不具备设置单独进线间或入楼电、光缆数量级入口设施较少的建筑物也可以在入口处采用挖地沟或使用较小的空间完成缆线的成端与盘长,入口设施则可安装在设备间,最好是单独的设置场地,以便功能区分。

2. 进线间面积的确定

进线间因涉及因素较多,难以统一要求具体所需面积,可根据建筑物实际情况,并参照通信行业和国家的现行标准要求进行设计。

进线间应满足缆线的敷设路由、成端位置及数量、光缆的盘长空间和缆线的弯曲半径、充气维护设备、配线设备安装所需的场地空间和面积。

进线间的大小应按进线间的进局管道最终容量及入口设施的最终容量设计,同时应考虑满足多家电信业务经营者安装入口设施等设备的面积要求。

3. 缆线配置要求

建筑群主干电缆和光缆、公用网和专用网电缆、光缆及天线馈线等室外缆线进入建筑物时,应在进线间成端转换成室内电缆、光缆,并在缆线的终端处可由多家电信业务经营者设置入口设施,入口设施中的配线设备应按引入的电、光缆容量配置。

电信业务经营者或其他业务服务商在进线间设置入口配线设备应与 BD(建筑物配线设备)或 CD(建筑群配线设备)之间敷设相应的连接电缆、光缆,实现路由互通。缆线类型与容量应与配线设备相一致。

4. 入口管孔数量

进线间应设置管道入口。进线间缆线入口处的管孔数量应留有充分的余量,以满足建筑物之间、建筑物弱电系统、外部接入业务及多家电信业务经营者和其他业务服务商缆线接入的需求,建议留有 2～4 孔的余量。

进线间入口管道口所有布放缆线和空闲的管孔应采取防火材料封堵,做好防水处理。

5. 进线间的设计

进线间宜靠近外墙和在地下设置,以便于缆线引入。进线间的设计应符合下列规定:

(1) 进线间应防止渗水,应设有抽排水装置。

(2) 进线间应与布线系统垂直竖井沟通。

(3) 进线间应采用相应防火级别的防火门,门向外开,宽度不小于 1000mm。

(4) 进线间应设置防有害气体措施和通风装置,排风量按每小时不小于 5 次容积计算。

(5) 进线间如安装配线设备和信息通信设施时,应符合设备安装设计的要求。

(6) 与进线间无关的管道不宜通过。

6. 进线间入口管道处理

进线间入口管道所有布放缆线和空闲的管孔应采用防火材料封堵,做好防水处理。

习　题　7

1. 填空题

(1) 建筑群子系统由_____、_____、_____和_____等相关硬件组成。

(2) 建筑群子系统一般使用_____进行敷设。

(3) 建筑群的干线电缆、主干光缆布线的交接不应多于_____。

(4) 从每幢建筑物的楼层配线架到建筑群设备间的配线架之间只应通过_____。

(5) 电话系统常采用_____作为布线电缆。

(6) 建筑物外部通信和信息管线的入口部位是_____。

(7) 建筑群子系统的缆线布设方式通常使用_____、_____、_____和_____等。

2. 简答题

(1) 建筑群子系统的设计原则是什么?

(2) 进线间子系统的设计原则是什么?

(3) 比较建筑群子系统的4种布线方式,并说明其优缺点。

(4) 室外管道光缆施工时需要注意哪些问题?

第8章 综合布线系统的保护与安全隐患

本章要点：

- 了解系统保护的目的；
- 掌握屏蔽保护、接地保护、电气保护和防火保护。

8.1 系统保护的目的

近年来，随着建筑物各种用电设备的增多，设备之间的电磁兼容问题日趋突出。所谓电磁兼容，就是指电气设备在电磁环境中既能保持自己正常工作，又不对该环境中其他设备构成电磁干扰。一台电气设备的电信号，通过空间电磁传播引起的相邻其他设备性能下降，称为电磁干扰；电气设备在电磁干扰环境下使自身性能保持不降低的能力，称为抗干扰能力，又称抗扰度。

电磁干扰主要通过辐射、传导、感应三种途径传播。

8.1.1 电磁干扰

在建筑物中，信息技术设备的电磁干扰主要来自以下几个方面：

(1) 闪电雷击；

(2) 高压电力设备；

(3) 电网电压波动；

(4) 电力开头操作；

(5) 变频器、调光开关等节能器件；

(6) 数字电路装置；

(7) 高频振荡电路；

(8) 电气放电灯、荧光灯的整流器；

(9) 办公设备；

(10) 电动工具；

(11) 各种射频设备；

(12) 电梯、机动车。

这些电磁干扰源容易对附近的弱电系统引起干扰，造成系统信号失真。

8.1.2 电缆和配线设备的选择

(1) 当综合布线区域内存在的电磁干扰场强低于 3V/m 时，宜采用非屏蔽电缆和非屏蔽配线设备。

(2) 当综合布线区域内存在的电磁干扰场强高于 3V/m 时,或用户对电磁兼容性有较高要求时,可采用屏蔽布线系统和光缆布线系统。

(3) 当综合布线路由上存在干扰源,且不能满足最小净距要求时,宜采用金属管线进行屏蔽,或采用屏蔽布线系统及光缆布线系统。

如果局部地段与电力线等平行敷设,或接近电动机、电力变压器等干扰源,且不能满足最小净距要求时,可采用钢管或金属线槽等局部措施加以屏蔽处理。

8.1.3 防护措施

电缆既是电磁干扰的发生器,也是接收器。作为发生器,它辐射电磁波。灵敏的收音机、电视机和通信系统,会通过它们的天线、互连线和电源接收各种电磁波。电缆也能灵敏接收从其他邻近干扰源辐射的电磁波。为了抑制电磁干扰对综合布线系统产生的影响,必须采用防护措施。

下述情况,线路均处在危险环境之中,均应对其进行过压、过流保护。

(1) 雷击引起的影响;

(2) 工作电压超过 250V 的电力线接地;

(3) 感应电压上升到 250V 以上而引起的电源故障;

(4) 交流 50Hz 感应电压超过 250V。

满足下列任意条件的,可认为遭雷击的危险影响忽略不计:

(1) 该地区年雷暴日不超过 15 天,而且土壤电阻率小于 $100\Omega/m$;

(2) 建筑物之间的直埋电缆短于 42m,而且电缆的连续屏蔽层在电缆两端处都可靠接地;

(3) 电缆完全处于已经接地的邻近高层建筑物或其他高层结构避雷器所提供的保护伞之内,而且电缆有良好的接地装置。

8.2 屏蔽保护

为了减少外界的电磁干扰和自身的电磁辐射,可采用屏蔽措施,屏蔽保护的通常做法是将干扰源及受干扰元器件用金属屏蔽罩保护起来。

静电屏蔽的原理是,在屏蔽罩接地后,干扰电流经屏蔽外层短路接入地。

因此,屏蔽的妥善接地十分重要,否则不但不能减少干扰,反而会使干扰增大。同样,如果在电缆和相关连接件外层包上一层金属材料制成的屏蔽层,并有正确、可靠的接地,就可以有效地滤除外来的电磁干扰。

8.2.1 屏蔽保护特点

就综合布线系统而言,其整体性能取决于系统中最薄弱的线缆和相关连接件性能及其连接工艺,即综合布线系统中的配线架、线缆连接处、信息插座与插头接触处等环节是整个系统最易受到电磁干扰的环节,而且屏蔽线缆的屏蔽层在安装过程中倘若出现裂缝,则构成了屏蔽通道最薄弱的一环。

对于屏蔽通道而言,仅有一层金属屏蔽层是不够的,更重要的还要用正确、良好的接地装置,把干扰有效地引入大地,才能保证信号在屏蔽通道中安全、可靠地传输。接地装置中的接地导线、接地方式等,都对接地的效果有一定的影响。

当信号频率低于1MHz时,屏蔽通道可一个位置接地;当频率高于1MHz时,屏蔽通道应在多个位置接地。通常的做法是在每隔波长1/10的长度处接地(以10MHz的信号为例,应在每隔3.0m处接地)。而接地线的长度应短于波长的1/12(以10MHz的信号为例,接地线应短于2.5m)。接地导线应使用外包绝缘套的截面积大于4m㎡的多股铜芯导线。

为了消除电磁干扰,除了要求屏蔽层没有间断点外,同时还要求整体传输通道必须达到完全连续的360°全程屏蔽。一个完整的屏蔽通道要求处处屏蔽,一旦有任何一点的屏蔽不能满足要求,将会影响到通道的整体传输性能。对一个点对点的连接通道来说,这个要求很难达到。因为其中的信息插口、跳接线等,都很难做到完全屏蔽,再加上屏蔽层的腐蚀、氧化、破损等因素,没有一个通道能真正做到全程屏蔽,因此,采用屏蔽双绞电缆并不能完全消除电磁干扰。另外,屏蔽层接地点安排不正确而引起的电压差也会导致接地噪声,比如接地电阻过大、接地电位不平衡等。这样在传输通道的某两点间便会产生电势差,进而产生金属屏蔽层上的电流,这时屏蔽层本身就会成为一个最大的干扰源,因而导致其性能远不如非屏蔽双绞电缆,而且屏蔽双绞电缆在传输高频信号时,需要多端接地,这样就有可能在屏蔽层上产生电势差,即使多点接地也无法完全避免电磁干扰。

此外,施工中的磕碰也会造成屏蔽层的破裂,进而引起电磁干扰,增加与外界环境的电磁耦合,使得一对双绞线间电磁耦合相对减小,从而降低线对间的平衡性,也就不能通过平衡传输来避免电磁干扰了。

8.2.2 传输原理

在一个平衡传输的非屏蔽对绞通道中,所接收的外部电磁干扰在传输中同时载在一对线缆的两根导体上,形成大小相等、相位相反的两个电压,到达接收端时彼此相互抵消来达到消除电磁干扰的目的。同时,一对双绞线的绞矩与所能抵抗的外部电磁干扰是成正比的,非屏蔽双绞电缆就是利用了这一原理,并结合滤波与对称性等技术,经由精确的设计与制造而成。

非屏蔽双绞线平衡传输原理如图8-1所示。屏蔽双绞线非平衡传输原理如图8-2所示。

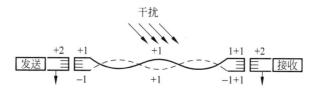

图 8-1　非屏蔽双绞线平衡传输原理

为什么非屏蔽双绞电缆具有良好的平衡性,而屏蔽双绞电缆的平衡性较差?主要原因是非屏蔽双绞电缆内的两条导线的相互对偶很强,而与外围环境的对偶很弱。因此两条导

综合布线系统的保护与安全隐患

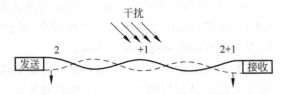

图 8-2 屏蔽双绞线非平衡传输原理

线之间的差异,只会降低少许的平衡。至于屏蔽双绞电缆内的两条导线,与屏蔽的对偶较强,而与另一条导体的对偶较弱。因此导线间的差异会出现以下情况:

(1) 屏蔽改变整条电缆的电容耦合,从而衰减增加;

(2) 信号输出端的平衡(LCL)降级。

信号输出的平衡降级,将在电缆内的线对间引导起强大的耦合共模信号,从而在屏蔽层上引起强烈的耦合。因此屏蔽层必须有良好的接地。

任何金属物体靠近导体都会引起传输线的不平衡。因此,在导体上的屏蔽是一种互为因果的做法:屏蔽会降低平衡,产生过量的不平衡零碎信号。屏蔽层越接近导体,导体对环境的对偶便越强,而平衡特性来说,非屏蔽双绞电缆较好,而屏蔽双绞电缆则较差。

在电磁干扰比较强或不允许有电磁辐射的环境中,若能严格按照安装工艺施工,并有可靠的接地通道,做到全程通道的屏蔽,那么,屏蔽通道的传输性能必定好于非屏蔽通道。如阿尔卡特的综合布线系统,就采用了全程屏蔽技术,既能抗电磁干扰,也能控制自身的电磁辐射对环境造成的影响。

传输速率或信号频率越高,通信系统对干扰越敏感。当达到一定程度时,非屏蔽双绞电缆在既要保持信噪比又要控制辐射方面,就显得束手无策。这是由于当信号频率高到一定程度时,就要降低信号电压,以控制辐射,但线路上的衰减又降低了接收端的信号电压,结果导致整体串扰和外部干扰以及信号的衰减都不能避免。屏蔽通道最主要的优势在于:可以不考虑安装双绞电缆通道时的平衡问题,提高了抗干扰能力,以适应特殊的干扰环境或对电磁辐射要求比较高的环境。

从上面的讨论可以看出,采用屏蔽通道还是非屏蔽通道,在很大程度上取决于综合布线的安装工艺和应用环境。在欧洲,占主流的是屏蔽通道,德国甚至通过立法手段进行要求。然而在综合布线使用量最大的北美,则推行非屏蔽通道。

8.2.3 屏蔽线缆的应用

在选用屏蔽电缆和相关连接件时,要认真考虑下列问题:

(1) 在 GB 50311-2007 版标准以前,屏蔽式 8 芯模块化插头和插座尚没有标准。不同厂家之间的插头/插座之间兼容问题、屏蔽的有效程度及插头的接触面能否长期保持稳定等方面均尚无定论。

相比 GB 50311-2000 标准而言,现在对屏蔽布线系统进入了全面应用阶段。随着屏蔽双绞线的推陈出新,在新版标准中,明确了四种具有代表性的屏蔽双绞线结构,这使屏蔽双绞线不再是一个笼统的概念,而开始进入了对屏蔽性能的理性应用阶段。

过去,屏蔽双绞线用的代号是 SCTP、STP、FTP、SFTP,在双绞线的屏蔽结构只是在双绞线芯线外添加丝网或(和)铝箔时,这些符号能够说明屏蔽的结构,但是,在屏蔽层武装到每对芯线时,这4个符号都变得模糊不清了,因为它们无法准确地说明新出现的屏蔽结构。

为了解决这个问题,新版国标引用了 ISO 11801-2002 中对屏蔽结构的定义,使用"/"作为四对芯线总体屏蔽与每对芯线单独屏蔽的分隔符,使用 U、S、F 三个字母分别对应非屏蔽、丝网屏蔽和铝箔屏蔽,通过分隔符与字母的组合,形成了对屏蔽结构的真实描写,例如:非屏蔽结构为 U/UTP。当前最常见的四种屏蔽结构分别为:F/UTP(铝箔总屏蔽)、U/FTP(铝箔线对屏蔽)、SF/UTP(丝网+铝箔总屏蔽)和 S/FTP(丝网总屏蔽+铝箔线对屏蔽)。

从原理上说,丝网与铝箔的合理搭配可以充分发挥两种不同材质、两种不同造型的金属材料的组合屏蔽性能。从这个意义上说,新的四组屏蔽符号代表着4个不同等级的屏蔽双绞线.

(2)随着综合布线系统的普及和安全保密工作越来越受人们所重视,综合布线系统已经用于有安全保密要求的工程。因此,在新版规范中,提出了对涉密工程中综合布线系统的要求,其中包括与其他线缆之间的间距和单独敷设要求。

根据国家有关标准,涉密工程的缆线明确要求采用屏蔽双绞线或光缆,如果使用非屏蔽双绞线,则要求线与线之间的间距在 1m 以上。

(3)屏蔽电缆和相关连接倘若安装不当,达不到整体的屏蔽完整性,其性能将比非屏蔽电缆和相关连接更差。

屏蔽双绞线的屏蔽层端接其实不难,但需要掌握必要的规则。在规范中已经提出了这一要求,要求对编织层或金属箔与汇流导线进行有效的端接。

在欧洲的综合布线安装标准 EN 50174.2-2001 中,曾经要求:有丝网编织层的双绞线(典型产品为 SF/UTP 和 S/FTP),只需要对丝网进行接地端接;只有铝箔的双绞线(典型产品为 F/UTP 和 U/FTP),要求铝箔和接地导线一起接地端接。

(4)现场测试屏蔽双绞电缆传输通道的方法,对性能测试不仅仅采用典型值,而是要求符合拟合曲线。

在过去的综合布线规范中,往往一个技术参数(如 NEXT 等)需要测数千个频率点的数据,其中每一个频率点的数据都符合要求,才能认为该技术参数合格。而这些数据以频率为横坐标,就可以形成一条时高时低的曲线。在测试仪器中,检查这些数据是否合格则是用一条理想的曲线作为分界线。

在新版规范中,使用了与 ISO 11801-2002 完全相同的拟合曲线公式作为验收综合布线系统的标准参数,其意义就在于现在的验收测试不仅仅是在几个频率点上要符合要求,而且要求在整个频率段上都能符合要求。

当系统集成商需要证明自己所做的工程是符合国家标准 GB 50312-2007 的,就需要使用支持 GB 50312-2007 的性能测试仪。

在目前的综合布线工程中,工程往往还无法做到 100% 的性能合格,而验收则通常采用了抽检方式。在新规范中,提出了符合现实情况的合格判据,及要求验收合格率达到 99% 的判断方法。对于施工人员而言,这一方面避免了绝对化和理想化,使验收测试具有可操作性。

(5)目前非屏蔽电缆和相关连接件技术较为成熟,安装工艺比较简单,它们组成的传输

综合布线系统的保护与安全隐患

通道,可以满足建筑物信息传输的需要。如果综合布线环境极为恶劣,电磁干扰强,信息传输率又很高,可以直接使用光缆,以满足电磁兼容性的需求。

8.3 接 地 保 护

8.3.1 接地要求

综合布线采用屏蔽措施时接地要与设备间、配线间、进线间放置的应用设备接地一并考虑。

符合应用设备要求的接地也一定满足综合布线接地的要求,所以先讨论进线间、设备间或机房的接地问题。

进线间、机房或设备间的接地,按其不同的作用分为直流工作接地、交流工作接地和安全保护接地。此外,为了防止雷电的危害而进行的接地叫作防雷保护接地;为了防止可能产生或聚集静电荷而对用电设备等所进行的接地叫作防静电接地;为了实现屏蔽作用而进行的接地叫作屏蔽接地或隔离接地。

在国家标准 GB 50311-2007《综合布线系统工程设计规范》、GB 50174-2008《电子信息系统机房设计规范》和 GB 2887-89《计算站场地技术条件》中规定如下:

(1) 直流工作接地电阻的大小、接法以及诸地之间的关系应依不同微电子设备的要求而定,一般要求该电阻不应大于 4Ω。

(2) 交流工作接地的接地电阻不应大于 4Ω。

(3) 安全保护接地的接地电阻不应大于 4Ω。

(4) 防雷保护接地的接地电阻不应大于 10Ω。

(5) 采用联合接地方式的接地电阻不应大于 1Ω。

接地是以接地电流易于流动为目标,接地电阻越低,则接地电流越容易流动。尽量减少成为干扰原因的电位变动,接地电阻越低越好。

在处理微电子设备的接地时要注意下述两点:

(1) 信号电路和电源电路、高电平电路和低电平电路不应使用共地回路。

(2) 灵敏电路的接地,应各自隔离或屏蔽,以防地线电回流或静电感应而产生干扰。

8.3.2 电缆接地

在建筑物入口区、高层建筑物的每个楼层配线间以及低矮而又宽阔的建筑物的每个二级交接间都应设置接地装置,并且建筑物入口区的接地装置必须位于保护器处或尽量接近保护器。

干扰电缆的屏蔽层必须用截面积为 4mm^2 的多股铜芯线,焊接到干线所经过的配线间或二级交换间的接地装置上,而且干线电缆的屏蔽必须保持连续性。

建筑物引入电缆的屏蔽层必须焊接到建筑物入口区的接地装置上。

各配线间或二级交接间的接地线应采用一根多股铜芯线接地母线焊接起来,再接到接地体。高层建筑物的接地用线应尽可能位于建筑物的中心部位。

对于面积比较大的配线间、设备间、进线间,由于放置的应用设备比较多,接地线应该采取格栅方式,尽可能使配线间或设备间内各点等电位。接地线的面积应根据楼层高度来计算。

非屏蔽干线电缆应放在金属线槽或金属管内。金属线槽(管)接头连接应牢靠,保持电气连通,所经过的配线间用截面积为 6mm² 的编制铜带连接到接地装置上。

接地电阻值应根据应用系统的设备接地要求来定,通常电阻值不宜大于 1Ω。

当综合布线连接的应用设备或邻近有强电磁场干扰,而对接地电阻提出更高的要求时,应取其中最小值作为设计依据。

接地装置的设计可参考国家标准 GB 50174-2008《电子信息系统机房设计规范》、GB 50311-2007《综合布线系统工程设计规范》、GB 50348-2004《安全防范工程技术规范》、GB 50343-2004《建筑物电子信息系统防雷技术规范》和 GB 50169-1992《电气装置安装工程接地装置施工及验收规范》等有关规定执行。

8.3.3 配线架(柜)接地

每个楼层配线架接地端子应当可靠地接到配线间的接地装置上。

(1)从楼层配线架至接地体的接地导线直流电阻不能超过 1Ω,并且要永久地保持其连通。

(2)每个楼层配线架(柜)应该并联连接到接地体上,不应串联。

(3)如果应用系统内有多个不同的接地装置,这些接地导体应该相互连接,以减少接地装置之间的电位差。

(4)布线的金属线槽或金属管必须接地,以减少电磁场干扰。

(5)配线间中的每个配线架(柜)均要可靠地接到配线架(柜)的接地排上,其接地导线截面积应大于 2.5mm²,并且接地电阻要小于 1Ω。

屏蔽系统与有源设备之间的接地关系如图 8-3 所示。

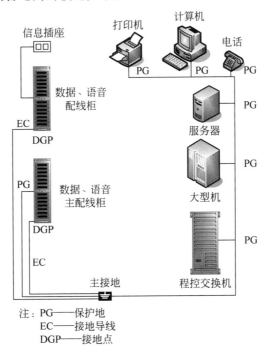

注:PG——保护地
　　EC——接地导线
　　DGP——接地点

图 8-3　屏蔽系统与有源设备之间的接地

综合布线系统的保护与安全隐患

8.4 电气保护

8.4.1 过压保护

综合布线的过压保护可选用气体放电管保护器或固态保护器,将它并联在线路中。

气体放电管保护器使用断开或放电空隙来限制导体和地之间的电压,放电空隙粘在陶瓷外壳内密封的两个金属电柱之间,其间有放电间隙,并充有惰性气体。当两个电极之间的电位差超过250V交流电压或700V雷电浪涌电压时,气体放电管开始出现电弧,为导体和地电极之间提供一条导电通路。

固态保护器适合较低的击穿电压(60～90V),而且其电路不可有振铃电压,它利用电子电路将过量的有害电压泄放至地,而不影响传输线缆的质量。固态保护器是一种电子开关,在未达到击穿电压时,其性能对电路来说是透明的,可进行快速、稳定、无噪声、绝对平衡的电压嵌位。一旦超过击穿电压,便将过压引入地,然后自动恢复到原来状态。在这一典型的保护环境中,它将无限地重复该过程。

固态保护器为综合布线提供了最佳的保护,不久它将逐步取代气体放电管保护器。

8.4.2 过流保护

综合布线的过流保护宜选用能够自动恢复的保护器。

电缆的导线上可能出现这样或那样的电压,如果连接设备为其提供了对地的低阻通路,它就不足以使过压保护器动作,但所产生的电流可能会损坏设备而着火。例如,220V电压不足以使过压保护器放电,但有可能产生大电流进入设备。因此,必须在采取过压保护的同时采用过流保护。

过流保护器串联在线路中,当发生过流时就切断线路。为了方便维护,可采用能自动恢复的过流保护器。目前过流保护器有热敏电阻和雪崩二极管可供选用,但价格高,故可选用热线圈或熔丝。

热线圈和熔丝都具有保护综合布线的特性,但工作原理不同,热线圈在动作时将导体接地,而熔丝在动作时将导体断开。一般情况下,过流保护器电流值为350～500mA时将起作用。

在建筑物综合布线中,只有少数线路需要过流保护,设计人员可尽量选用自动恢复的保护器。

对于传输速率较低的线路,如语音线路,使用熔丝比较容易管理。

图8-4是程控用户交换机(PBX)的寄生电流保护线路。

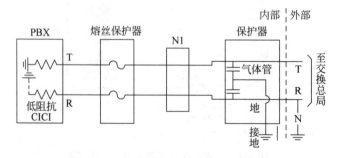

图8-4 PBX的寄生电流保护线路

8.4.3 综合布线线缆与电力电缆的间距

1. 双绞线电缆与电磁干扰源之间的间距

双绞线电缆正常运行环境的一个重要指标是在电磁干扰源与双绞线电缆之间应有一定的距离。表 8-1 给出了电磁干扰源与双绞线电缆之间最小推荐距离（电压小于 380V）。

表 8-1　双绞线电缆与电磁干扰源之间的最小分隔距离

干扰源种类	<2kVA	2～5kVA	>5kVA
接近于开放或无电磁隔离的电力线或电力设备	127mm	305mm	610mm
接近于接地金属导体通路的无屏蔽电力线或电力设备	64mm	152mm	305mm
接近于接地金属导体通路的封装在接地金属导体内的电力线		76mm	305mm
变压器和电动机	800mm	1000mm	1200mm
日光灯		305mm	

表 8-2 中最小分隔距离是指双绞线电缆与电力线平行布线的距离。垂直交叉布线时，除考虑变压器、大功率电动机的干扰外，其余干扰可忽略不计。

对于电压大于 380V，并且功率大于 5kVA 的情况，需进行工程计算以确定电磁干扰源与双绞线电缆分隔距离（L）。计算公式如下：

$$L = （电磁干扰源功率 \div 电压）\div 131（m）$$

例：若有一个 36kVA 的电动机，380V 的电压线路，双绞线电缆与之相离的距离为：

$$（36000 \div 380）\div 131 = 0.72（m）$$

2. 光缆与其他管线的间距

光缆敷设时与其他管线之间的最小净距应符合表 8-2 的规定。

表 8-2　光缆与其他管线之间的最小净距

走线方式	范围	最小间隔距离/m	
		平　行	交　叉
市话管道边线（不包括入孔）	—	0.75	0.25
非同沟的直埋通信电缆	—	0.50	0.50
市话管道边线（不包括入孔）	—	0.75	0.25
非同沟的直埋通信电缆	—	0.50	0.50
直埋式电力电缆	<35kV	0.65	0.50
	>35kV	2.00	0.50
给水管	管径 30～50cm	1.00	0.50
	管径>50cm	1.50	0.50

8.4.4 室外电缆的入室保护

在新规范中添加了对室外铜缆进线的浪涌保护要求，它要求所有的铜缆在进入建筑物时都必须进行浪涌保护。这一点写入综合布线规范，并提升到了强制条款，有助于保护人身安全和设备安全，使雷击所带来的破坏作用大幅度下降。

室外电缆线进入建筑物时，通常在入口处经过一次转接进入室内。在转接处应加上电气保

综合布线系统的保护与安全隐患

护装置,这样可以避免因电缆受到雷击、感应电势或电力线接触而给用户弱电设备带来的损坏。

这种电气保护主要分成两种:过压保护和过流保护。这些电气保护装置通常安装在建筑物的入口专用房间或墙面上。在大型建筑物(群)中需要设专用房间。建筑物接地保护伞如图 8-5 所示。

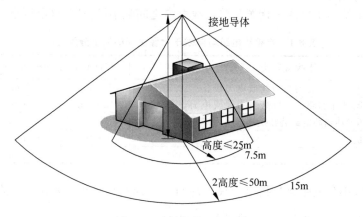

图 8-5　建筑物接地保护伞

8.5　防火保护

为了防火和防毒,在易燃的区域和大楼竖井内,综合布线所用的线缆应为阻燃型或应有阻燃护套,相关连接件也应采用阻燃型的。如果线缆穿在不可燃的管道内,或在每个楼层采用切实有效的防火措施,火势不会反生蔓延时,可采用非防燃型的。

如果采用防火、防毒的线缆和连接件,在火灾发生时,不会或很少散发有害气体,对疏散人员和救火人员都有较大的便利。

在 GB 50311-2007 正文中提出了防火和耐火的总体要求,在条文说明中对室内型综合布线线缆的阻燃性能提出了等级要求,这与相关的国际标准基本一致,也是今后阻燃级线缆将迈上的必然道路。但是,在条文说明中没有提出耐火性能等级要求,也许因为是标准分工的原因,阻燃和耐火的具体要求已经归入了其他专项标准的管辖范围。

在国际 IEC 标准中,阻燃标准属于 IEC 60332 系列,耐火标准属于 IEC 60331 系列,它们的作用完全不一样。阻燃是指线缆在标准火焰中允许火沿着线缆蔓延的长度,它代表着线缆是否会成为火势蔓延的导线。耐火是指线缆在标准火焰中能够继续的工作时间,它代表着起火后设备能够继续保持传输能力的时间。

从应用目的来看,阻燃系列线缆的侧重点是在火灾发生后,尽可能减少因线缆引起逃生人员的死亡概率和减缓火势蔓延,为此它的工作温度上限大多低于 500℃;耐火系列线缆的侧重点是在温度 750℃ 以上火焰中仍然能够保证线缆正常工作 30～90 分钟。

对于消防应急广播系统、机房计算机备份系统而言,如果它们要通过传输达到救人或保存数据的目的,那它们所需要的线缆应该符合 IEC 60331 标准。能够同时符合 IEC 60331 标准和 IEC 60332 标准,那自然是同时兼顾了两种不同的使用要求。

对于消防应急广播系统而言,它有两种线缆可能会要求在火焰下继续工作:其一,连接扬声器的线缆(尽管目前国内的扬声器根本不具有耐火能力,但火场中的扬声器并非全部处于火焰之中);其二,对于分布式广播系统而言,各模块之间的通信线缆需要具有耐火能力,否则将会出现火场紧急广播中断的现象。

目前,阻燃防毒的线缆有以下几种:

(1) 低烟无卤阻燃型(LSHF-FR)。不易燃烧,释放 CO(一氧化碳)少,低烟,不释放卤素,危害性小。

(2) 低烟无卤型(LSOH)。有一定的阻燃能力。在燃烧时释放 CO,但不释放卤素。

(3) 低烟非燃型(LSNC)。不易燃烧,释放 CO 少,但释放少量有害气体。

(4) 低烟防燃型(LSLC)。情况与 LSNC 类同。

如果线缆所处环境既有腐蚀性,又有雷击可能时,选用的线缆除了要有外护层外,还应有复式铠装层。

习　题　8

1. 填空题

(1) 电磁干扰主要通过＿＿＿＿、＿＿＿＿和＿＿＿＿三种途径传播。

(2) 采用屏蔽通道还是非屏蔽通道主要取决于＿＿＿＿的安装工艺和应用环境。

(3) 直流工作接地电阻的大小不应大于＿＿＿＿Ω。

(4) 若有一个 36kVA 的电动机,380V 的电压线路,则双绞线电缆与之相离的距离为＿＿＿＿。

2. 简答题

(1) 综合布线系统保护的目的是什么?

(2) 电磁干扰主要有哪几种传播途径?

(3) 信息技术设备的电磁干扰主要来自哪几个方面?

(4) 在什么情况下应进行过压、过流保护?

(5) 如何进行屏蔽保护接地?

(6) 什么是双绞线平衡传输原理? 什么是双绞线非平衡传输原理?

(7) 接地要求标准值是多少欧姆?

(8) 接地距离与导线直径的关系是什么?

(9) 简述双绞线电缆与电磁干扰源之间的最小分隔距离。

(10) 阻燃防毒的线缆有哪几种?

综合布线系统的保护与安全隐患

第9章 建筑综合布线工程测试与验收

本章要点：

- 掌握验证测试和认证测试的概念；
- 了解测试的标准；
- 掌握链路测试和通道测试的区别；
- 掌握测试的技术参数；
- 熟悉测试仪器的使用。

9.1 综合布线测试的基础

9.1.1 测试种类

从工程的角度可将综合布线工程测试分为两类：验证测试和认证测试。

验证测试一般是在施工的过程中由施工人员边施工边测试，以保证所完成的每一个连接的正确性。

认证测试是指对布线系统依照标准进行逐项检测，以确定布线是否达到设计要求，包括连接性能测试和电器性能测试。认证测试通常分为自我认证和第三方认证两种类型。

（1）自我认证。

这项测试由施工方自行组织，按照设计施工方案对工程所有链路进行测试，确保每一条链路都符合标准要求。如果发现未达到标准的链路应进行整改，直至复测合格。同时，编制确切的测试技术档案，写出测试报告，交建设方存档。测试记录应当做到准确、完整、规范，便于查阅。由施工方组织的认证测试，可邀请设计、施工监理多方参与，建设单位也应派遣网络管理人员参加这项测试工作，以便了解整个测试过程，方便日后管理与维护。

（2）第三方认证。

越来越多的建设方既要求布线施工方提供布线系统的自我认证测试，同时也委托第三方对系统进行验收测试，以确保布线施工的质量，这是综合布线验收质量管理的规范。

认证测试使用专门的认证测试仪，验证测试用简单的验证测试仪完成。

验证测试又叫随工测试，是边施工边测试，主要检测线缆质量和安装工艺，及时发现并纠正所出现的问题。

认证测试又叫验收测试，是所有测试工作中最重要的环节，是在工程验收时对布线系统的安装、电气特性、传输性能、设计、选材以及施工质量的全面检验。

鉴定测试：

① 鉴定测试是在验证测试的基础上再加上对布线链路上一些网络应用情况的基本检测，带有一定的网络管理功能。

② 鉴定测试仪能判定被测试链路所能承载的网络信息量的大小。

③ 鉴定测试仪能诊断常见的可导致布线系统传输能力受限制的线缆故障。

④ 不可能替代线缆认证测试仪。

从线缆的角度可将综合布线工程测试分为两类：双绞线链路测试和光纤链路测试。

9.1.2 综合布线系统测试涉及的标准

（1）国际标准的制定和应用情况。

TSB—67 规范包括以下内容：

① 定义了现场测试用的两种测试链路结构。

② 定义了 3 类、4 类、5 类链路需要测试的传输技术参数（包括接线图、长度、衰减和近端串扰损耗）。

③ 定义了在两种测试链路下各技术参数的标准值（阈值）。

④ 定义了对现场测试仪的技术和精度要求。

⑤ 现场测试仪测试结果与试验室测试仪器测试结果的比较。

（2）我国综合布线标准和测试标准制定执行状况，如表 9-1 所示。

表 9-1　国家及行业标准

序号	标 准 编 号	标 准 名 称
1	GB 50311-2007	《综合布线系统工程设计规范》
2	GB 50312-2007	《综合布线系统工程验收规范》
3	YD/T 926.1～3(2000)	《大楼综合布线总规范》
4	YD/T 1013-1999	《综合布线系统电气性能通用测试方法》
5	YD/T 1019-2000	《数字通信用实心聚烯烃绝缘水平对绞电缆》

9.2　双绞线链路测试

9.2.1　双绞线链路测试

布线系统中双绞线链路有 3 类、4 类、5 类、超 5 类和 6 类，测试时根据相应标准，应明确不同类别链路的最高工作，即 3 类连接链路的最大工作频率为 16MHz（适用于传输模拟话音）；4 类连接链路的最大工作频率为 20MHz（不常用）；5 类连接链路的最大工作频率为 100 MHz；超 5 类、6 类及同类别器件（接插器件，连接头插座、跳线）链路的最大工作频率为 200～250MHz。

不管对哪一类链路，测试的连接方式有链路和通道两种。

（1）基本连接（EIA 568B 中称为"永久链路"）方式。

基本链路用来测布线系统中的固定链路部分，由于布线承包者通常只负责这部分的链路安装，基本链路被称为承包者链路，它包括最长不超过 90m 的水平布线，两端可分别有一个连接点以及用于测试的两条各 1~2m 长的连接线。

(2) 通道连接方式。

通道链路用来测试端到端的链路整体性能,又被称为用户链路,包括 100m 的水平电缆,一个工作区附近的转接点,在配线架上的两处连接以及总长未超过 10m 的连接线和配线架跳线。

这两者最大的区别是基本链路不包括用户端使用的电缆,而通道是作为一个完整的端到端链定义的,它包括了连接网络站点,HUB 的全部链路,其中用户的末端电缆是链路的一部分,必须与测试仪相连。

9.2.2　测试结果不合格的问题分析

在实际测试时,发现有一些测试项目会不合格,具体原因分析如下:

(1) 接线图(连接通断)不合格。

可能的原因有线对串接、交叉;端接头短路、开路、破损;发送端、接收端跨接。在施工过程中具体表现可能是把两端线头上的标签标错;线布成 U 线,叫回头线(大部分都是在一间大房间内布线出现的问题);线缆被重物砸着(或人为因素)。

(2) 长度超长。

可能原因有实际长度过长;开路或断路;设备连线或跨接线过长。

(3) 衰减过大。

可能原因有布线超长;线缆连接质量(故障);线缆(器材)质量或非同一类产品;温度过高。

(4) 近端串扰不合格。

可能原因有端接点接触不好;近端连接点短路;串对;外部干扰;线缆(器材)质量或非同一类产品。

知道了测试项目不合格的可能原因,需要结合实际情况逐一验证,找到真正原因作进一步的处理。但布线系统最终是要支持各类数据的传输,最终还需要用户应用的检验。有时会遇到各项测试指标均合格,而用户使用时连接不正常或传输速率太慢等情况(特别是使用了一段时间后),这时通常是工作环境发生了变化或存在间歇性干扰,除了需要重新测试核实测试结果,进行常规处理外,最极端的情况就是信息点废弃。所以在设计阶段也应充分进行现场调查,必要时提供备份链路。

9.2.3　测试仪器

在综合布线工程中,用于测试双绞线链路的设备通常有通断测试与分析测试两类。前者主要用于链路的简单通断性判定,如图 9-1 所示。后者用于链路性能参数的确定,如图 9-2 所示。下面主要介绍 DTX 系列产品的性能和测试模型。

(1) 测试软件。

LinkWare 软件可完成测试结果的管理,可提供灵活的报告,具有强大的统计功能。

(2) 测试仪器精度。

测试结果中出现"＊",表示该结果处于测试仪器的精度范围内,测试仪无法准确判断。测试仪器的精度范围也被称为"灰区",精度越高,"灰区"范围越小,测试结果越可信。图 9-3 显示了 FLUKE 测试仪成功和失败的灰区结果。影响测试仪精度的因素有高精度的永久链路适配器和匹配性能好的插头。

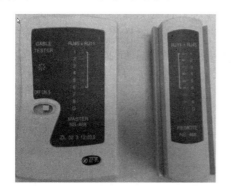

图 9-1　"能手"测试仪

图 9-2　FLUKE DTX 系列产品

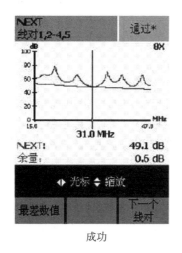

成功

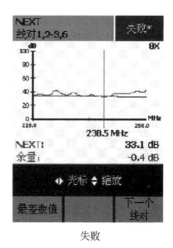

失败

图 9-3　测试结果

9.2.4　测试模型

1. 基本链路模型

基本链路模型包括三个部分：最长为 90m 的建筑物中固定的水平布线电缆、水平电缆两端的接插件（一端为工作区信息插座，另一端为楼层配线架）和两条与现场测试仪相连的 2m 测试设备跳线。基本链路连接模型应符合图 9-4 所示的方式。

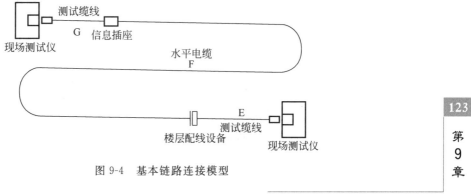

图 9-4　基本链路连接模型

建筑综合布线工程测试与验收

2. 信道模型

信道是指从网络设备跳线到工作区跳线间端到端的连接,它包括了最长为 90m 的建筑物中固定的水平布线电缆、水平电缆两端的接插件(一端为工作区信息插座,另一端为楼层配线架)、一个靠近工作区的可选的附属转接连接器、最长为 10m 的在楼层配线架上的两处连接跳线和用户终端连接线,信道最长为 100m,如图 9-5 所示。

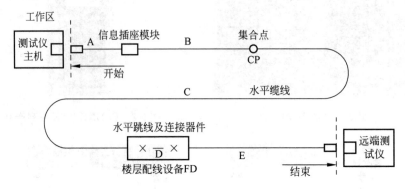

图 9-5　信道连接模型

基本链路和信道的区别在于基本链路不含用户使用的跳接电缆(配线架与交换机或集线器间的跳线、工作区用户终端与信息插座间跳线)。测试基本链路采用测试仪专配的测试跳线连接测试仪的接口,而测试信道时直接用链路两端的跳接电缆连接测试仪接口。

3. 永久链路模型

永久链路又称为固定链路,它由最长为 90m 的水平电缆、水平电缆两端的接插件和转接连接器组成,如图 9-6 所示。H 为从信息插座至楼层配线设备(包括集合点)的水平电缆,H≤90m。其与基本链路的区别在于基本链路包括两端的 2m 测试电缆。在使用永久链路测试时可排除跳线在测试过程中本身带来的误差,从技术上消除了测试跳线对整个链路测试结果的影响,使测试结果更准确、合理。

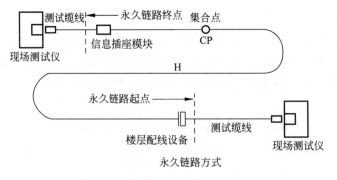

图 9-6　永久链路连接模型

图 9-7 显示了三种测试模型之间的差异性,主要体现在测试起点和终点的不同、包含的固定连接点不同和是否可用终端跳接线等。

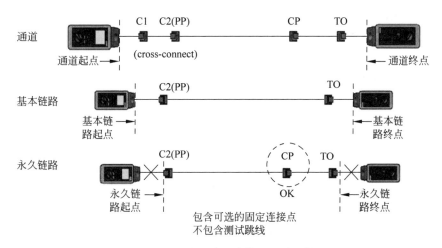

图 9-7 三种链路连接模型差异比较

9.2.5 测试标准

布线的测试首先是与布线的标准紧密相关的。近几年来,布线的标准发展得很快,主要是由于有像千兆以太网这样的应用需求在推动着布线性能的提高,由此导致了对新的布线标准的要求加快。布线的现场测试是布线测试的依据,它与布线的其他标准息息相关,在此对这些标准进行逐一的简单介绍,更详细的资料可以直接参考标准原件。

1. ISO/IEC 11801 通用用户端电缆标准
- 定义与应用无关的开放系统。
- 定义有灵活性的电缆结构,使得更改方便和经济。
- 给建筑专业人员提供一个指南,确定在未知特定要求之前的电缆结构。
- 定义电缆系统支持当前应用以及未来产品的基础。

发展史:
- 1995 年发布 D 级(相当于 Cat5)。
- 2000 年发布 D 级(相当于 Cat5e)。
- 2002 年发布 E 级(相当于 Cat6)。

2. 中国国家与行业标准
- GB 50312-2007:综合布线工程验收规范。
- GB/T 18233-2000(准备修订):信息技术用户建筑群的通用布线。
- YD/T 926.1-2001:大楼通信综合布线系统第 1 部分:总规范。
- YD/T 1013-1999:综合布线系统电气特性通用测试方法。

3. TIA 标准
- 568-B 商业建筑通信布线标准。
- 569 商业建筑电信通道及空间标准。
- 570 住宅电信布线标准。
- 606 商业建筑物电信基础结构管理标准。
- 607 商业建筑物接地和接线规范。

4. ANSI TIA/EIA 568 测试标准的发展

发展史:

- Cat5:1995 年 10 月发布。
- Cat5e:2000 年 1 月发布。
- Cat6e:2002 年 6 月发布。

标准分为三部分:

- 568-B.1:第一部分(一般要求)。
- 568-B.2:第二部分(平衡双绞线布线系统)。
- 568-B.3:第三部分(光纤布线部件标准)。

Cat6 测试标准如下:

- 频率范围为 1~250MHz。
- 取消了基本链路的测试模型。
- 改善了在串扰和回波损耗方面的性能。
- 保证在 200MHz 时的 ACR 余量大于 0。
- 高于 Cat5e 布线系统 1.5 倍的传输带宽。

9.2.6 测试技术参数

综合布线的双绞线链路测试中,需要现场测试的参数包括接线图、长度、传输时延、插入损耗、近端串扰、综合近端串扰、回波损耗、衰减串扰比、等效远端串扰和综合等效远端串扰等。下面介绍比较重要的几个参数。

1. 接线图

接线图的测试主要测试水平电缆终接在工作区或电信间配线设备的 8 位模块式通用插座的安装连接是否正确。正确的线对组合为 1/2、3/6、4/5、7/8,分为非屏蔽和屏蔽两类,对于非 RJ-45 的连接方式按相关规定要求列出结果,布线过程中可能出现以下正确或错误的连接图测试情况。图 9-8 所示为正确接线的测试结果。

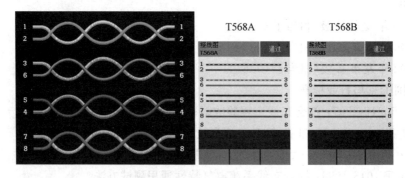

图 9-8　正确接线图

对布线过程中出现错误的连接图测试情况分析如下:

- 开路:双绞线中有个别芯对没有正确连接,图 9-9 显示第 8 芯断开,且中断位置分别距离测试的双绞线两端 22.3m 和 10.5m 处。
- 短路:双绞线中有个别芯对铜芯直接接触,图 9-10 显示 3、6 芯短路。
- 反接/交叉:双绞线中有个别芯对交叉连接,图 9-11 显示 1、2 芯交叉。

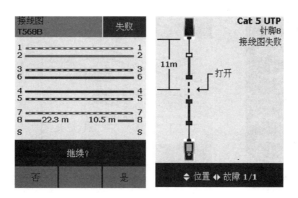

图 9-9　开路

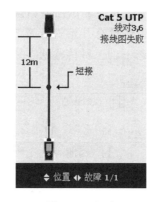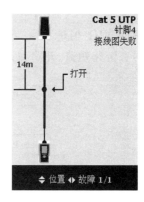

图 9-10　短路

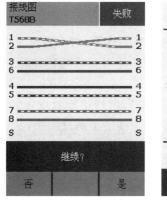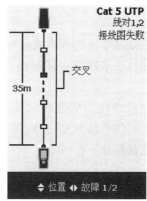

图 9-11　反接/交叉

- 跨接/错对：双绞线中有个别芯对线序错接,图 9-12 显示 1 和 3、2 和 6 两对芯错对。

2. 长度

长度为被测双绞线的实际长度。测量双绞线长度时,通常采用时域反射测试技术,即测量信号在双绞线中的传输时间延时,再根据设定的信号速度计算出长度值。所以长度测量的准确性主要受几个方面的影响：缆线的额定传输速度(NVP)、绞线长度与外皮护套的长度,以及沿长度方向的脉冲散射。NVP 表述的是信号在缆线中传输的速度,以光速的百分

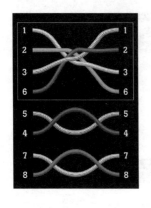
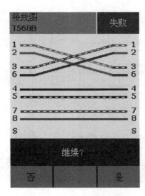
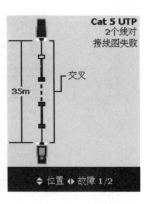

图 9-12　跨接/错对

比形式表示。NVP 设置不正确将导致长度测试结果错误,比如如果 NVP 设定为 70% 而缆线实际的 NVP 值是 65%,那么测量还没有开始就有了 5% 以上的误差。图 9-13 说明了一个信号在链路短路、开路和正常状态下的三种传输状态。

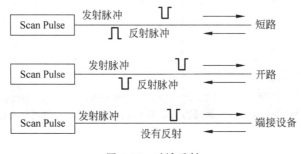

图 9-13　时域反射

3. 传输时延(Delay)

在通道连接方式或基本连接方式或永久连接方式下,对 5 类及 5 类以下链路传输 10～30MHz 频率的信号时,要求线缆中任一线对的传输时延 T≤1000ns;对于 5e 类、6 类链路要求 T≤548ns。

传输时延为被测双绞线的信号在发送端发出后到达接收端所需要的时间,最大值为 555ns。图 9-14 描述了信号的发送过程,图 9-15 描述了测试结果,从中可以看出不同线对的信号先后到达对端的顺序。

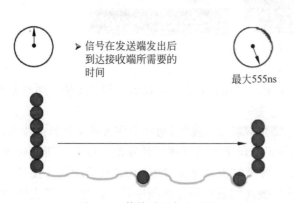

图 9-14　传输时延产生过程

图 9-15　传输时延测试结果

4. 线对间传输时延差（Delay skew）

以同一缆线中信号传播时延最小的线对的时延值做参考,其余线对与参考线对时延差值不得超过 45ns。若线对间时延差超过该值,在链路高速传输数据下 4 个线对同时并行传输数据信号时,将造成数据帧结构严重破坏。

在通道链路方式下规定极限值为 50ns。在永久链路方式下规定极限值为 44ns。

5. 插入损耗（Insertion loss）

插入损耗是指插入电缆或元件产生的信号损耗,通常指衰减。插入损耗为链路中传输所造成的信号损耗(以分贝 dB 标示)。图 9-16 描述了信号的衰减过程;图 9-17 显示了插入损耗测试结果。造成链路衰减的主要原因有:电缆材料的电气特性和结构、不恰当的端接和阻抗不匹配的反射,而线路过量的衰减会使电缆链路传输数据变得不可靠。对于衰减故障,衰减的故障不能直接定位,可通过测试长度是否超长、直流环路电阻和阻抗是否匹配的判定进行辅助定位。

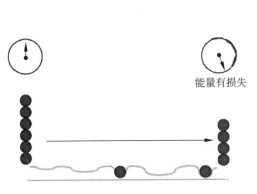

图 9-16　插入损耗产生过程

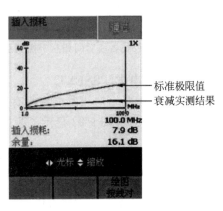

图 9-17　插入损耗测试结果

6. 串扰（NEXT）

串扰是测量来自其他线对泄露过来的信号。图 9-18 显示了串扰的形成过程。串扰又可分为近端串扰(NEXT)和远端串扰(FEXT)。NEXT 是在信号发送端(近端)进行测量。图 9-19 显示了 NEXT 的形成过程。对比图 9-18 和图 9-19 可知,NEXT 只考虑了近端的干扰,忽略了对远端的干扰。

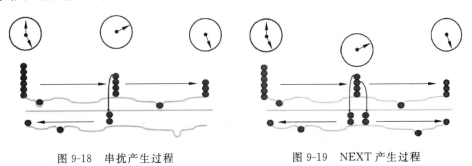

图 9-18　串扰产生过程　　　　　　图 9-19　NEXT 产生过程

NEXT 的影响类似于噪声干扰,当干扰信号足够大的时候,将直接破坏原信号或者接收端将原信号错误地识别为其他信号,从而导致站点间歇的锁死或者网络连接失败。

NEXT 又与噪声不同，NEXT 是线缆系统内部产生的噪声，而噪声是由外部噪声源产生的。图 9-20 描述了双绞线各线对之间的相互干扰关系。

NEXT 是频率的复杂函数，图 9-21 描述了 NEXT 的测试结果。在 ISO 11801：2002 标准中，NEXT 的测试遵循 4dB 原则，即当衰减小于 4dB 时可以忽略 NEXT。

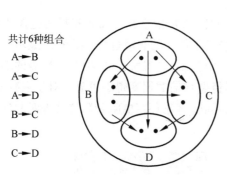

共计6种组合

A→B
A→C
A→D
B→C
B→D
C→D

图 9-20　双绞线各线对间相互干扰关系

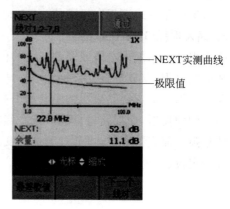

图 9-21　NEXT 测试结果

7. 综合近端串扰（PSNEXT）

综合近端串扰是一对线感应到所有其他绕对对其的近端串扰的总和。图 9-22 描述了综和近端串扰的形成，图 9-23 显示了测试结果。

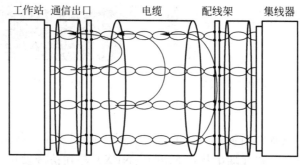

图 9-22　综合近端串扰产生过程

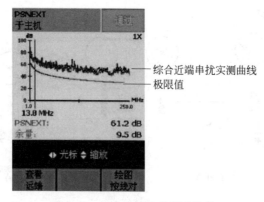

图 9-23　综合近端串扰测试结果

其近似值为：$N_4 = \sqrt{N_1^2 + N_2^2 + N_3^2}$

N1，N2，N3分别为线对1、线对2、线对3对线对4的近端串扰值。

8. 回波损耗（ReturnLoss）

回波损耗是由于缆线阻抗不连续/不匹配所造成的反射,产生原因是特性阻抗之间的偏离,体现在缆线的生产过程中发生的变化、连接器件和缆线的安装过程。

回波损耗的影响是噪声对信号的干扰程度。同时,在TIA和ISO标准中,回波损耗遵循3dB原则,即当衰减小于3dB时可以忽略回波损耗。图9-24描述了回波损耗的产生过程。图9-25描述了回波损耗的影响。

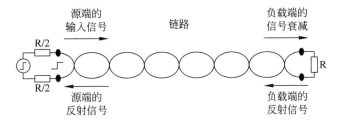

图 9-24　回波损耗的产生过程

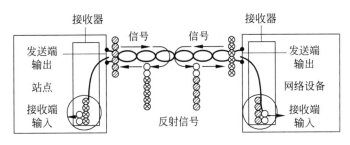

图 9-25　回波损耗的影响

9. 衰减串扰比（ACR）

衰减串扰比（ACR）类似信号噪声比,用来表征经过衰减的信号和噪声的比值,ACR＝NEXT值－衰减,数值越大越好。图9-26描述了ACR的产生过程,需要衰减过的信号（蓝色、粉色）比NEXT（灰色）多。

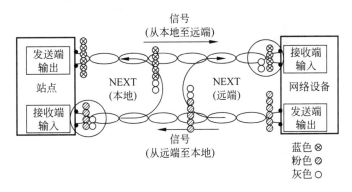

图 9-26　ACR 的产生过程

9.3 光纤链路测试

9.3.1 测试仪器

综合布线工程中,用于光缆的测试设备也有多种,其中 FLUKE 系列测试仪上就可以通过增加光纤模块实现。这里主要介绍 OptiFiber 多功能光缆测试仪。

1. 功能

可以实现专业测试光纤链路的链路 OTDR 状态。

2. 界面介绍

OptiFiber 多功能光缆测试仪如图 9-27 所示。

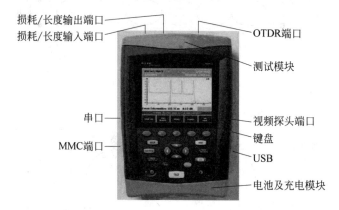

图 9-27 多功能光缆测试仪界面

3. FiberInspector 光缆端截面检查器

FiberInspector 光缆端截面检查器(如图 9-28 所示)可直接检查配线架或设备光口的端截面,比传统的放大镜快 10 倍,同时也可避免眼睛直视激光所造成的眼睛伤害。

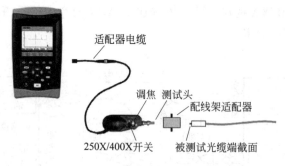

图 9-28 光缆端截面检查器

9.3.2 光纤测试标准

(1)通用标准。

与应用无关的安装光缆的标准。一般为基于电缆长度、适配器以及结合的可变标准。

例如 TIA/EIA 568-B.3、ISO 11801 和 EN 50173。

（2）LAN 应用标准。

（3）特定应用标准。

每种应用的测试标准是固定的,如 10BASE-FL、Token Ring 和 ATM。

① TIA/EIA 568-B.3 标准。该标准主要定义了光缆、连接器和链路长度。

对于光缆:

- 光缆每千米最大衰减(850nm)3.75dB。
- 光缆每千米最大衰减(1300nm)1.5dB。
- 光缆每千米最大衰减(1310nm)1.0dB。
- 光缆每千米最大衰减(1550nm)1.0dB。

连接器(双工 SC 或 ST)中,适配器最大衰减为 0.75dB,熔接最大衰减为 0.3dB。

② TIA TSB 140 标准。该标准于 2004 年 2 月被批准,主要对光缆定义了两个级别的测试。

- 级别 1:测试长度与衰减,使用光损耗测试仪或 VFL 验证极性。
- 级别 2:级别 1 加上 OTDR 曲线,证明光缆的安装没有造成性能下降的问题(例如弯曲、连接头和熔接问题)。

9.3.3　光纤测试的方法

1. 连通性测试

连通性测试是最简单的测试方法,只需在光纤一端导入光线(如手电光),在光纤的另外一端看看是否有光闪即可。连通性测试的目的是为了确定光纤中是否存在断点,通常在购买光缆时采用这种方法进行测试。

2. 端—端损耗测试

端—端的损耗测试采取插入式测试方法,使用一台光功率计和一个光源,先在被测光纤的某个位置作为参考点,测试出参考功率值,然后再进行端—端测试并记录下信号增益值,两者之差即为实际端到端的损耗值。用该值与标准值相比就可确定这段光缆的连接是否有效。

3. 收发功率测试

收发功率测试是测定布线系统光纤链路的有效方法,使用的设备主要是光功率计和一段跳接线。在实际应用情况中,链路的两端可能相距很远,但只要测得发送端和接收端的光功率,即可判定光纤链路的状况。

4. 反射损耗测试

反射损耗测试是光纤线路检修非常有效的手段。它使用光纤时间区域反射仪(OTDR)来完成测试工作,基本原理就是利用导入光与反射光的时间差来测定距离,如此可以准确判定故障的位置。OTDR 将探测脉冲注入光纤,在反射光的基础上估计光纤长度。OTDR 测试适用于故障定位,特别是用于确定光缆断开或损坏的位置。OTDR 测试文档为网络诊断和网络扩展提供了重要数据。

9.3.4 测试技术参数

1. 衰减

衰减是指光纤传输过程中光功率的减少。它取决于光纤的工作波形、类型、光纤传输性能和光缆的工程状态。

对光纤网络总衰减的计算：光纤损耗(LOSS)是指光纤输出端的功率(Power Out)与发射到光纤时的功率(Power In)的比值。

损耗是同光纤的长度成正比的，所以总衰减不仅表明光纤损耗本身，还反映了光纤的长度。

光纤损耗因子(α)用来反映光纤衰减的特性。

因为光纤连接到光源和光功率计时不可避免地会引入额外的损耗，所以在现场测试时就必须先进行对测试仪的测试参考点的设置(即归零的设置)。对于测试参考点有好几种方法，主要是根据所测试的链路对象来选用。在光纤布线系统中，由于光线本身的长度通常不长，因此在测试方法上会更加注重连接器和测试跳线，方法更加重要。

2. 光纤链路长度

(1) 水平光缆链路。

水平光纤链路从水平跳接点到工作区插座的最大长度为 100m，它只需 850nm 和 1300nm 的波长，要在一个波长单方向进行测试。

(2) 主干多模光缆链路。

① 主干多模光缆链路应该在 850nm 和 1300nm 波段进行单向测试，链路在长度上有如下要求：

从主跳接到中间跳接的最大长度是 1700m；从中间跳接到水平跳接最大长度是 300m；从主跳接到水平跳接的最大长度是 2000m。

② 主干单模光缆链路应该在 1310nm 和 1550nm 波段进行单向测试，链路在长度上有如下要求：

从主跳接到中间跳接的最大长度是 2700m；从中间跳接到水平跳接最大长度是 300m；从主跳接到水平跳接的最大长度是 3000m。

3. 回波损耗

回波损耗又称为反射损耗，它是指在光纤连接处，后向反射光相对输入光的比率的分贝数，回波损耗越大越好，以减少反射光对光源和系统的影响，一般要求至少 10dB 的回波损耗，改进回波损耗的有效方法是，尽量将光纤端面加工成球面或斜球面。

4. 插入损耗

插入损耗是指光纤中的光信号通过活动连接器之后，其输出光功率相对输入光功率的比率的分贝数，插入损耗越小越好。插入损耗的测量方法同衰减的测量方法相同，其测试结果如图 9-29 所示。

5. 最大传输延迟

即在光缆光纤布线链路中，从光发射器到光接收器之间的光传输时间。最大传输延迟时间可以采用光缆测试仪直接测得。

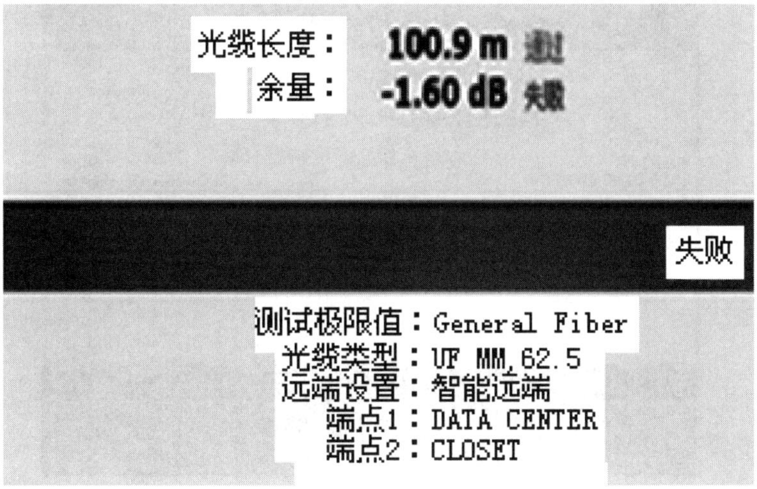

图 9-29　光缆测试结果

6. 带宽

光缆中的光纤传输的光波长和带宽,一般由厂家提供,必须符合国际标准,并且可以用测试仪测试。

7. OTDR 参数

OTDR 测量的是反射的能量,而不是传输信号的强弱,如图 9-30 所示。

图 9-30　OTDR 测量

(1) Channel Map。图形显示链路中所有连接和各连接间的光缆长度,如图 9-31 所示。

(2) OTDR 曲线。曲线自动测量和显示事件,光标自动处于第一个事件处,可移动到下一个事件,如图 9-32 所示。

(3) OTDR 事件表。可以显示所有事件的位置和状态,以及各种不同的时间特征,例如末端、反射、损耗和幻象等,如图 9-33 所示。

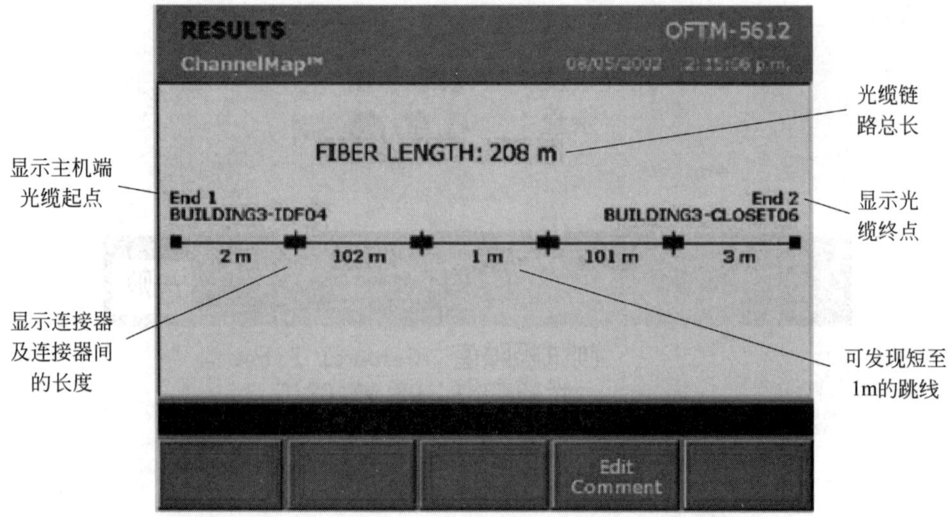

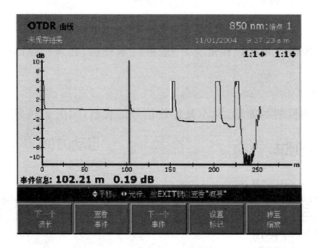

显示主机端
光缆起点

光缆链
路总长

显示光
缆终点

显示连接器
及连接器间
的长度

可发现短至
1m的跳线

图 9-31　Channel Map 结果

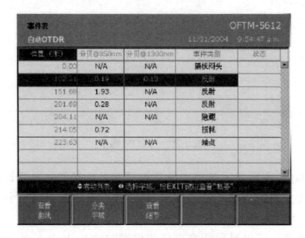

图 9-32　OTDR 曲线图

图 9-33　OTDR 事件表

（4）光功率。验证光源和光缆链路的性能，如图 9-34 所示。

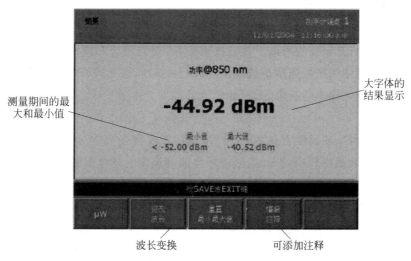

图 9-34　光功率测试结果

9.4　建筑综合布线工程测试要求

9.4.1　现场测试仪要求

（1）分类。

（2）测量步长要求。

（3）可存储规定的步长频率点上的全部参数测量结果。

（4）具有自动、连续测试功能和单项选择测试功能。

（5）具有一定的故障查找和诊断故障位置的能力。

（6）具有双向测试能力。

（7）快捷的测试速度。

9.4.2　测试仪表的精度要求

1. 精度

说明：二级精度引用 TSB 67-1995 中规定的精度等级。

2. 测试判断临界区

测试结果以“通过”和“失败”给出结论。由于仪表存在测试精度和测试误差范围，当测试结果处在“通过”和“失败”临界区内时，以特殊标记“﹡”表达测试数据处于该范围之中。

3. 测试仪表的计量和校准

为保证测试仪表在使用过程中的精度水平，应定期进行计量，测量仪表的使用和计量校准应按国家计量法实施细则有关规定进行。使用中应注意自校对，发现异常及时送厂家进行核查。

9.4.3 测试环境要求

1. 环境干扰

为避免因环境因素导致的测试干扰或仪表损坏,首先综合布线测试现场应没有产生严重电火花的电焊、电钻和产生强磁干扰的设备运行;其次,被测综合布线系统必须是无源网络,测试时应断开与之相连的有源、无源通信设备。

2. 测试温度

综合布线测试现场的温度宜在 20～30℃之间,湿度宜在 30%～80%之间,由于衰减指标的测试受测试环境温度影响较大,当测试环境温度超出上述范围时,需要按有关规定对测试标准和测试数据进行修正。

3. 防静电措施

我国北方地区春、秋季气候干燥,湿度常常在 10%～20%之间,验收测试经常需要照常进行,湿度在 20%以下时静电火花时有发生,不仅影响测试结果的准确性,甚至可能使测试无法进行或损坏仪表,这种情况下一定要注意测试者和持有仪表者采取防静电措施。

9.4.4 测试程序

在开始测试之前,应该认真了解综合布线系统的特点、用途,信息点的分布情况,确定测试标准,在选定合适的测试仪后按下述程序进行:

(1) 测试仪测试前自检,仪表是正常的。

(2) 选择测试连接方式。

(3) 选择线缆类型及测试标准。

(4) NVP 值核准(核准 NVP 使用线缆长度不短于 15m)。

(5) 设置测试环境温度。

(6) 根据要求选择"自动测试"或"单项测试"。

(7) 测试后存储数据并打印。

(8) 发生问题,修复链路后复测。

(9) 测试中出现"失败"查找故障。

9.4.5 测试中注意的问题

(1) 认真阅读测试仪的使用操作说明书,正确使用仪表。

(2) 测试前要完成对测试仪主机、辅机充电工作并观察充电是否达到 80%以上。不要在电压过低情况下测试,中途充电可能造成已测试数据丢失。

(3) 熟悉布线现场和布线图,测试过程也同时可对管理系统现场文档、标识进行检验。

(4) 发现链路结果为"测试失败"时,可能由多种原因造成,应进行复测再次确认。

(5) 测试仪存储测试数据和链路数有限,及时将测试结果转存到自备计算机中,之后测试仪可在现场继续使用。

9.5　测试报告与测试记录

9.5.1　测试报告的内容

测试报告是测试工作的总结,并作为工程质量的档案。在编制测试报告上应该精心、细致,保证其完整和准确。编制测试报告是一件十分严肃的工作,测试报告应包括正文、数据副本(同时做成电子文件)和发现问题副本三部分。正文应包括结论页,包含施工单位、设计单位、工程名称,使用器材类别、工程规模、测试点数、合格和不合格等情况。统计合格率做出结论。正文还应包括对整个工程测试生成的总结摘要报告(每条链路编号、通过或未通过的结论),数据副本包括每一条链路的测试数据,发现问题副本上要反映全都不合格项目的内容。

9.5.2　测试样张和测试结果

测试包括工程测试生成的总结摘要报告和一条数据链路测试数据报告的样张及检验报告范例,报告范例还包括封面、结论页、报告文本和发现问题处置专页,上述内容组成报告正文。报告副本通常包括每条链路测试的数据及部分重要链路的测试曲线。通常选择工程中布线链路长度最长、走向最复杂或重要部位的链路打印曲线存档。

9.6　工程测试与验收

9.6.1　工程验收人员组成

验收是整个工程中最后的部分,同时标志着工程的全面完工。为了保证整个工程的质量,需要聘请相关行业的专家参与验收。对于防雷及地线工程等关系到计算机信息系统安全的工程部分,甚至还可以申请有关主管部门协助验收(例如气象局、公安局和纪检部门等)。所以,通常综合布线系统工程验收领导小组可以考虑聘请以下人员参与工程的验收。

(1)工程双方单位的行政负责人。

(2)有关直管人员和项目主管。

(3)主要工程项目监理人员。

(4)建筑物设计施工单位的相关技术人员。

(5)第三方验收机构或相关技术人员组成的专家组(如电信、城建、公安、消防和信息技术人员等)。

9.6.2　工程验收分类

1. 开工前检查

工程验收应从工程开工之日起就开始。从对工程材料的验收开始,严把产品质量关,保证工程质量,开工前的检查包括设备材料检验和环境检查。设备材料检验包括查验产品的规格、数量、型号是否符合设计要求,检验缆线的外护套有无破损,检查缆线的电气特性指标是否符合技术规范。环境检查包括检查土建施工情况,包括地面、墙面、电源插座及接地装置、机房面积和预留孔洞等。

2. 随工验收

在工程中为随时考核施工单位的施工水平和施工质量,对产品的整体技术指标和质量有一个了解,部分验收工作应在随工中进行,如布线系统的电气性能测试工作、隐藏工程等。这样可及时发现工程质量问题,避免造成人、财的浪费。

随工验收应对工程的隐蔽部分边施工边验收,在竣工验收时,一般不再对隐蔽工程进行复查,由建筑工地代表和质量监督员负责。

3. 初步验收

对所有的新建、扩建和改建项目都应在完成施工调测之后进行初步验收。初步验收的时间应在原计划的建设工期内进行,由建设方组织设计、施工、建立和使用等单位人员参加。初步验收工作包括检查工程质量、审查竣工资料、对发现的问题提出处理的意见,并组织相关责任单位落实解决。

4. 竣工验收

综合布线系统接入电话交换系统、计算机局域网或其他弱电系统,在试运行后的半个月内,由建设方向上级主管部门报送竣工报告,并请示主管部门组织对工程进行验收。

9.6.3 工程验收内容

对综合布线系统工程验收的主要内容为环境检查、器材及测试仪表工具检查、设备安装检验、缆线敷设和保护方式检验、缆线终接和工程电气测试等。

1. 环境检查

工作区、电信间、设备间的检查内容如下:

(1) 工作区、电信间、设备间土建工程已全部竣工。房屋地面平整、光洁,门的高度和宽度应符合设计要求。

(2) 房屋预埋线槽、暗管、孔洞和竖井的位置、数量、尺寸均应符合设计要求。

(3) 铺设活动地板的场所,活动地板防静电措施及接地应符合设计要求。

(4) 电信间、设备间应提供 220V 带保护接地的单相电源插座。

(5) 电信间、设备间应提供可靠的接地装置,接地电阻值即接地装置的设置应符合设计要求。

(6) 电信间、设备间的位置、面积、高度、通风、防火及环境温、湿度等应符合设计要求。

建筑物进线间及入口设施的检查内容如下:

(1) 引入管道与其他设施如电气、水、煤气、下水道等的位置间距应符合设计要求。

(2) 引入缆线采用的敷设方法应符合设计要求。

(3) 管线入口部位的处理应符合设计要求,并应检查是否采取排水及防止气、水、虫等进入的措施。

(4) 进线间的位置、面积、高度、照明、电源、接地、防火和防水等应符合设计要求。

2. 器材及测试仪表工具检查

(1) 工程所用缆线和器材的品牌、型号、规格、数量、质量应在施工前进行检查,应符合设计要求并具备相应的质量文件或证书,原出厂检验证明材料、质量文件与设计不符者不得在工程中使用。

（2）综合布线系统的测试仪表应能测试相应类别工程的各种电气性能及传输特性,其精度符合相应要求。测试仪表的精度应按相应的鉴定规程和校准方法进行定期检查和校准,经过相应计量部门校验取得合格证后,方可在有效期内使用。

3. 设备安装检验

机柜、机架和配线设备安装要求如下:

（1）机柜、机架安装位置应符合设计要求,垂直偏差度不应大于 3mm。

（2）机柜、机架上的各种零件不得脱落或碰坏,漆面不应有脱落及划痕,各种标志应完整、清晰。

（3）机柜、机架、配线设备箱体、电缆桥架及线槽等设备的安装应牢固,如有抗震要求,应按抗震设计进行加固。

（4）各部件应完整、安装就位、标志齐全。

（5）安装螺栓必须拧紧,面板应保持在一个平面上。

（6）安装机柜、机架、配线设备屏蔽层及金属管、线槽、桥架使用的接地体应符合设计要求,就近接地,并应保持良好的电气连接。

信息插座模块安装要求如下:

（1）信息插座模块、多用户信息插座、集合点配线模块安装位置和高度应符合设计要求。

（2）安装在活动地板内或地面上时,应固定在接线盒内,插座面板采用直立和水平等形式。接线盒盖可开启,并应具有防水、防尘、抗压功能,接线盒盖面应与地面齐平。

（3）信息插座底盒同时安装信息插座模块和电源插座时,间距及采取的防护措施应符合设计要求。

（4）信息插座模块明装底盒的固定方法根据施工现场条件而定。

（5）固定螺栓需拧紧,不应产生松动现象。

（6）各种插座面板应有标识所接终端设备业务类型。

（7）工作区内终接光缆的光纤连接器件及适配器安装底盒应具有足够的空间,并应符合设计要求。

电缆桥架及线槽的安装要求如下:

（1）桥架及线槽的安装位置应符合施工图要求,左右偏差不应超过 50mm。

（2）桥架及线槽水平度每米偏差不应超过 2mm。

（3）垂直桥架及线槽应与地面保持垂直,垂直度偏差不应超过 3mm。

（4）线槽截断处及两线槽拼接处应平滑、无毛刺。

（5）吊架和支架安装应保持垂直、整齐牢固,无歪斜现象。

（6）金属桥架、线槽及金属管各段之间应保持连接良好,安装牢固。

（7）采用吊顶支撑柱布放线缆时,支撑点宜避开地面沟槽和线槽位置,支撑应牢固。

4. 缆线敷设和保护方式检验

（1）缆线的型号、规格应与设计规定相符。

（2）缆线的布放应自然平直,不得产生扭绞、打圈和接头等现象,不应受外力的挤压和损伤。

(3) 缆线两端应贴有标签,应标明编号,标签书写应清晰、端正和正确。标签应选用不易损坏的材料。

(4) 缆线应有余量以适应终接、检测和变更。对绞电缆预留长度:在工作区宜为 3～6cm,电信间宜为 0.5～2m,设备间宜为 3～5m。光缆布放路由应盘留,预留长度应为 3～5m,有特殊要求的应按设计要求预留长度。

(5) 屏蔽电缆的屏蔽层端到端应保持完好的导通性。

(6) 预埋线槽宜采用金属线槽,预埋或密封线槽的截面利用率应为 30％～50％。

(7) 敷设暗管宜采用钢管或阻燃聚氯乙烯硬质管。布放大对数主干电缆及 4 芯以上光缆时,直线管道的管径利用率应为 50％～60％,弯管道应为 40％～50％。暗管布放 4 对对绞电缆或 4 芯及以下光缆时,管道的截面利用率应为 25％～30％。

5. 缆线终接

(1) 缆线在终接前,必须核对缆线标识内容是否正确。

(2) 对绞线与 8 位模块式通用插座相连时,必须按色标和线对顺序进行卡接。插座类型、色标和编号应符合布线标准(568A 和 568B)的规定。两种连接方式均可采用,但在同一布线工程中两种连接方式不应混合使用。

(3) 光纤采用光纤连接盘对光纤进行连接、保护,在连接盘中光纤的弯曲半径应符合安装工艺要求,光纤熔接处应加以保护和固定,光纤连接盘面板应有标志。

6. 工程电气测试

综合布线工程电气测试包括电缆系统电气性能测试及光纤系统性能测试。电缆系统电气性能测试项目应根据布线信道或链路的设计等级和布线系统的类别要求制定。各项测试结果应有详细记录,作为竣工资料的一部分。

7. 管理系统验收

(1) 管理系统的记录文档应详细完整并汉化,包括每个标识符相关信息、记录、报告和图纸等。

(2) 标识符应包括安装场地、缆线终端位置、缆线管道、水平链路、主干缆线连接器件和接地等类型的专用标识,系统中每一组件应指定一个唯一标识符。

(3) 每根缆线应指定专用标识符,标在缆线的护套上或在距每一端护套 300mm 内设置标签,缆线的终接点应设置标签标记指定的专用标识符。

8. 工程验收

(1) 竣工技术文件。

工程竣工后,施工单位应在工程验收以前将工程竣工技术资料交给建设单位。综合布线系统工程的竣工技术资料应包括以下内容:安装工程量;工程说明;设备、器材明细表;竣工图纸;测试记录;工程变更、检查记录及施工过程中,需更改设计或采取相关措施,建设、设计、施工等单位之间的双方洽商记录;随工验收记录;隐蔽工程签证;工程决算。

(2) 工程内容。

综合布线系统工程应按表 9-2 所列项目、内容进行检验。检测结论作为工程竣工资料的组成部分及工程验收的依据之一。

表 9-2　检验项目及内容

阶　段	验 收 项 目	验 收 内 容	验 收 方 式
施工前检查	1. 环境要求	(1)土建施工情况:地面、墙面、门、电源插座及接地装置;(2)土建工艺,机房面积、预留孔洞;(3)施工电源;(4)地板铺设;(5)建筑物入口设施检查	施工前检查
	2. 器材检验	(1)外观检查;(2)型号、规格、数量;(3)电缆及连接器件电气性能测试;(4)光纤及连接器件特性测试;(5)测试仪表和工具的检验	
	3. 安全、防火要求	(1)消防器材;(2)危险物的堆放;(3)预留孔洞防火措施	
设备安装	1. 电信间、设备间、设备机柜、机架	(1)规格、外观;(2)安装垂直、水平度;(3)油漆不得脱落,标志完整齐全;(4)各种螺钉必须紧固;(5)抗震加固措施;(6)接地措施	随工检验
	2. 配线模块及 8 位模块式通用插座	(1)规格、位置、质量;(2)各种螺钉必须拧紧;(3)标志齐全;(4)安装符合工艺要求;(5)屏蔽层可靠连接	
电、光缆布放(楼内)	1. 电缆桥架及线槽布放	(1)安装位置正确;(2)安装符合工艺要求;(3)符合布放缆线工艺要求;(4)接地	随工检验
	2. 缆线暗敷(包括暗管、线槽、地板下等方式)	(1)缆线规格、路由、位置;(2)符合布放缆线工艺要求;(3)接地	隐蔽工程签证
电、光缆布放(楼间)	1. 架空缆线	(1)吊线规格、架设位置、装设规格;(2)吊线垂度;(3)缆线规格;(4)卡、挂间隔;(5)缆线的引入符合工艺要求	随工检验
	2. 管道缆线	(1)使用管孔孔位;(2)缆线规格;(3)缆线走向;(4)缆线的防护设施的设置质量	隐蔽工程签证
	3. 埋式缆线	(1)缆线规格;(2)敷设位置、深度;(3)缆线的防护设施的设置质量;(4)回土夯实质量	
	4. 通道缆线	(1)缆线规格;(2)安装位置,路由;(3)土建符合工艺要求	
	5. 其他	(1)通信线路与其他设施的间距;(2)进线室设施安装、施工质量	随工检验隐蔽工程签证
缆线终接	1. 8 位模块式通用插座	符合工艺要求	随工检验
	2. 光纤连接器件	符合工艺要求	
	3. 各类跳线	符合工艺要求	
	4. 配线模块	符合工艺要求	

续表

阶　段	验收项目	验收内容	验收方式
系统测试	1. 工程电气性能测试	(1)连接图；(2)长度；(3)衰减；(4)近端串音；(5)近端串音功率和；(6)衰减串音比；(7)衰减串音比功率和；(8)等电平远端串音；(9)等电平远端串音功率和；(10)回波损耗；(11)传播时延；(12)传播时延偏差；(13)插入损耗；(14)直流环路电阻；(15)设计中特殊规定的测试内容；(16)屏蔽层的导通	竣工检验
	2. 光纤特性测试	(1)衰减；(2)长度	
管理系统	1. 管理系统级别	符合设要求	竣工检验
	2. 标识符与标签设置	(1)专用标识符类型及组成；(2)标签设置；(3)标签材质及色标	
	3. 记录和报告	(1)记录信息；(2)报告；(3)工程图纸	
工程总验收	1. 竣工技术文件	清点、交接技术文件	
	2. 工程验收评价	考核工程质量,确认验收结果	

习　题　9

1. 填空题

(1) 在综合布线工程施工过程中,绝大部分工程都以_____或_____作为配线子系统缆线。

(2) 信道指从_____到_____间端到端的连接。

(3) 衰减是指光沿光纤传输过程中_____的减少。

(4) OTDR 测量的是_____而不是传输信号的强弱。

(5) 链路的测试有基本链路和_____。

(6) 信道的长度为_____m。

(7) 边施工边进行的测试是_____测试。

(8) 对综合布线的安装、电气特性的测试是_____测试。

2. 简答题

(1) 综合布线工程验收分为几大类?

(2) 说明三种认证测试模型的差异。

(3) 6 类双绞线的测试技术指标有哪些?分别代表什么含义?

(4) 光纤测试的技术指标有哪些?分别代表什么含义?

(5) 在实际测试中,若发现有一些测试项目不合格,可能的原因有哪些?

(6) 双绞线链路测试模型有哪几种?

(7) 双绞线测试技术的主要参数有哪些?

(8) 光纤测试技术的主要参数有哪些?

(9) 综合布线系统工程验收的主要内容有哪些?

第10章　综合布线系统的设计和案例

10.1　总体规划

　　综合布线系统是随着信息交换的需求出现的一种产业,而国际信息通信标准是随着科学技术的发展逐步修订、完善的。综合布线系统也是随着新技术的发展和相关行业新产品的问世逐步完善而趋向成熟,它是一项实践性很强的工程技术,是计算机技术、通信技术、控制技术与建筑技术紧密结合的产物。所以在设计智能化建筑的综合布线系统时,提出并研究近期和长远的需求非常必要。

　　比如 WLAN 技术的升级换代,4G 电信技术的成熟,笔记本、平板计算机和手机等移动接入终端的迅速普及,对信息交换的方式产生着重大影响。在设计智能化建筑时,要前瞻性地考虑 WLAN 热点的全覆盖,考虑移动办公的安全认证与计费策略,考虑移动设备的安全快捷接入。从一人一台 PC 接入网络,到每人多个移动终端随时随地全业务接入网络,必然对综合布线设计,网络设备选型产生重大影响。

　　为了保护投资者的利益,应采取"总体规划,分步实施,水平布线一步到位"的设计原则,以保护投资者的前期投资。建筑物中的主干线大多数都设置在建筑物弱电井中的垂直桥架内,更换或扩充比较容易,而水平布线是在建筑物天花板上的弱电桥架内或预埋管道里,施工费甚至高于初始投资的材料成本费,而且若要更换水平线缆,就有可能损坏墙体表面,影响整体美观。

10.2　系统设计

设计一个合理的综合布线系统工程一般有 7 个步骤:

(1) 分析用户需求;

(2) 获取建筑物平面图;

(3) 系统结构设计;

(4) 布线路由设计;

(5) 可行性论证;

(6) 绘制综合布线施工图;

(7) 编制综合布线用料清单。

下面分别介绍每个步骤。

(1) 分析用户需求。

这是一个既烦琐又反复的过程。不仅需要与楼宇管理人员进行沟通,而且还要征求具体房间使用人的需求，同时还要结合综合布线设计人员的专业建议。在满足近期明确需求的同时，还要兼顾考虑远期发展。比如随着业务发展人员增多，存在将大房间隔成小房间的可能，在大房间两端预留适量的网络及电话接口就成为必要。再如，平板计算机、手机等移动上网终端的迅速普及，可考虑在房间内预留 WLAN 点等。

（2）获取建筑平面图。

结合用户需求与建筑平面图，可绘制综合布线的平面图，确定各类插座在房间内位置、高度等。

（3）系统结构设计。

绘制综合布线系统图，确定楼宇核心交换机位置、光纤接入点和楼层网线汇聚等。通常根据每层信息点的数量，评估将几层楼的网线汇聚到某一层弱电井内，这样便于接入交换机尽量集中，方便管理。

（4）布线路由设计。

在工程实施中，路由是相当重要的一环，它好像人的骨骼经络系统一样遍布整个布线系统之中，主要包括水平线缆路由、垂直主干线缆路由、主配线间位置、机房位置、机柜位置和大楼接入线路位置等。其中敷设方式有沿墙暗敷设、沿墙明敷设、吊顶内和地面敷设等。

（5）可行性论证。

结合楼宇强电桥架位置、消防管道位置、中央空调管道及风机位置等进行论证，保证弱电桥架位置不发生冲突。结合其他弱电专业，如广播、监控、室内分布、门禁和消防控制等，确认弱电桥架的尺寸，因为这些线缆也是要放在弱电桥架内的。结合供暖供水，确保信息点接口不被暖气片遮挡等。与楼宇其他专业建立有效的沟通，使其他所有专业的设计变更都能反馈到综合布线设计中。

（6）绘制综合布线施工图。

依据上面成熟的综合布线平面图及系统图，绘制可供施工单位使用的综合布线施工图。施工图并不等同于平面图，它对线缆的路由标示得更清楚准确。

（7）编制综合布线用料清单。

这是最后一项工作，依据用料清单即可进行预算工作，以利于开展招投标工作。

可以用下面的图表来表示逻辑顺序。

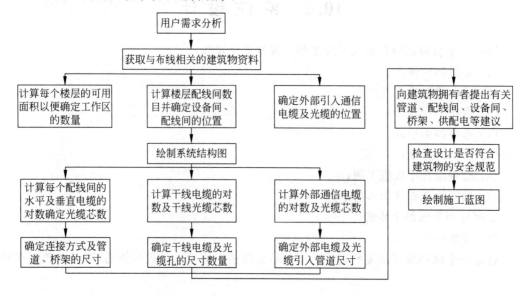

一个设计完善的综合布线系统,其目标是在既定时间内允许在有新需求的集成过程中,不必再去进行水平布线,损坏建筑装饰而影响整体美观。

综合布线系统设计要领如下:

(1) 在 PDS 设计起始阶段,设计人员要做到:

- 评估用户的通信要求和计算机网络需求;
- 评估用户楼宇的其他弱电需求;
- 评估安装设施的实际建筑物或建筑群环境和结构;
- 确定通信、计算机网络、楼宇控制所使用的传输介质。

(2) 将初步的系统设计方案和预算成本通知用户单位。

(3) 在收到最后合同批准书后,完成以下的系统配置、布局蓝图和文档记录:

- 电缆线路由文档;
- 光缆分配及管理;
- 布局和接合细节;
- 光缆链路,损耗预算;
- 施工许可证;
- 订货信息。

如同任何一个工程一样,系统设计方案和施工图的详细程度将随工程项目复杂程度而异,并与合同条款、可用资源及工期有关。

设计文档一定要齐全,以便能检验指定的 PDS 设计等级是否符合所规定的标准。而且在验收系统符合全部设计要求之前,必须备有这种设计文档。

10.3 某大学综合布线设计案例节选

第一部分说明:

10.3.1 工程概况

本工程为某大学新校区综合接入工程设计第五分册综合布线分册。本工程将组建满足校园办公共计 24 栋楼宇宽带和语音接入的网络系统。本工程共新建 13 446 个信息点,其中,电话语音 2522 个信息点;数据宽带 9714 个信息点;门禁信息点 1210 个。

10.3.2 对环境的影响

本工程所采用的主要设备和材料为线缆、钢铁、水泥和少量塑料制品等。均为无毒无污染产品,对线路沿途自然环境没有影响,也不会造成对环境的污染。

10.3.3 设计依据

(1)"关于委托编制某大学新校区综合接入工程可行性研究报告的函"。

(2)《关于申请某大学校园工程建设资金的请示》。

(3)《某大学新校区信息化建设项目合作备忘录》。

(4)《某大学新校区综合接入工程可行性研究报告》。

(5)"关于某大学新校区综合接入工程可行性研究报告(代项目建议书)的批复"(含设计委托)。

(6)建设部规[2007]619 号文件发布 GB/T 50311-2007《综合布线系统工程设计规范》。

(7)建设部规[2007]620 号文件发布 GB/T 50312-2007《综合布线系统工程验收规范》。

(8)工业和信息化部 YD/T 926.1-2009《大楼通信综合布线系统第 1 部分:总规范》。

(9)工业和信息化部 YD/T 926.2-2009《大楼通信综合布线系统第 2 部分:电缆、光缆技术要求》。

(10)工业和信息化部 YD/T 926.3-2009《大楼通信综合布线系统第 3 部分:连接硬件和接插软线技术要求》

(11)原信部规[1999]967 号文件发布 YD 5082-1999《建筑与建筑群综合布线系统工程设计施工图集》。

(12)建设单位对工程建设的建议。

(13)建设单位提供的相关图纸及资料。

10.3.4 设计范围及分工

1. 设计范围

本设计为楼内接入的综合布线系统设计。其内容包括综合机柜至信息点超 5 类线缆的布放设计及楼内信息插座的安装和布线桥架的安装设计等。

2. 设计分工与设备专业分工

接入点以配线架为界,从配线架至交换机的线缆跳线以及配线架的安装由本专业负责;配线架至信息插座 5 类线缆的布放由本专业负责。交换机及其他设备由设备专业负责。

10.3.5 主要工程量

本工程主要工作量如表 10-1 所示。

表 10-1 主要工作量

项目名称	单　位	数　量
安装机柜	台	23
布放 4 对对绞电缆(5 类非屏蔽)	百米/条	9569
卡接 4 对对绞电缆(配线架侧)(非屏蔽)	条	12 236
卡接大对数对绞电缆(配线架侧)(非屏蔽)	百对	61
安装 8 位模块式信息插座(宽带/电话 单口)(非屏蔽)	10 个	1097
安装 8 位模块式信息插座(宽带 双口)(非屏蔽)	10 个	41.6
安装 8 位模块式信息插座(宽带 四口)(非屏蔽)	10 个	4.3
安装 8 位模块式信息插座(宽带 两口 电话 两口)(非屏蔽)	10 个	3.5
电缆链路测试	链路	12 236

10.3.6 工程建设方案

1. 工程建设原则

本工程的建设方案应满足以下原则:

（1）可运营性。满足通信需求，具有良好的维护、管理手段。

（2）可伸缩性。应能适应不同规模的业务，硬件应具有良好的可扩展性能，可通过仅增加硬件设备提升用户量。

（3）不影响办公环境。

（4）根据工程建设原则及建设单位的要求，本工程在实现通信要求的前提下尽量为建设单位节约资金。

2. 总体建设方案

本工程为某大学新校区综合接入工程综合布线部分，涉及办公楼共 24 栋楼宇。此工程对各个房间进行 5 类线的布放和信息面板的安装，在相应的楼层机房及弱电室安装网络综合机柜，5 类线全部由网络综合机柜引出。本工程所有信息点（含语音、数据）均需布放超 5 类线。

3. 主要技术指标

（1）接线方式。

根据综合布线的需求，可以使用以下两种连接插座和布线排列方式：A 型（T 568A）和 B 型（T 568B）。二者有着固定的排列线序，不能混用和错接，如图 10-1 和图 10-2 所示。

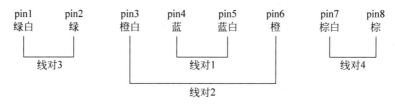

图 10-1　A 型（T 568A）RJ-45 连接插座接线排列和线对颜色对应图

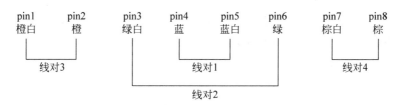

图 10-2　B 型（T 568B）连接插座接线排列和线对颜色对应图

（2）布线链路长度。

布线链路长度是指布线链路端到端之间电缆芯线的实际物理长度。由于各芯线存在不同绞距，在布线链路长度测试时，要分别测试 4 对芯线的物理长度，测试结果会大于布线所用电缆长度。

布线线缆链路的物理长度由测量到的信号在链路上的往返传播延迟 T 导出。

根据 $L = T2(s) \times [NVP \times c](m/s)$ 计算链路长度。

$NVP = $ 信号传输速度 $(m/s)/c(m/s)$（c——光在真空中传播速度，c 为 $3 \times 10^8 m/s$）

不同型电缆的 NVP 值不同，电缆长度测试值与实际值存在着较大误差。由于 NVP 值是一个变化因素，不易准确测量，故通常多采取忽略 NVP 值影响，对长度测量极值安排

综合布线系统的设计和案例

＋10%余量的做法。在综合布线实际应用中,布线长度略超过标准,在不影响使用时也是可以允许的。

表10-2列出了通道链路方式、基本链路方式和永久链路方式所允许的综合布线极限长度。

(3) 直流环路电阻。

无论3类、4类、5类、5E类或宽带线缆,在通道链路方式或基本链路方式下,线缆每个线对的直流环路电阻在20～30℃环境下的最大值:3类链路不超过170Ω,3类以上链路不超过40Ω。

表10-2 综合布线连接方式的允许极限长度

被测连接方式	综合布线极限长度/m
通道链路方式	100
基本链路方式	94
永久链路方式	90

(4) 衰减。

由于集肤效应、绝缘损耗、阻抗不匹配、连接电阻等因素,信号沿链路传输损失的能量称为衰减。传输衰减主要测试传输信号在每个线对两端间的传输损耗值,以及同一条电缆内所有线对中最差线对的衰减量,相对于所允许的最大衰减值的差值。对一条布线链路来说,衰减量由下述各部分构成。

- 每个连接器对信号的衰减量;
- 构成通道链路方式的10m跳线或构成基本链路方式的4m设备接线对信号的衰减量;
- 布线电缆对信号的衰减;
- 布线链路对信号的总衰减。

$$A 链路 = \sum A 连接器 + \sum A 电缆长度$$

A 电缆长度＝(布线长度＋连接线/100)×衰减电缆100m＋连接线衰减修正量

A 电缆长度为布线链路线缆总衰减(包括链路线缆和跳线衰减),布线长度＋连接线为综合布线的线缆总长,衰减电缆100m为100m线缆标准衰减值。

链路衰减标准值的推算依据:

增强5类:

通道链路: $1.05 \times (1.9108f + 0.0222f + 0.2f) + 3 \times 0.04f$

永久链路: $0.9 \times (1.9108f + 0.0222f + 0.2f) + 3 \times 0.04f$

6类:

通道链路: $1.05 \times (1.82f + 0.017f + 0.25f) + 4 \times 0.02f$

永久链路: $0.9 \times (1.82f + 0.017f + 0.25f) + 3 \times 0.02f$

计算各频点的衰减值。

表10-3列出了不同类型线缆在不同频率、不同链路方式情况下每条链路最大允许衰减值。

(5) 近端串扰损耗(NEXT)。

一条链路中,处于线缆一侧的某发送线对于同侧的其他相邻(接收)线对通过电磁感应所造成的信号耦合称为近端串扰。定义近端串扰值(dB)和导致该串扰的发送信号(参考值定为0dB)的差值(dB)为近端串扰损耗。越大的NEXT值近端串扰损耗越大。

表 10-3　不同连接方式下允许的最大衰减值一览表

频率/MHz	3类/dB		4类/dB		5类/dB		5E类/dB		6类/dB	
	通道链路	基本链路	通道链路	基本链路	通道链路	基本链路	通道链路	永久链路	通道链路	永久链路
1.0	4.2	3.2	2.6	2.2	2.5	2.1	2.4	2.1	2.2	2.1
4.0	7.3	6.1	4.8	4.3	4.5	4.0	4.4	4.0	4.2	3.6
8.0	10.2	8.8	6.7	6.0	6.3	5.7	6.8	6.0		5.0
10.0	11.5	10.0	7.5	6.8	7.0	6.3	7.0	6.0	6.5	6.2
16.0	14.9	13.2	9.9	8.8	9.2	8.2	8.9	7.7	8.3	7.1
20.0			11.0	9.9	10.3	9.2	10.0	8.7	9.3	8.0
25.0					11.4	10.3				
31.2					12.8	11.5	12.6	10.9	11.7	10.0
62.5					18.5	16.7				
100					24.0	21.6	24.0	20.4	21.7	18.5
200									31.7	26.4
250									32.9	30.7

注：① 表中数值为 20℃下的标准值。

② 实际测试时根据现场温度,对 3 类线缆和接插件构成的链路,每增加 1℃,衰减量增加 1.5%。

③ 对于 4 类及 5 类线缆和接插件构成的链路,温度变化 1℃,衰减量变化 0.4%,线缆的高频信号走向靠近金属芯线表面时,衰减量增加 3%,5 类以上修正量待定。

近端串扰与线缆类别、连接方式、频率值有关。

近端串扰损耗：$NEXT(f) = -20Log(\sum 10 - N_i/20)$　$i = 1, 2, 3, \cdots, n$

N_i：频率为 f 处串扰损耗的 i 分量。

n：串扰损耗分量总个数。

通道链路方式下串扰损耗：

$NEXT 通 \geqslant 20Log(10 - NEXTcable20 + 2 \times 10 - NEXTcon20)dB$

基本链路方式下串扰损耗：

$NEXT 基 \geqslant 20Log(10 - NEXTcable20 + 2 \times 10 - NEXTcon20)dB$

式中 $NEXTcable = NEXT(0.772) - 15log(f/0.772)$。

NEXTcable——线缆本身的近端串扰损耗；

NEXTcon——布线连接硬件的串扰损耗；

$NEXTcon \geqslant NEXT(16) - 20Log(f/16)$；

$NEXT(16)$——频率 f 为 16MHz 时,NEXT 最小值。

表 10-4 列出不同类线缆在不同频率、不同链路方式情况下,允许最小的串扰损耗值。

(6) 远方近端串扰损耗(RNEXT)。

与 NEXT 定义相对应,在一条链路的另一侧,发送信号的线对向其同侧其他相邻(接收)线对通过电磁感应耦合而造成的串扰,与 NEXT 同理定义为串扰损耗。

(7) 相邻线对综合近端串扰(PSNEXT)。

在 4 对型双绞线的一侧,三个发送信号的线对向另一相邻接收线对产生串扰的总和近似为 $N_4 = N_1 + N_2 + N_3$。

N_1,N_2,N_3 分别为线对 1、线对 2、线对 3 对线对 4 的近端串扰值。

表 10-5 列出在不同频率、不同链路方式情况下,相邻线对综合近端串扰限定值。

表 10-4　最小近端串扰损耗一览表

频率/MHz	3 类/dB		4 类/dB		5 类/dB		5E 类/dB		6 类/dB	
	通道链路	基本链路	通道链路	基本链路	通道链路	基本链路	通道链路	永久链路	通道链路	永久链路
1.0	39.1	40.1	53.3	54.7	>60.0	>60.0	63.3	64.2	65.0	65.0
4.0	29.3	30.7	43.4	45.1	50.6	51.8	53.6	54.8	63.0	64.1
8.0	24.3	25.9	38.2	40.2	45.6	47.1	48.6	50.0	58.2	59.4
10.0	22.7	24.3	36.6	38.6	44.0	45.5	47.0	48.5	56.6	57.8
16.0	19.3	21.0	33.1	35.3	40.6	42.3	43.6	45.2	53.2	54.6
20.0			31.4	33.7	39.0	40.7	42.0	43.7	51.6	53.1
25.0					37.4	39.1	40.4	42.1	50.0	51.5
31.25					35.7	37.6	38.7	40.6	48.4	50.0
62.5					30.6	32.7	33.6	35.7	42.4	45.1
100					27.1	29.3	30.1	32.3	39.9	41.8
200									34.8	36.9
250									33.1	35.3

表 10-5　相邻线对综合近端串扰限定值一览表

频率/MHz	5E 类线缆/dB		6 类线缆/dB	
	通道链路	基本链路	通道链路	永久链路
1.0	57.0	57.0	62.0	62.0
4.0	50.6	51.8	60.5	61.8
8.0	45.6	47.0	55.6	57.0
10.0	44.0	45.5	54.0	55.5
16.0	40.6	42.2	50.6	52.2
20.0	39.0	40.7	49.0	50.7
25.0	37.4	39.1	47.3	49.1
31.25	35.7	37.6	45.7	47.5
62.5	30.6	32.7	40.6	42.7
100.0	27.1	29.3	37.1	39.3
200.0			31.9	34.3
250			30.2	32.7

(8) 端串绕与衰减差(ACR)。

串扰衰减比定义为:在受相邻发信线对串扰的线对上其串扰损耗(NEXT)与本线对传输信号衰减值(A)的差值(单位为 dB),即:

$$ACR(dB) = NEXT(dB) - A(dB)$$

一般情况下,链路的 ACR 通过分别测试 NEXT(dB)和 A(dB)可以由上面的公式直接计算出。通常,ACR 可以被看成布线链路上信噪比的一个量。NEXT 即被认为是噪声,ACR=3dB 时所对应的频率点可以认为是布线链路的最高工作频率(即链路带宽)。

对于由 5 类、高于 5 类线缆和同类接插件构成的链路,由于高频效应及各种干扰因素,ACR 的标准参数值不能单纯从串扰损耗值 NEXT 与衰减值 A 在各个相应频率上的直接代数差值导出。其实际值与计算值略有偏差,通常可以通过提高链路串扰损耗 NEXT 或降低衰减 A 来改善链路 ACR。

表 10-6 列出串扰衰减差(ACR)最小限定值。

表 10-6 串扰衰减差(ACR)最小限定值

频率/MHz	ACR 最小值/dB		频率/MHz	ACR 最小值/dB	
	5 类	6 类		5 类	6 类
1.0	—	70.4	31.25	23.0	36.7
4.0	40.0	58.9	62.5	13.0	—
10.0	35.0	50.0	100	4.0	18.2
16.0	30.0	44.9	200	—	3.0
20.0	28.0	42.3			

注：① 该表 5 类数据参照 ISO 11801-1995 标准 6.2.5 中 ClassD 级链路给出。

② 6 类数据为 ISO 11801(2000.5.8 修改版提供,仅供参考)。

(9) 等效远端串扰损耗(ELFEXT)。

等效远端串扰损耗是指某对芯线上远端串扰损耗与该线路传输信号衰减差,也称为远端 ACR。从链路近端线缆的一个线对发送信号,该信号沿路经过线路衰减,从链路远端干扰相邻接收线对,定义该远端串扰损耗值为 FEXT。可见,FEXT 是随链路长度(传输衰减)而变化的量。

定义：$ELFEXT(dB) = FEXT(dB) - A(dB)$(A 为受串扰接收线对的传输衰减),等效远端串扰损耗最小限定值,如表 10-7 所示。

表 10-7 等效远端串扰损耗 ELFEXT 最小限定值

频率/MHz	5 类/dB		5E 类/dB		6 类/dB	
	通道链路	基本链路	通道链路	永久链路	通道链路	永久链路
1.0	57.0	59.6	57.4	60.0	63.3	64.2
4.0	45.0	47.6	45.3	48.0	51.2	52.1
8.0	39.0	41.6	39.3	41.9	45.2	46.1
10.0	37.0	39.6	37.4	40.0	43.3	44.2
16.0	32.9	35.5	33.3	35.9	39.2	40.1
20.0	31.0	33.6	31.4	34.0	37.2	38.2
25.0	29.0	31.6	29.4	32.0	35.3	36.2
31.25	27.1	29.7	27.5	30.1	33.4	34.3
62.5	21.5	23.7	21.5	24.1	27.3	28.3
100.0	17.0	17.0	17.4	20.0	23.3	24.2
200.0					17.2	18.2
250.0					15.3	16.2

(10) 传播延时(Delay)。

表 10-8 列出在通道链路方式下,时延在不同频率范围和特征频率点上的标准值。

表 10-8 传输时延不同连接方式下特征点最大限值

频率/MHz	ClassC (3 类)/ns	ClassD(5 类)/ns		ClassE(6 类)/ns	
		通道链路	基本链路	通道链路	永久链路
1.0	580	580	521	580	521
10.0	555	555		555	
16.0	553	553	496	553	496
100.0		548	491	548	491
250.0				546	490

综合布线系统的设计和案例

(11) 线对的传输时延差(Delay Skew)。

以同一缆线中信号传播时延最小的线对的时延值作为参考,其余线对与参考线对时延差值定义为线对的传输时延差。

在通道链路方式下规定极限值为 50ns。在永久链路下规定极限值为 44ns。若线对间时延差超过该极限值,在链路高速传输数据下和在 4 个线对同时并行传输数据时,将有可能造成对所传输数据帧结构的严重破坏。

(12) 回波损耗(RL)。

回波损耗是由线缆与接插件构成链路时,由于特性阻抗偏离标准值导致功率反射而引起的。

RL 由输出线对的信号幅度和该线对所构成的链路上反射回来的信号幅度的差值导出,表 10-9 列出不同链接方式下回波损耗限定范围。

表 10-9　回波损耗在不同链路下的极限值

频率/MHz	ClassD(5 类)		ClassE(6 类)	
	通道链路	基本链路	通道链路	永久链路
1~10	17	19	19	21
16	17	19	$24-5\log(f)$	$26-5\log(f)$
20	17	19		
20<f<40	$30-101\log(f)$	$32-101\log(f)$		
100			$32-10\log(f)$	$34-10\log(f)$
200				
250				

(13) 链路脉冲噪声电平。

由于大功率设备间断性启动,给布线链路带来了电冲击干扰。布线链路在不连接有源器械和设备情况下,高于 200mV 的脉冲噪声发生个数的统计,测试 2min 捕捉脉冲噪声个数不大于 10 个。由于布线链路用于传输数字信号,为了保证数字脉冲信号可靠传输,根据局域网的安全,要求限制网上干扰脉冲的幅度和个数。该参数在验收测试时,只在整个系统中抽样几条链路进行测试。

(14) 背景杂讯噪声。

由一般用电器工作带来的高频干扰、电磁干扰和杂散宽频低幅干扰。综合布线链路在不连接有源器件及设备情况下,杂讯噪声电平应小于等于 30dB。该指标也应抽样测试。

(15) 综合布线系统接地测量。

综合布线接地系统安全检验。接地自成系统,与楼宇地线系统接触良好,并与楼内地线系统联成一体,构成等压接地网络。接地导线电阻小于等于 1Ω(其中包括接地体和接地扁钢,在接地汇流排上测量)。

(16) 屏蔽线缆屏蔽层接地两端测量。

链路屏蔽线缆屏蔽层与两端接地电位差小于 1Vr·m·s。

上述参数 3~5 类链路测试时,仅测试 1~7 个参数,在对 5 类布线(用于开通千兆以太网使用)和进行增强 5 类及 6 类测试时,需测试 1~14 个参数的全部项目。

(17) 各段缆线长度限值如表 10-10 所示。

表 10-10　各段缆线长度限值

电缆总长度∑/m	水平布线电缆 H	工作区电缆 W	交接间跳线和设备电缆/m
100	90	3	7
99	85	7	7
98	80	11	7
97	75	15	7
97	70	20	7

注：各段缆线长度也可按以下公式计算：

$$C=(102-H)/1.2$$
$$W=C-7\leqslant 20\text{m}$$

式中：$C=W+D$——工作区电缆、交接间跳线和设备电缆的长度总和；

　　　W——工作区电缆的最大长度；

　　　H——水平布线电缆的长度。

10.3.7　线缆的敷设与安装

为了使工程中布放的线缆的质量得到有效的保证,在工程的招标投标阶段可以对厂家所提供的产品样品进行分类封存备案,待工程的实施中,厂家大批量供货时,用所封存的样品进行对照,以检验产品的外观、标识和品质是否完好,对工程中所使用的缆线应按下列要求进行。

1. 缆线的检验内容

(1) 工程中所用的缆线的规格、程式和型号应符合设计的规定。

(2) 缆线的外护套应完整无损,芯线无断线和混线,并应有明显的色标。

本工程中电话和宽带接线采用非屏蔽超 5 类双绞线(UTP CAT5e);机柜接地采用不低于 35mm^2 的电源线,且宜短、直。楼内机柜相互连接的电话电缆采用 HYA 型大对数全塑电缆。

2. 模块检查

(1) 所有模块(包括 IDC 及 RJ-45 模块,光纤模块)支架、底板和理线架等部件应紧固在机柜或机箱内,如直接安装在墙体时,应固定在胶合板上,并符合设计的要求。

(2) 各种模块的彩色标签的内容建议如下:

绿色:外部网络的接口侧,如公用网电话线、中继线等。

紫色:内部网络主设备侧。

白色:建筑物主干电缆或建筑群主干电缆侧。

蓝色:水平电缆侧。

灰色:交接间至二级交接间之间的连接主干光缆侧。

橙色:多路复用器侧。

黄色:交换机其他各种引出线。

(3) 所有模块应有 4 个孔位的固定点。

(4) 连接外线电缆的 IDC 模块必须具有加装过压过流保护器的功能。

3. 信息插座盒安装检查

信息插座盒体包括单口或双口信息插座盒、多用户信息插座盒(12 口)等,具体的安装位置、高度应符合设计要求。

4. 线缆的性能、指标抽测

对于对绞电缆应从到达施工现场的批量电缆中任意抽出三盘,并从每盘中截出 90m,同时在电缆的两端连接上相应的接插件,以形成永久链路(5 类布线系统可以使用基本链路模式)的连接方式(使用现场电缆测试仪)。进行链路的电气特性测试。从测试的结果进行分析和判断这批电缆及接插件的整体性能指标,也可以让厂家提供相应的产品出厂检测报告和质量技术报告,并与抽测的结果进行比较。对光缆首先对外包装进行检查,如发现有损伤或变形现象,也可按光纤链路的连接方式进行抽测。

5. 水平布线子系统的缆线施工

水平布线子系统的缆线是综合布线系统中的分支部分,具有面广、量大,具体情况较多,而且环境复杂等特点,遍及智能化建筑中的所有角落。其缆线敷设方式有预埋、明敷管路和槽道等几种,安装方法又有在天花板(或吊顶)内、地板下和墙壁中以及三种混合组合方式。本工程缆线在预埋暗管和槽道内敷设,应按下列方式要求进行施工。

(1) 缆线在墙壁内敷设均为短距离暗敷,当新建的智能化建筑中有预埋管槽时,这种敷设方法比较隐蔽美观、安全稳定。一般采用拉线牵引缆线的施工方法。

(2) 在已建成的建筑物中没有暗敷管槽时,只能采用明敷线槽或将缆线直接敷设,在施工中应尽量把缆线固定在隐蔽的装饰线下或不易被碰触的地方,以保证缆线安全。

(3) 本工程布放线缆以链路为单位逐条进行,一般同一楼层按信息点由远及近布放线缆至配线架。对于整栋楼宇的线缆布放,可以从第一层开始逐层布放。

6. 设备及信息点标识

(1) 综合布线的每条电缆、配线设备、端接点、安装通道和安装空间均应给定唯一的标志。标志中可包括名称、颜色、编号、字符串或其他组合。

(2) 线缆的两端均应标明相同的编号。

(3) 本工程可以按一定的模式进行标识和记录,例如宽带数据信息点标识编号可以采用楼宇编号—楼层数—房间号—信息点号。信息点号从 1 开始,按每个房间进门顺时针方向编号,编号按顺序依次排列完成。

(4) 一个编号表示一个信息点(或者机柜)。

7. 电气防护及接地

(1) 综合布线区域内存在的电磁干扰场强大于 3V/m 时应采取防护措施。

(2) 关于综合布线区域允许存在的电磁干扰场强的规定,考虑下述因素:

① 在 EN50082-X 通用抗干扰标准中,规定居民区/商业区的干扰辐射场强为 3V/m,按 IEC801-3 抗辐射干扰标准的等级划分,属于中等 EM 环境。

② 在原邮电部电信总局编制的《通信机房环境安全管理通则》中,规定通信机房的电磁场强度在频率范围为 $0.15\sim500\mathrm{MHz}$ 时不应大于 130dBMV/m,相当于 3.16V/m。

(3) 综合布线电缆与附近可能产生高电平电磁干扰的电动机、电力变压器等电气设备之间应保持必要的间距,如表 10-11 所示。

表 10-11　综合布线系统与干扰源的间距图

其他干扰源	与综合布线接近状况	最小间距/mm
380V 以下电力电缆＜2kVA	与缆线平行敷设	130
	有一方在接地的线槽中	70
	双方都在接地的线槽中	10
380V 以下电力电缆 2～5kVA	与缆线平行敷设	300
	有一方在接地的线槽中	150
	双方都在接地的线槽中	80
380V 以下电力电缆＞5kVA	与缆线平行敷设	600
	有一方在接地的线槽中	300
	双方都在接地的线槽中	150
荧光灯、氢灯、电子启动器或交感性设备	与缆线接近	150～300
无线电发射设备(如天线、传输线、发射机等)雷达设备等其他工业设备(开关电源、电磁感应炉、绝缘测试仪等)	与缆线接近(当通过空间电磁场耦合强度较大时,应按规定办理考虑屏蔽措施)	≥1500
配电箱	与配线设备接近	≥1000
电梯、变电室	尽量远离	≥2000

综合布线系统与干扰源的间距应符合表 10-11 的要求。

1) 双方都在接地的线槽中,且平行长度≤ 10m 时,最小间距可以是 10mm。

双方都在接地的线槽中,是指两个不同的线槽,也可在同一线槽中用金属板隔开。

2) 电话用户存在振铃电流时,不能与计算机网络在同一根对绞电缆中一起运用。

3) 综合布线系统应根据环境条件选用相应的缆线和配线设备,应符合下列要求:

(1) 各种缆线和配线设备的抗干扰能力,采用屏蔽的综合布线系统平均可减少噪声20dB。

(2) 各种缆线和配线设备的选用原则宜符合下列要求:

① 当周围环境的干扰场强度或综合布线系统的噪声电平较低时可采用 UTP 缆线系统和非屏蔽配线设备,这是铜缆双绞线的主流产品。

② 当周围环境的干扰场强度或综合布线系统的噪声电平较高,干扰源信号或计算机网络信号频率大于或等于 30MHz,应根据其超过标准的量级大小,分别选用 FTP、SFTP、STP 等不同的屏蔽缆线系统和屏蔽配线设备。

③ 当周围环境的干扰场强度很高,采用屏蔽系统已无法满足各项标准的规定时,应采用光缆系统。

8. 通信电缆技术指标及规范

用户电缆线路网的配线方式采用直通配线。电缆接续按以下方式:

(1) 全塑电缆芯线接续必须采用压接法。

(2) 电缆芯线的直接、复接线序必须与设计要求相符,全色谱电缆必须色谱、色带对应接续。

(3) 模块型接线子接续应按设计要求的型号选用模块型接线子。接续中继电缆芯线时,模块下层接 B 端线,上层接 A 端线;接续不同线径芯线时,模块下层接细径线,上层接粗径线,均要符合工程验收标准。

9. 电缆桥架安装及技术要求

电缆桥架按结构可分为两大类,即梯架和金属线槽。在综合布线专用竖井或上升房内,可选用无盖梯架或线槽。在与其他缆线公用通道路由时,除按规定保持间隔距离外,还可采用带有金属防护盖的梯架或线槽。电缆桥架均应采用经过防腐处理的定型产品。其规格、型号应符合设计要求。线槽内外应平整光滑,无飞边毛刺,无扭曲翘边等现象。安装的电缆桥架要良好接地。

1) 桥架安装作业环境

(1) 土建工程应全部结束且预留孔洞,预埋件安装牢固,强度合格。

(2) 桥架安装沿线的模板等设施拆除完毕,场地清理干净,道路畅通。

(3) 室内电缆桥架安装宜在管道及空调工程基本施工完毕后进行。

(4) 吊顶内安装时,应在吊顶前进行;吊顶下安装时,应在吊顶基本结束或配合龙骨安装时进行。

2) 电缆桥架的安装

(1) 划线定位。根据图纸确定安装位置,从始端到终端(先干线后支线),找出水平或垂直线,在桥架路线中心线上定位,均分吊装支撑间距,并标出具体位置。

(2) 预留孔洞。根据建筑轴线部位,采用预制加工框架,固定在相应的位置上,并进行调直找正,待现浇混凝土模板拆除后,拆下框架,抹平孔洞周边。

(3) 线槽在吊顶内敷设时,如果吊顶内无法上人操作,吊顶上应按规定间距留出检修孔,检修孔应利于施工和维护工作。

(4) 桥架或线槽穿越楼板墙洞时,不应将其与洞口一起用水泥堵死,应采用防火堵料进行封堵。

(5) 桥架或线槽经过建筑物的变形缝(伸缩缝、沉降缝)时,线槽本身应断开,槽内用条孔内连接板搭接,不应固定牢固。跨接地线和槽内缆线均应留有补偿余量。

(6) 桥架或线槽应尽量紧贴建筑物构建表面,应固定牢固,横平竖直,整齐严实,盖板无翘角、短缺。接地线应固定稳妥并确保电气连通。

(7) 与其他弱电系统共用金属线槽时应采用金属隔板间隔。线槽内,不同方向的信息缆线应分束捆扎,并做好标记。

(8) 桥架或线槽内线缆布放结束后,不得再进行喷涂刷漆,以免通信线缆受到污染破坏。

10. 施工注意事项

(1) 本工程按图纸敷设与安装,应严格执行 GB/T 50312-2007《综合布线系统工程验收规范》。

(2) 本工程施工时请按实调整,并做好竣工资料的编制。

(3) 5 类线终端和链接顺序的施工操作方法均按标准规定办理(包括剥除外护套长度、缆线扭绞状态都应符合技术要求)。

(4) 缆线终端方式应采用卡接方式,施工中不宜用力过猛,以免造成接续模块受损。连接顺序应按缆线的统一色标排列,在模块中连接后的多余线头必须清除干净,以免留有后患。

(5) 缆线终端连接后,应对缆线和配线架接续设备等进行全程测试,以保证综合布线系统正常进行。

(6) 对通信引出端内部进行检查,做好固定线的连接,以保证电气连接的完整牢靠。

(7) 在终端连接时,应按缆线统一色标、线对组合和排列顺序施工连接(符合 GB/T 50312-2007 的规定)。

(8) 对绞线对卡接在配线模块的端子时,首先应符合色标的要求,并尽量保护线对的对绞状态,对于 5 类线缆的线对分扭绞状态应不大于 13mm。

(9) UTP 线缆布放时应避开所有的 EMI(电磁干扰)源,线缆与电力线之间的最小净距应符合设计要求。

(10) 避开热力管道和热水管的热源。

(11) 非屏蔽 4 对对绞电缆的弯曲半径应大于电缆直径 4 倍,在施工工程中应至少为 8 倍。

(12) n 根 5 类电缆布放时拉力不得超过 $n \times 50 + 50$(N)。

(13) 对绞线在与 8 位模块式信息插座连接时必须按照缆线的色标和线对顺序进行卡接,不得颠倒或接错。本设计中推荐 T568A、T568B 两种卡接方式,但是在同一工程中两种连接方式不能混合使用。

(14) 必须采用专制卡接工具进行卡接。

(15) 综合布线系统工程中所用的缆线类型和性能指标、布线部件的规格以及质量等均要符合我国通信行业标准 YD/T 926.1-3-2009《大楼通信综合布线系统第 1—3 部分》等规范或设计文件的规定,工程施工中不得使用未经鉴定合格的器材和设备。

(16) 有关施工的一般标准要按相关施工规范操作,对非原则性个别问题,在施工中与建设单位协商处理解决。

11. 节能减排,绿色环保

国家信息产业部不断强调节能减排在信息产业中的重要性,在材料集中采购的过程中,均已充分考虑了其产品的环保问题。所选材料均符合国家相关法律法规规定及行业设计标准,能够达到合理利用能源和环保的效果。

12. 其他需要说明的问题

(1) 本工程施工情况复杂,在施工前请施工单位及建设单位要和某大学新校区建设办公室相关主管领导联系,协商相关专业配合施工的详细事宜。在取得支持后,方可进入施工。

(2) 在某大学新校区内施工时,施工单位应文明规范施工,设置相应安全标志,遵守相关管理规定要求,确保当地人员及公私财产的安全。与其他相关施工单位交叉作业时,应及时与其主管单位联系,并现场确定安全后才可以进行施工。

(3) 线缆敷设时要避免遭受冲击、划伤、扭折、背扣等人为损伤。

(4) 在施工作业前,施工人员要确认原有工器具以及施工现场等是否安全,待确认安全后才可以施工作业。如发现不安全因素,要尽快撤离并向相关部门报告。

(5) 本工程大对数电缆全部在室内槽道中布放。施工时注意槽道电缆及施工人员安全。

(6) 本工程用线缆跳线分电话语音用跳线和数据宽带用跳线,在本设计中计列相关材料及工费。本工程中布放设备侧大对数电缆为语音交换设备附带材料,由设备厂家提供在本设计根据交换专业提供数据计列布放大对数电缆相关工费。

附件1：配线架安装位置统计表

以行政楼为例，共6个机柜，每个机柜42U。

配线架安装位置统计表

位置	高度	设备	位置	高度	设备	位置	高度	设备
校行政楼北四楼	42U	风扇	校行政楼北四楼	42U	风扇	校行政楼北一楼	42U	风扇
	41U			41U			41U	
	40U	电源 空开		40U	ODF		40U	电源 空开
	39U			39U			39U	
	38U			38U			38U	
	37U			37U			37U	
	36U			36U			36U	
	35U	直流 远供		35U			35U	
	34U			34U			34U	
	33U			33U			33U	
	32U	MUD64		32U			32U	
	31U			31U			31U	
	30U			30U			30U	
	29U	MUD256		29U			29U	48口交换机
	28U			28U			28U	
	27U			27U			27U	48口交换机
	26U	楼宇交换机		26U			26U	
	25U			25U	110电话配线架		25U	48口交换机
	24U			24U			24U	
	23U	48口交换机		23U	110电话配线架		23U	48口交换机
	22U			22U			22U	
	21U	48口交换机		21U	110电话配线架		21U	
	20U			20U			20U	
	19U	48口交换机		19U	110电话配线架		19U	
	18U			18U			18U	
	17U	48口交换机		17U	110电话配线架		17U	
	16U			16U			16U	
	15U			15U	110电话配线架		15U	
	14U	24口配线架		14U			14U	
	13U	理线器		13U	110电话配线架		13U	
	12U	24口配线架		12U			12U	
	11U	24口配线架		11U	110电话配线架		11U	
	10U	理线器		10U			10U	24口配线架
	9U	24口配线架		9U	24口电话配线架		9U	理线器
	8U	24口配线架		8U	理线器		8U	24口配线架
	7U	理线器		7U	24口电话配线架		7U	24口配线架
	6U	24口配线架		6U	24口电话配线架		6U	理线器
	5U	24口配线架		5U	理线器		5U	24口配线架
	4U	理线器		4U	24口电话配线架		4U	24口配线架
	3U	24口配线架		3U	24口电话配线架		3U	理线器
	2U			2U	理线器		2U	24口配线架
	1U			1U	24口电话配线架		1U	

续表

位置	高度	设备	位置	高度	设备	位置	高度	设备
校行政楼北四楼	42U	风扇	校行政楼北四楼	42U	风扇	校行政楼北一楼	42U	风扇
	41U			41U			41U	
	40U	电源		40U	ODF		40U	电源 空开
	39U			39U			39U	
	38U			38U			38U	
	37U			37U			37U	
	36U			36U			36U	
	35U			35U			35U	
	34U			34U			34U	
	33U			33U			33U	
	32U	楼宇交换机		32U			32U	
	31U			31U			31U	
	30U			30U			30U	
	29U	48口交换机		29U			29U	
	28U			28U			28U	
	27U	48口交换机		27U			27U	48口交换机
	26U			26U			26U	
	25U	48口交换机		25U	110电话配线架		25U	48口交换机
	24U			24U			24U	
	23U	48口交换机		23U	110电话配线架		23U	48口交换机
	22U			22U			22U	
	21U	48口交换机		21U	110电话配线架		21U	48口交换机
	20U			20U			20U	
	19U	48口交换机		19U	110电话配线架		19U	48口交换机
	18U			18U			18U	
	17U			17U			17U	
	16U			16U			16U	
	15U	理线器		15U			15U	
	14U	24口配线架		14U			14U	
	13U	24口配线架		13U			13U	
	12U	理线器		12U			12U	
	11U	24口配线架		11U			11U	
	10U	24口配线架		10U			10U	24口配线架
	9U	理线器		9U	24口电话配线架		9U	理线器
	8U	24口配线架		8U	理线器		8U	24口配线架
	7U	24口配线架		7U	24口电话配线架		7U	24口配线架
	6U	理线器		6U	24口电话配线架		6U	理线器
	5U	24口配线架		5U	理线器		5U	24口配线架
	4U	24口配线架		4U	24口电话配线架		4U	24口配线架
	3U	理线器		3U	24口电话配线架		3U	理线器
	2U	24口配线架		2U	理线器		2U	24口配线架
	1U			1U	24口电话配线架		1U	

综合布线系统的设计和案例

附件2：工作量统计表

以行政楼为例。

工作量统计表

	楼层	电话点	门禁点	网线点	布放 6 对对绞电缆			链路测试（链路）	安装线槽/m	敷设 PVC 管/m
					垂直/m	水平/m	合计/m			
行政楼北楼	5层	13	0	30	215	2365	2580	43	127	65
	4层	16	0	37	53	2915	2968	53	127	80
	3层	34	0	73	535	5885	6420	107	209	161
	2层	32	0	71	675	5665	6340	103	201	155
	1层	32	0	72	552	5720	6272	104	185	156
	合计	127	0	283	2030	22 550	24 580	410	849	617

	楼层	电话点	门禁点	网线点	布放 4 对对绞电缆			链路测试（链路）	安装线槽/m	敷设 PVC 管/m
					垂直/m	水平/m	合计/m			
行政楼南楼	5层	23	0	49	360	3960	4320	72	0	108
	4层	22	0	49	71	3905	3976	71	0	107
	3层	29	0	57	430	4730	5160	86	0	129
	2层	31	0	64	630	5225	5855	95	0	143
	1层	29	0	65	500	5170	5670	94	0	141
	合计	134	0	284	1991	22 990	24 981	418	0	628

附件 3：图例

校行政楼

序　号	图　例	名　称	安 装 方 式	备　注
1	●	数据点	暗装，距地 0.3m	
2	W	无线 AP 点	吊顶内安装	教室内距地 2.8m
3	◎	电话点	暗装，距地 0.3m	
4	SPF	视频服务器	竖井内明装，距地 1.4m	
5	▭	多媒体机柜	坐地安装	视现场情况确定位置
6	▢	网络机柜	坐地安装	

附件 4：综合布线系统图

以行政楼北侧弱电井为例。

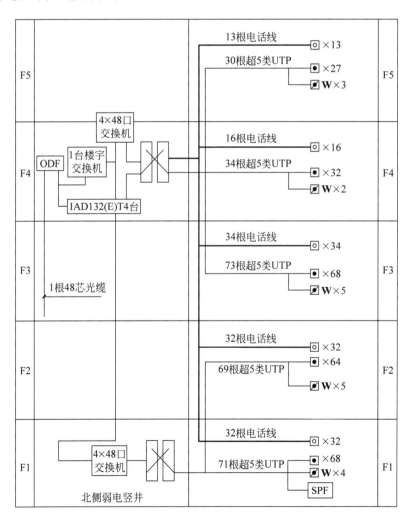

综合布线系统的设计和案例

附件 5：机房跳线架安装图

以行政楼为例。

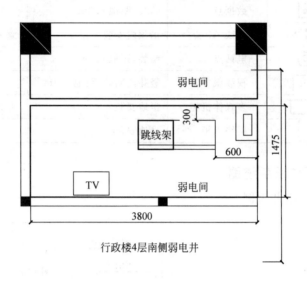

行政楼4层南侧弱电井

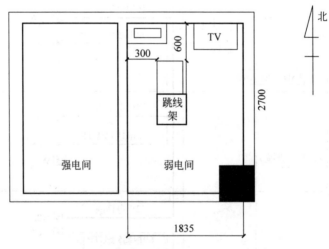

行政楼4层北侧弱电井

附件 6: **综合布线平面图**

以行政楼某层部分为例。

综合布线系统的设计和案例

附件 7：部分光缆路由规划

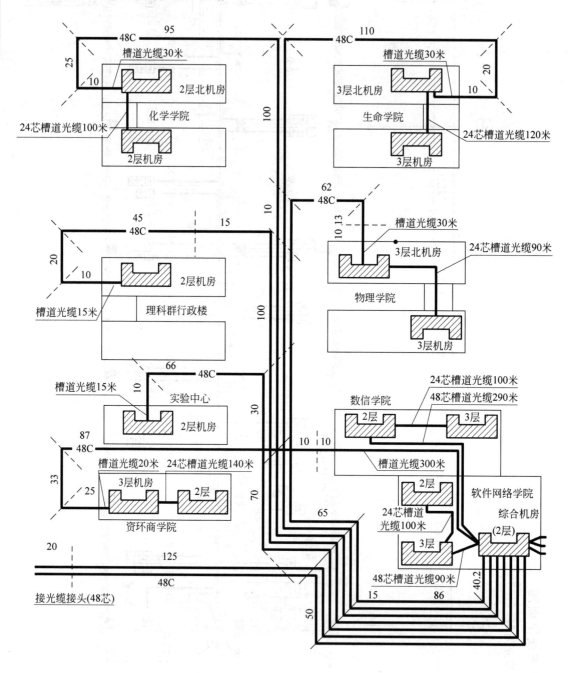

第11章　　　　实 验 部 分

实验一　超 5 类非屏蔽和屏蔽水晶头的制作

在水平子系统和工作区子系统中使用最为广泛的传输介质为双绞线（Twisted-Pair Cable,TP），双绞线是由不同颜色的 4 对 8 芯线组成，每两条按一定规则绞织在一起，成为一个芯线对。作为以太局域网最基本的连接、传输介质，人们对双绞网线的重视程度是不够的，总认为它无足轻重，其实做过网络的人都知道绝对不是这样的，相反它在一定程度上决定了整个网络性能。这一点其实很容易理解，一般来说越是基础的东西越是起着决定性的作用。双绞线作为网络连接的传输介质，将来网络上的所有信息都需要在这样一个信道中传输，因此其作用是十分重要的，如果双绞线本身质量不好，传输速率受到限制，即使其他网络设备的性能再好，传输速度再高又有什么用呢？因为双绞线已成为整个网络传输速度的一个"瓶颈"。它一般有屏蔽（Shielded Twicted-Pair, STP）与非屏蔽（Unshielded Twisted-Pair, UTP）双绞线之分，屏蔽的当然在电磁屏蔽性能方面比非屏蔽的要好些，但价格也要贵些。

1. 非屏蔽 5 类和超 5 类水晶头的制作

1）实验目的

- 掌握 RJ-45 水晶头和网线的制作方法和技巧。
- 掌握网线的色谱、剥线方法、预留长度和压接顺序。
- 掌握各种 RJ-45 水晶头和网线的测试方法。
- 掌握网络线压接常用工具和操作技巧。

2）实验材料和工具

如图 11-1～图 11-4 所示。

图 11-1　超 5 类非屏蔽双绞线

图 11-2　超 5 类非屏蔽 RJ-45 水晶头

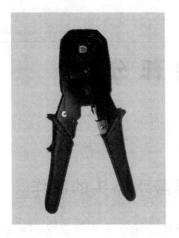

图 11-3　5 类 RJ-45 压线/切线/剥线钳

图 11-4　网线测试仪

3）接口标准

为了方便网络连接，对于双绞线的制作，国际上规定了 EIA/TIA 568A 和 568B 两种接口标准，这两个标准是当前公认的双绞线的制作标准。相应的接口线序排列如下所示：

T586A 模式　①白绿　②绿　③白橙　④蓝　⑤白蓝　⑥橙　⑦白棕　⑧棕

T586B 模式　①白橙　②橙　③白绿　④蓝　⑤白蓝　⑥绿　⑦白棕　⑧棕

事实上，568A 标准就是将 568B 标准的 1 号线和 3 号线对调，2 号线和 6 号线对调，568A 和 568B 两者有何区别呢？后者是前者的升级和完善。另外，在综合布线的施工中，有着 568A 和 568B 两种不同的打线方式，两种方式对性能没有影响，但是必须强调的是，在一个工程中只能使用一种打线方式，现阶段用 T586B 的模式多一些。

日常用到的跳线有两种类型：平行线（又称为直通线）和交叉线（又称为级联线），同种设备相连的时候用交叉线（交换机之间、计算机之间），异种设备相连的时候用平行线（交换机和计算机之间），我们在综合布线的水平子系统中使用的都是平行线。

（1）平行线：将双绞线的两端都按照 568B 标准（或都按照 568A 标准）整理线序，压入 RJ-45 水晶头内。

（2）交叉线：双绞线一端接头制作时采用 568B 标准，另一端则采用 568A 标准。事实上，平行线也可以不按照上述标准制作，只要两端芯线顺序一致即可，但这样制作出来的平行线不符合国际压线标准，使用时会影响网络速度，所以要按照国际标准压线。

4）实验步骤

（1）用 RJ-45 压线钳的切线槽口剪裁适当长度的双绞线，如图 11-5 和图 11-6 所示。

（2）用 RJ-45 压线钳的剥线口将双绞线一端的外层保护壳剥下约 1.5cm（太长接头容易松动，太短接头的金属刀口不能与芯线完全接触），注意不要伤到里面的芯线，将 4 对芯线成扇形分开，按照相应的接口标准（568A 或 568B）从左至右整理线序并拢直，使 8 根芯线平行排列，整理完毕用斜口钳将芯线顶端剪齐，如图 11-7～图 11-9 所示。

（3）将水晶头有弹片的一侧向下放置，然后将排好线序的双绞线水平插入水晶头的线槽中，如图 11-10 所示。注意导线顶端应插到底，以免压线时水晶头上的金属刀口与导线接触不良。

图 11-5　压线钳的切线槽口

图 11-6　剥外层保护皮

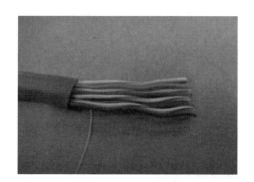

图 11-7　按顺序理线

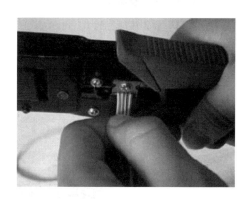

图 11-8　顶端剪齐

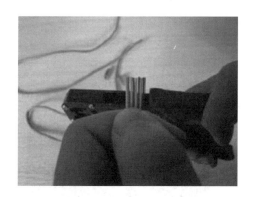

图 11-9　剪好后的线缆

图 11-10　放入 RJ-45 水晶头里

（4）确认导线的线序正确且到位后，将水晶头放入压线钳的 RJ-45 夹槽中，再用力压紧，使水晶头夹紧在双绞线上，如图 11-11 和图 11-12 所示。至此，网线一端的水晶头就压制好了。

（5）同理制作双绞线的另一端接头。此处注意，如果制作的是交叉线，两端接头的线序应不同。

（6）使用网线测试仪来测试制作的网线是否连通，如图 11-13 所示。防止存在断路导致无法通信，或短路损坏网卡或集线器。如果 8 条线的灯都一对一的亮起，说明线缆是通的,但是否符合认证测试电气性能参数的要求,要用专用的认证测试仪器进行测试(具体见测试实验)。

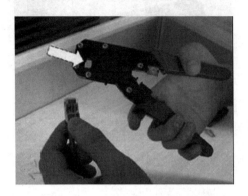

图 11-11　放入压线钳的 RJ-45 槽里

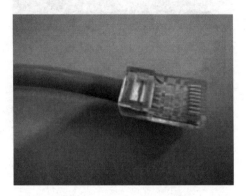

图 11-12　完成后的水晶头

图 11-13　测试

2. 屏蔽水晶头的制作

屏蔽的水晶头如图 11-14 所示。屏蔽的超 5 类双绞线如图 11-15 所示,做法和非屏蔽的一样,只是屏蔽线和屏蔽壳要接触,屏蔽线里的铜线接地即可,如图 11-16 所示。

图 11-14　屏蔽 RJ-45 头

图 11-15　屏蔽双绞线

图 11-16　完成的屏蔽线缆

实验二　6 类水晶头的制作

1. 实验目的

- 掌握 6 类水晶头的制作方法和技巧。
- 掌握网线的色谱、剥线方法、预留长度和压接顺序。
- 掌握网络线压接常用工具和操作技巧。

2. 实验材料和工具

如图 11-17～图 11-19 所示。

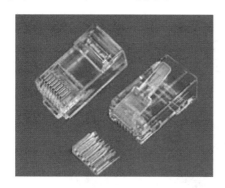

图 11-17　6 类 RJ-45 水晶头

图 11-18　6 类双绞线

图 11-19　6 类 RJ-45 压线/切线/剥线钳和网线测试仪

3. 接口标准

其实 6 类线的水晶头的做法和 5 类、超 5 类差不多，但还是有点区别，6 类模块有着更高的传输性能。6 类水晶头不同于传统的超 5 类水晶头，它有两种，一种是无内部分线件，它的接口标准和五类 RJ-45 水晶头的接口标准是一样的（请参照实验一），无分线件的 6 类水晶头和 5 类、超 5 类水晶头的制作步骤基本一样，只是在穿线前将六类电缆中间的十字骨架剪掉，穿线时会自动分成上下两排；另一种由两部分组成：内部的分线件和外壳，有分线件的 6 类水晶头制作步骤如下。

4. 实验步骤（有分线件）（如图 11-20 所示）

（1）将 6 类 UTP 电缆套管自端头剥开。

（2）将 6 类 UTP 电缆中间的十字骨架剪掉。

（3）将线缆解纽，由于解纽直接影响到性能，因此应注意解纽的长度不能太长，并将解纽后的导线理直，将导线按 568B 或 568A 的顺序理齐。

（4）导线经修整后（导线端面应平整，避免毛刺影响性能），按照图示要求穿入水晶头内部分线件上，注意穿入的线序。

（5）水晶头内部分线件沿导线往下拉，直至未解纽的部分，然后剪去前端多余电缆。

（6）将第（5）步做好的线缆插入水晶头外壳中，注意插入方向。

（7）将水晶头放入压线工具用力压紧。

（8）同理制作双绞线的另一端接头。如果制作的是交叉线，两端接头的线序应不同。

（9）使用网线测试仪来测试制作的网线是否连通。

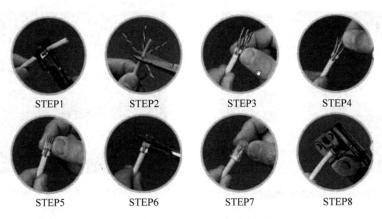

图 11-20　6 类水晶头安装步骤

5. 制作 6 类水晶头的注意事项

6 类系统中不建议用户自己制作水晶头，因为工程施工现场的设备和施工人员的专业水平限制，所做出的跳线的电气性能稳定性没法保证，电气性能也同专业跳线厂家生产出的跳线有一定差距，所以应该注意如下几点要求，以便提高手工制作 6 类水晶头的成功率。

（1）要注意尽量减少未穿入水晶头分线件的导线的解纽长度，不能将剥去外皮的导线全部解纽，否则跳线电气性能会变差。

（2）线缆穿线时要注意按标准安排好穿线次序，尽量减少线缆之间相互交叉。

（3）穿好分线件后剪去多余线缆时要与分线件的一端平齐，插入水晶头外壳后要一直插到外壳的最前端,否则会导致接触不可靠。

(4)压线的力量要控制好,力量大会导致簧片压入过深,影响与插座的接触可靠性,力量小会导致簧片与导线接触不可靠。线缆的外护套要有一部分在水晶头外壳内部,通过外壳固定外护套,避免线缆在水晶头内部移动,影响电气性能稳定性。

实验三　非屏蔽与屏蔽信息模块的制作

1. 实验目的
- 掌握 5 类(6 类)模块的制作方法和技巧。
- 掌握网线的色谱、剥线方法、预留长度和压接顺序。
- 掌握模块压接常用工具和操作技巧。

2. 实验材料和工具
如图 11-21～图 11-26 所示。

图 11-21　需打线型 RJ-45 信息模块

图 11-22　剥线器

图 11-23　双绞线

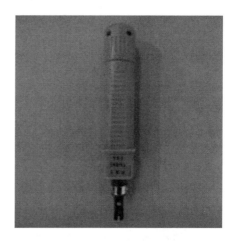

图 11-24　110 打线钳

3. 端接标准
这里指的是 RJ-45 信息模块,满足 5 类传输标准,符合 T568A 和 T568B 线序,适用于管理间与工作区的通信插座连接。信息模块端接方式的主要区别在于 T568A 和 T568B 模块的内部固定联线方式,端接之时只需按照模块侧面标注的选择标准打线即可。

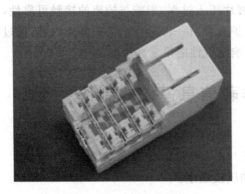

图 11-25　免打线型 RJ-45 信息模块

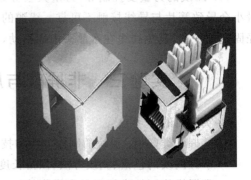

图 11-26　屏蔽 RJ-45 信息模块

4. 实验步骤

(1) 需打线型 RJ-45 信息模块的安装。

RJ-45 信息模块前面插孔内有 8 芯线针触点分别对应着双绞线的 8 根线;后部两边分列各 4 个打线柱,外壳为聚碳酸酯材料,打线柱内嵌有连接各线针的金属夹子;有通用线序色标清晰注于模块两侧面上,分两排。A 排表示 T586A 线序模式,B 排表示 T586B 线序模式。这是最普通的需打线工具打线的 RJ-45 信息模块。具体的制作步骤如下:

第 1 步:拿出一根双绞线,用剥线工具或压线钳的刀具在离线头 5cm 长左右将双绞线的外包皮剥去,如图 11-27 所示。

第 2 步:把剥开的双绞线线芯按线对分开,但先不要拆开各线对,只有在将相应线对预先压入打线柱时才拆开。按照信息模块上所指示的色标选择统一的线序模式(注:在一个布线系统中最好只统一采用一种线序模式,否则接乱了,网络不通则很难查),将剥皮处与模块后端面平行,两手稍旋开绞线对,稍用力将导线压入相应的线槽内,如图 11-28 所示。

图 11-27　剥外皮

图 11-28　线压入相应的线槽内

第 3 步:全部线对都压入各槽位后,就可用打线工具将一根根线芯进一步压入线槽中,如图 11-29 所示,完成后如图 11-30 所示。

110 打线工具的使用方法是:切割余线的刀口永远是朝向模块的外侧,打线工具与模块垂直插入槽位,垂直用力冲击,听到"卡嗒"一声,说明工具的凹槽已经将线芯压到位,已经嵌入金属夹子里,并且金属夹子已经切入绝缘皮咬合铜线芯形成通路。这里千万注意以下两点:刀口向外,若忘记变成向内,压入的同时也切断了本来应该连接的铜线;垂直插入,如果打斜了将使金属夹子的口撑开，再也没有咬合的能力，并且打线柱也会歪掉，难以修复，这个模块就坏了。若新买的好刀具，在冲击的同时应能切掉多条的线芯，若不行，多冲击几次，并可以用手拧掉。

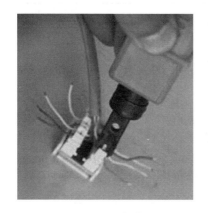

图 11-29　打线

图 11-30　完成

　　第 4 步：将信息模块的塑料防尘片扣在打线柱上（如图 11-31 所示），并将打好线的模块扣入信息面板上，如图 11-32 所示。

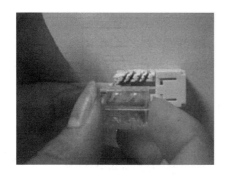

图 11-31　盖上防尘片

图 11-32　模块扣入信息面板

　　（2）免打线型 RJ-45 信息模块的安装。

　　免打线型 RJ-45 信息模块的设计便于无须打线工具而准确快速地完成端接，没有打线柱，而是在模块的里面有两排各 4 个的金属夹子，而锁扣机构集成在扣锁帽里，色标也标注在扣锁帽后端，端接时用剪刀裁出约 4cm 的线，按色标将线芯放进相应的槽位，扣上，再用钳子压一下扣锁帽即可（有些可以用手压下，并锁定）。扣锁帽确保铜线全部端接并防止滑动，扣锁帽多为透明，以方便观察线与金属夹子的咬合情况。

　　（3）屏蔽信息模块的安装。

　　目前，在国内的信息网络结构化布线系统实施过程中，随着对网络可靠性和抗干扰能力要求的提高，屏蔽系统得到了更多的应用，与非屏蔽系统相比，屏蔽系统的实施有一些不同的技术要求，尤其是对屏蔽层的处理，如果施工不当，还会对系统的整体性能造成影响，为了大家能够正确实施屏蔽系统的施工，下面以安普公司的超 5 类信息模块端接为例来做详细的介绍。

　　该模块的结构如图 11-33 所示，包括模块和左右两个屏蔽壳，可以支持 22～26AWG 直径的导线进行端接。将电缆外皮剥除约 50.8mm,将金属屏蔽层向后弯折并包裹住电缆外皮,然后去掉屏蔽层内的透明薄膜,将导流线按图 11-34 所示缠绕在屏蔽层上。

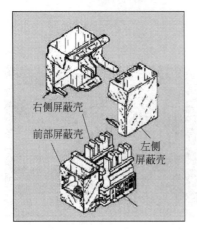

图 11-33　屏蔽模块的结构

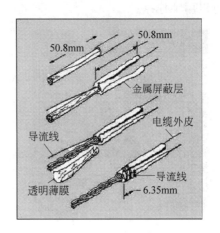

图 11-34　屏蔽电缆线

　　将导线安装到打线端口中,切断后的电缆外皮与模块后端对齐,如图 11-35 所示。如图 11-36 所示选择合适的线序。

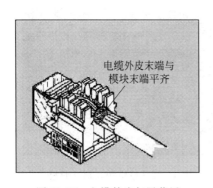

图 11-35　电缆外皮与屏蔽层

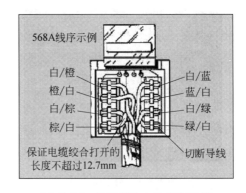

图 11-36　按照模块上的线序连接

　　使用打接工具将导线压入打线端口中并切断多余的导线,将多余的导线去掉,如图 11-37 所示,然后安装右侧的屏蔽壳,安装时要确保屏蔽壳的前端开口处在模块前端屏蔽壳的外部,如图 11-38 所示。接下来安装左侧的屏蔽壳,同样要确保安装时屏蔽壳的前端开口处在模块前端屏蔽壳的外部。同时左侧屏蔽壳上的卡紧点要保持在右侧屏蔽壳的外部,如图 11-39 所示。

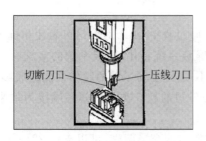

图 11-37　打线

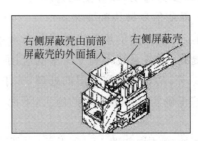

图 11-38　安装右侧屏蔽壳

最后根据图 11-40 的指示，将屏蔽壳的各个部位卡紧。按图 A 所示将固定片插入相对的槽中，柔和地拉紧固定片直至其将电缆屏蔽层压紧，然后将固定片弯折，根据图 B 所示用钳子压紧固定片和固定片上的突出位置，最后去掉多余的电缆屏蔽层，端接即告完成。

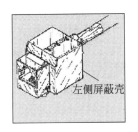

图 11-39　安装左侧屏蔽壳

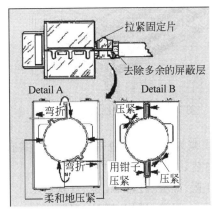

图 11-40　按图完成屏蔽模块

实验四　110 配线架的打线

1. 实验目的

- 掌握安装 110 配线架的方法。
- 掌握 110 配线架的端接方法。

2. 实验材料和工具

大对数电缆、双绞线、110 配线架、剥线器、110 压线钳、多对端接工具、扎带，如图 11-41～图 11-44 所示。

图 11-41　110 压线钳

图 11-42　110 多对端接工具

3. 大对数线缆和双绞线的线序

（1）大对数线缆的线序。

线缆主色为：白、红、黑、黄、紫。

线缆配色为：蓝、橙、绿、棕、灰。

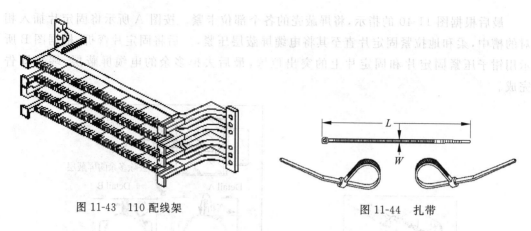

图 11-43　110 配线架　　　　　　　　图 11-44　扎带

一组线缆为 25 对,以色带来分组,一共有 25 组,分别为:

① (白蓝、白橙、白绿、白棕、白灰)

② (红蓝、红橙、红绿、红棕、红灰)

③ (黑蓝、黑橙、黑绿、黑棕、黑灰)

④ (黄蓝、黄橙、黄绿、黄棕、黄灰)

⑤ (紫蓝、紫橙、紫绿、紫棕、紫灰)

1～25 对线为第一小组,用白蓝相间的色带缠绕。

26～50 对线为第二小组,用白橙相间的色带缠绕。

51～75 对线为第三小组,用白绿相间的色带缠绕。

76～100 对线为第四小组,用白棕相间的色带缠绕。

此 100 对线为 1 大组,用白蓝相间的色带把 4 小组缠绕在一起。

200 对、300 对、400 对、…、2400 对,依此类推。

(2) 双绞线的线序。

110 配线架连接块上标有颜色:蓝、橙、绿、棕、灰,双绞线的打法是按照连接块上标注的从左至右以白蓝、蓝、白橙、橙、白绿、绿、白棕、棕的线序打线,最后一对白灰、灰留着不打线。25 对的连接块是 5 个 4 对的和 1 个 5 对的连接块,它的打法是按照 568A 或 568B 的标准从左至右打线的,与连接块上标准的颜色无关,最后一对留着不打线。

T586A 模式 ①白绿 ②绿 ③白橙 ④蓝 ⑤白蓝 ⑥橙 ⑦白棕 ⑧棕

T586B 模式 ①白橙 ②橙 ③白绿 ④蓝 ⑤白蓝 ⑥绿 ⑦白棕 ⑧棕

4. 实验步骤(以安装 25 对大对数为例)

(1) 将配线架固定到机柜合适位置。

(2) 从机柜进线处开始整理电缆,电缆沿机柜两侧整理至配线架处,并留出大约 25cm 的大对数电缆,用电工刀或剪刀把大对数电缆的外皮剥去(如图 11-45 所示),使用绑扎带固定好电缆,将电缆穿过 110 语音配线架一侧的进线孔,摆放至配线架打线处(如图 11-46 所示)。

(3) 根据电缆色谱排列顺序,将对应颜色的线对逐一压入槽内(如图 11-47 所示),然后使用 110 打线工具固定线对连接,同时将伸出槽位外多余的导线截断。注意:刀要与配线架垂直,刀口向外,如图 11-48 所示。

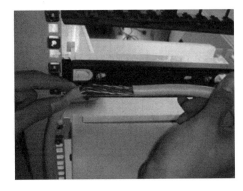

图 11-45　剥去大对数电缆的外皮

图 11-46　电缆穿入配线架

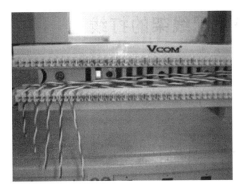

图 11-47　按颜色线对逐一压入槽内

图 11-48　110 压线钳压线

（4）准备 5 对打线工具和 110 连接块（如图 11-49 所示），连接接块放入 5 对打线工具中（如图 11-50 所示），把连接块垂直压入槽内（如图 11-51 所示），并贴上编号标签。注意连接端的组合是：在 25 对的 110 配线架基座上安装时，应选择 5 个 4 对连接块和 1 个 5 对连接块，或 7 个 3 对连接块和 1 个 4 对连接块。从左到右完成白区、红区、黑区、黄区和紫区的安装。这与 25 对大对数电缆的安装色序一致。完成后的效果图如图 11-52 所示。

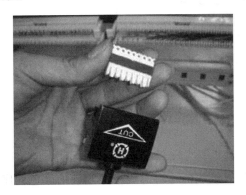

图 11-49　5 对打线工具和 110 连接块

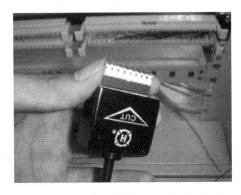

图 11-50　接连接块放入 5 对打线工具中

179

第11章

实验部分

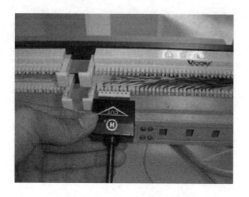
图 11-51 连接块垂直压入槽内

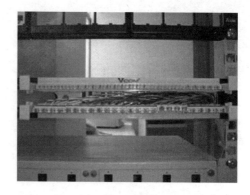
图 11-52 完成效果图

实验五 RJ-45 模块化配线架的打线

1. 实验目的
- 掌握安装模块化配线架的方法。
- 掌握模块化配线架的端接方法。

2. 实验材料和工具

双绞线、模块配线架、剥线钳、压线钳和扎带,如图 11-53 和图 11-54 所示。

图 11-53 模块化配线架的正面

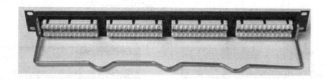
图 11-54 模块化配线架的后面

3. 实验步骤

(1) 在配线架上安装理线器,用于支撑和理顺过多的电缆。

(2) 利用压线钳将线缆剪至合适的长度。

(3) 利用剥线钳剥除双绞线的绝缘层包皮。

(4) 依据所执行的标准和配线架的类型,将双绞线的 4 对芯线按照正确的颜色顺序分开。注意,千万不要将线对拆开。

(5) 根据配线架上所指示的颜色将导线置入线槽。最后将 4 个线对全部置入线槽。

(6) 利用打线工具端接配线架与双绞线,同时将伸出槽位外多余的导线截断。

（7）重复第（2）～（6）步的操作，端接其他双绞线，如图 11-55 所示。

（8）将线缆理顺，并利用尼龙扎带将双绞线与理线器固定在一起。

（9）利用尖嘴钳整理扎带，配线架端接完成，如图 11-56 所示。

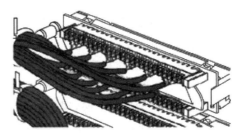

图 11-55　打线　　　　　　　　　　　图 11-56　完成

实验六　简单链路的测试

1. 实验目的

- 设计测试链路端接路由图。
- 熟练掌握跳线的制作、110 通信跳线架和 RJ-45 网络配线架的端接方法。
- 掌握链路测试技术。

2. 实验材料和工具

网络综合布线实训台、RJ-45 水晶头、双绞线、剥线器、压线钳、打线钳和钢卷尺。

3. 实验内容

两人 1 组，每人完成 1 组测试链路布线与端接，每组 1 套工具（箱），3m 网线，6 个 RJ-45 水晶头，两个 5 对通信连接块。

1 号跳线，完成 4 根网络跳线制作，一端插在测试仪 RJ-45 口中；另一端插在配线架 RJ-5 口中。

2 号跳线，完成 4 根网线端接，一端端接在配线架模块中；另一端端接在通信跳线架连接块下层。

3 号跳线，完成 4 根网线端接，一端插在测试仪 RJ-45 口中；另一端端接在通信跳线架连接块上层，连接如图 11-57 所示。

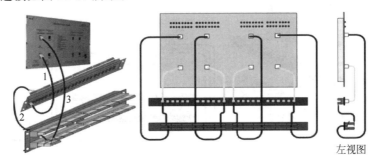

左视图

图 11-57　简单链路路由连接图

完成 4 个网络永久链路,每个链路端接 6 次 48 芯线,端接正确率为 100%。

4. 实验步骤

(1) 准备材料和工具,打开电源开关。

(2) 按照 RJ-45 水晶头的做法制作第一根网络跳线,两端 RJ-45 水晶头端接,测试合格后将一端插在测试仪下部的 RJ-45 口中;另一端插在配线架 RJ-45 口中。

(3) 把第二根网线一端按照 568B 线序端接在网络配线架模块中;另一端端接在 110 通信跳线架下层,并且压接好 5 对连接块。

(4) 把第三根网线一端端接好 RJ-45 水晶头,插在测试仪上部的 RJ-45 口中;另一端端接在 110 通信跳线架模块上层,端接时对应指示灯直观显示线序和电气连接情况。

(5) 测试。压接好模块后,16 个指示灯会依次闪烁,显示线序和电气连接情况。

(6) 重复以上步骤,完成 4 个网络永久链路和测试。

实验七　复杂链路的测试

1. 实验目的

- 熟练掌握通信跳线架模块端接方法。
- 掌握网络配线架模块端接方法。
- 掌握常用工具和操作技巧。

2. 实验材料和工具

网络综合布线实训台、双绞线、RJ-45 水晶头、剥线器、打线钳和钢卷尺。

3. 实验内容

两人 1 组,每人完成 1 组复杂链路布线与端接。每组 1 套工具(箱),3m 网线,两个 RJ-45 水晶头,两个 5 对通信连接块。

1 号跳线,完成 6 根网线端接,一端与 RJ-45 水晶头端接;另一端与通信跳线架模块端接。

2 号跳线,完成 6 根网线端接,一端与配线架模块端接;另一端与跳线架模块下层端接。

3 号跳线,完成 6 根网线端接,两端与两个通信跳线架模块上层端接。

排除端接中出现的开路、短路、跨接和反接等常见故障,如图 11-58 所示。

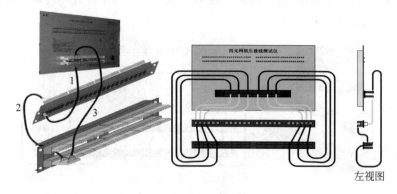

图 11-58　复杂链路路由连接图

4. 实验步骤

（1）取出三根网线,打开压接线试验仪电源。

（2）完成第一根网线端接,一端进行 RJ-45 水晶头的端接;另一端与跳线架模块端接。

（3）完成第二根网线端接,一端与配线架模块端接;另一端与跳线架模块下层端接。

（4）完成第三根网线端接,把两端分别与两个通信跳线架模块的上层端接,这样就形成了一个有 6 次端接的网络链路,对应的指示灯直观显示线序。

（5）仔细观察指示灯,及时排除端接中出现的开路、短路、跨接和反接等常见故障。

（6）重复以上步骤,完成其余 5 根网线端接。

实验八　工作区子系统的实验

本实验内容以网络底盒、插座面板的安装为主。

1. 实验目的

- 通过设计工作区信息点位置和数量,掌握工作区子系统的设计。
- 通过信息点插座和模块的安装,掌握工作区子系统规范施工能力和方法。

2. 实验材料和工具

综合布线实训装置、86 系列明装塑料底盒、双绞线、单口面板、双口面板、M6 螺丝、RJ-45模块、RJ-11 模块、十字螺丝刀、压线钳、剥线钳和标签。

3. 实验步骤

（1）设计工作区子系统。3～4 人组成一个项目组,设计一种工作区子系统并绘制施工图,然后进行实训。

（2）列出材料清单和领取材料。按照设计图完成材料清单并且领取材料。

（3）列出工具清单和领取工具。根据实验需要完成工具清单并且领取工具。

（4）安装底盒。

首先,检查底盒的外观是否合格,特别检查底盒上的螺丝孔必须正常,如果其中有一个螺丝孔损坏时坚决不能使用。然后,根据进出线方向和位置,取掉底盒预设孔中的挡板;最后,按设计图纸位置用 M6 螺丝把底盒固定在装置上,如图 11-59 所示。

① 穿线,如图 11-60 所示。底盒安装好后,将双绞线从底盒根据设计的布线路经布放到网络机柜内。

图 11-59　面板底盒

图 11-60　穿线

② 端接模块和安装面板,如图 11-61 所示。安装模块时,首先要剪掉多余的线头,一般在安装模块前都要剪掉多余部分的长度,留出 100～120mm 长度用于压接模块或检修;然后压接模块,压接方法必须正确,一次压接成功;之后装好防尘盖。模块压接完成后,将模块卡接在面板中,然后安装面板。

图 11-61 端接模块

③ 标记。如果双口面板上有网络和电话插口标记时,按照标记口位置安装。如果双口面板上没有标记,宜将网络模块安装在左边,电话模块安装在右边,并且在面板表面做好标记。

实验九 水平子系统的实验

1. 水平子系统——PVC 线管布线

水平子系统一般安装得十分隐蔽,智能大厦的水平子系统很难接近,因此要更换和维护的费用很高,技术要求也高。如果经常对水平线缆进行维护和更换的话,就会影响大厦内用户的正常使用。由此可见,水平子系统的管路铺设、线缆选择将成为综合布线系统中重要的组成部分,本实验主要做 PVC 线管的布线安装。

1) 实验目的

· 通过水平子系统布线路径和距离的设计,熟练掌握水平子系统的设计。
· 通过线管的安装和穿线等,熟练掌握水平子系统的施工方法。
· 通过使用弯管器制作弯头,熟练掌握弯管器的使用方法和布线曲率半径要求。
· 通过核算、列表、领取材料和工具,训练规范施工的能力。

2) 实验材料和工具

综合布线实训台、Φ20PVC 塑料管、管接头、管卡若干、弯管器、穿线器、十字头螺丝刀、M6×16 十字头螺钉、钢锯、线槽剪、登高梯子和标签。

3) 实验步骤

(1) 使用 PVC 线管设计一种从信息点到楼层机柜的水平子系统,并且绘制施工图,如图 11-62 所示。

(2) 按照设计图核算实验材料规格和数量,掌握工程材料核算方法,并列出清单。

(3) 按照设计图列出实验工具清单,领取实验材料和工具。

（4）首先在需要的位置安装管卡。然后安装 PVC 线管，两根 PVC 管连接处使用管接头，拐弯处必须使用弯管器制作大拐弯的弯头连接，如图 11-63 所示，弯管器的使用方法见后面内容。

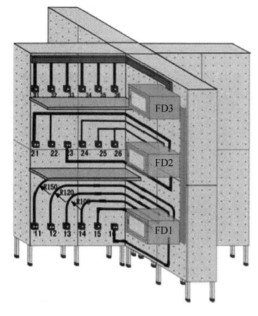

图 11-62　水平子系统安装布线实训图　　　　　图 11-63　PVC 管的管弯

（5）明装布线实验时边布管边穿线。暗装布线时，先把全部管和接头安装到位，并且固定好，然后从一端向另一端穿线。

（6）布管和穿线后必须做好线标。

2. 水平子系统——PVC 线槽布线

住宅楼、老式办公楼、厂房进行改造或者需要增加网络布线系统时，一般采用明装布线方式。常用 PVC 线槽规格有 20mm×10mm、39mm×18mm、50mm×25mm、60mm×22mm、80mm×50mm 等，本实验主要做 PVC 线槽的布线安装。

1）实验目的

- 通过水平子系统布线路径和距离的设计，熟练掌握水平子系统的设计。
- 通过线槽的安装和穿线等，熟练掌握水平子系统的施工方法。
- 通过核算、列表、领取材料和工具，训练规范施工的能力。

2）实验材料和工具

综合布线实训台、20mm 或者 40mmPVC 线槽、盖板、阴角、阳角、三通、电动起子、十字螺丝刀、M6×16 十字头螺钉、钢锯、线槽剪、登高梯子和标签。

3）实验步骤

（1）3～4 人成立一个项目组，选举项目负责人。使用 PVC 线槽设计一种从信息点到楼层机柜的水平子系统，并且绘制施工图，如图 11-64 所示。

（2）按照设计图核算实验材料规格和数量，掌握工程材料核算方法，并列出清单。

（3）按照设计图需要，列出实验工具清单，领取实验材料和工具。

（4）首先量好线槽的长度，再使用电动起子在线槽上开8mm孔，孔位置必须与实验装置安装孔对应，每段线槽至少开两个安装孔。

（5）用M6×16螺钉把线槽固定在实训装置上。拐弯处必须使用专用接头，例如阴角、阳角、弯头和三通等。

（6）在线槽布线，边布线边装盖板，如图11-65所示。

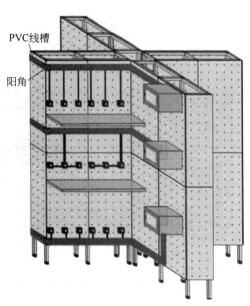

PVC线槽

阳角

图11-64　水平子系统安装布线实训图

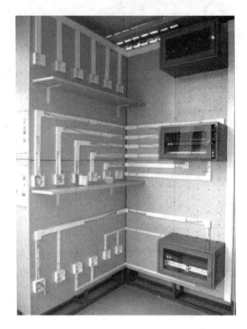

图11-65　线槽安装示意图

（7）布线和盖板后必须做好线标。

弯管器的使用方法（具体如图11-66所示）如下：

（1）将与管规格相配套的弯管器插入管内，并且插入到需要弯曲的部位，如果线管长度大于弯管器时，可用铁丝拴牢弯管器的一端，拉到合适的位置。

（2）用两手抓住线管弯曲位置，用力弯线管或使用膝盖顶住被弯曲部位，逐渐弯出所需

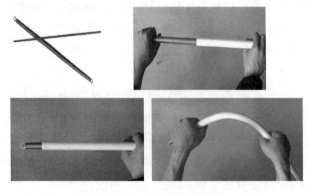

图11-66　弯管器的使用

要的弯度。注意：不能用力过快过猛，以免 PVC 管发生撕裂损坏。

（3）取出弯管器。

实验十　管理间子系统的实验

1. 实验目的

- 通过常用壁挂式机柜的安装，了解机柜的布置原则、安装方法及使用要求。
- 通过壁挂式机柜的安装，熟悉常用壁挂式机柜的规格和性能。
- 通过网络配线设备的安装和压接线实验，了解网络机柜内布线设备的安装方法和使用功能。
- 通过配线设备的安装，熟悉常用工具和配套基本材料的使用方法。

2. 实验材料和工具

网络综合布线实训装置、壁挂式机柜、M6×16 十字头螺钉、十字螺丝刀、配线架、理线环、双绞线和压线钳。

3. 实验步骤

（1）设计一种设备安装图（如图 11-67 所示），确定壁挂式机柜的安装位置。

（2）设计一种机柜内安装设备布局示意图，并绘制安装图（如图 11-68 所示），确定机柜内需要安装的设备和数量，合理安排配线架、理线环的位置，主要考虑级联线路合理，施工和维修方便。

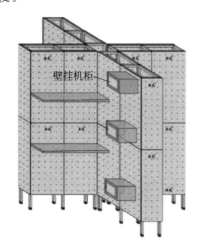

图 11-67　确定壁挂机柜的位置

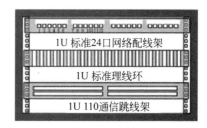

图 11-68　机柜内设备安装示意图

（3）按照设计图核算实验材料规格和数量，掌握工程材料核算方法，并列出材料清单。

（4）按照设计图准备实验工具，列出实验工具清单。

（5）准备好需要安装的壁挂式机柜，将机柜的门先取掉，方便机柜的安装。

（6）使用螺钉在设计好的位置安装壁挂式机柜，螺钉固定牢固。

（7）安装完毕后，将门重新安装到位（如图 11-69 所示），并对机柜进行编号。

（8）准备好需要安装的设备，打开设备自带的螺丝包，在设计好的位置安装配线架、理线环等设备，注意保持设备平齐，螺丝固定牢固，并且做好设备编号和标记。

(9) 安装完毕后,开始理线和压接线缆,如图 11-70 所示。

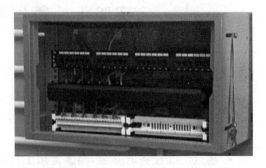

图 11-69　安装好的机柜　　　　图 11-70　在机柜内安装设备

(10) 具体安装技术如下。

机柜安装技术:

对于管理间子系统来说,多数情况下采用 6U-12U 壁挂式机柜,一般安装在每个楼层的竖井内或者楼道中间位置。具体安装方法采取三角支架或者膨胀螺栓固定机柜。

电源安装要求:

管理间的电源一般安装在网络机柜的旁边,安装 220V(三孔)电源插座。如果是新建建筑,则一般要求在土建施工过程时按照弱电施工图上标注的位置安装到位。

通信跳线架的安装:

① 取出 110 跳线架和附带的螺丝。

② 利用十字螺丝刀把 110 跳线架用螺丝直接固定在网络机柜的立柱上。

③ 理线。

④ 按打线标准把每个线芯按照顺序压在跳线架下层模块端接口中。

⑤ 把 5 对连接模块用力垂直压接在 110 跳线架上,完成下层端接。

网络配线架的安装:

① 检查配线架和配件完整。

② 将配线架安装在机柜设计位置的立柱上。

③ 理线。

④ 端接打线。

⑤ 做好标记,安装标签条。

交换机的安装:

① 从包装箱内取出交换机设备。

② 给交换机安装两个支架,安装时要注意支架方向。

③ 将交换机放到机柜中提前设计好的位置,用螺钉固定到机柜立柱上,一般交换机上下要留一些空间用于空气流通和设备散热。

④ 将交换机外壳接地,将电源线拿出来插在交换机后面的电源接口。

⑤ 完成上面几步操作后就可以打开交换机电源了,开启状态下查看交换机是否出现抖动现象,如果出现则检查脚垫高低或机柜上的固定螺丝松紧情况。

实验十一　垂直子系统的实验

1. 线槽/线管的安装和布线

垂直子系统布线路径为从设备间一台网络配线机柜到一、二、三楼三个管理间机柜之间的布线,如图 11-71 所示。

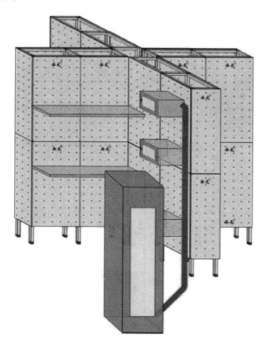

图 11-71　垂直子系统安装布线实训图

1) 实验目的
- 通过在墙面安装大规格 40PVC 线槽和 40PVC 管等垂直子系统的实验,了解网络综合布线——垂直子系统的基本原理和要求。
- 掌握常用工具和基本材料的使用方法。
- 熟练掌握垂直子系统的设计、布线、施工规范和施工方法。

2) 实验设备、材料和工具
① 网络综合布线实验装置。
② PVC 塑料管、管接头、管卡。
③ Φ40PVC 线槽、接头、弯头,如图 11-72 所示。
④ 锯弓、锯条、钢卷尺、十字头螺丝刀、电动起子、人字梯等。

3) 实验步骤
(1) 3 人或 4 人成立一个项目组,选举项目负责人,设计一种使用 PVC 线槽/线管从管理间到楼层设备间一机柜的垂直子系统,并且绘制施工图。
(2) 按照设计图核算实训教材规格和数量,掌握工程材料核算方法,并列出材料清单。

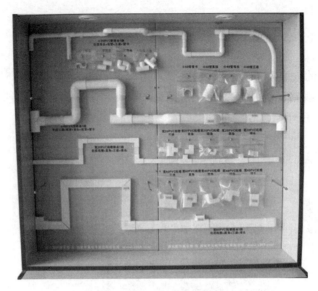

图 11-72　线槽、线管、接头、弯头

（3）按照设计图需要，列出实训工具清单，领取实训材料和工具。

（4）安装 PVC 线槽/线管，安装方法与水平子系统的 PVC 线槽/线管的安装方法相同，只不过这里要垂直安装，如图 11-73 所示。

图 11-73　安装好的 PVC 管

（5）明装布线实训时边布管边穿线。

2. 钢缆扎线实验

1）实验目的

- 通过墙面安装钢缆，熟练掌握垂直子系统的施工方法。
- 掌握垂直子系统支架、钢缆和扎线的方法和技巧、扎线的间距要求。
- 掌握活动扳手、U 形卡、线扎等工具和材料的使用方法和技巧。
- 通过核算、列表、领取材料和工具，训练规范施工的能力。

2）实验设备、材料和工具

① 网络综合布线实验装置。

② 直径 5mm 钢缆、U 形卡、支架。

③ 锯弓、锯条、钢卷尺、十字头螺丝刀、活动扳手和人字梯等，如图 11-74 所示。

150mm十字螺丝刀　　　锯弓和锯条　　　2m钢卷尺　　　150mm活扳手

图 11-74　所用到的工具

3）实验步骤

（1）规划和设计布线路经,确定安装支架和钢缆的位置和数量。

（2）计算和准备实验材料和工具。

（3）根据设计好的布线路径在墙面上安装支架,在水平方向每隔 500～600mm 安装一个支架,在竖直方向每隔 1000mm 安装一个支架。

（4）支架安装好以后,根据需要的长度用钢锯裁好合适长度的钢缆,必须预留两端绑扎长度。用 U 形卡将钢缆固定在支架上,如图 11-75 所示。

（5）用线扎将线缆绑扎在钢缆上,间距 500mm 左右。在垂直方向均匀分布线缆的重量。绑扎时不能太紧,以免破坏网线的绞绕节距;也不能太松,避免线缆的重量将线缆拉伸,如图 11-76 所示。

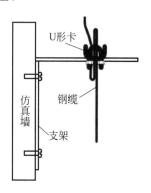

图 11-75　固定钢缆

 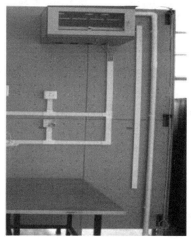

图 11-76　固定好的钢缆

实验十二　设备间子系统的实验

设备间一般设在建筑物中部或在建筑物的一层、二层,避免设在顶层。设备间内主要安装了计算机、计算机网络设备、电话程控交换机、建筑物自动化控制设备等硬件设备,计算机网络设备多安装在 42U 机柜内,本实验主要做 42U 机柜的安装。

1. 实验目的

• 通过 42U 立式机柜的安装,了解机柜的布置原则和安装方法及使用要求。

• 通过 42U 机柜的安装,掌握机柜的地脚螺丝调整、门板的拆卸和重新安装。

2. 实验设备、材料和工具

立式机柜、十字螺丝刀、卷尺。

3. 实验步骤

(1) 列出实验工具和材料清单并领取。

(2) 设计一种设备安装图,确定立式机柜的安装位置,并且绘制图纸。

(3) 实际测量尺寸。

(4) 准备好需要安装的网络机柜,将机柜就位,然后将机柜底部的定位螺栓向下旋转,将 4 个轱辘悬空,机柜不能转动,如图 11-77 所示。

图 11-77　800mm 宽度标准机柜

(5) 安装完毕后,学习机柜门板的拆卸和重新安装。

实验十三　光缆的铺设

建筑物子系统的布线主要是用来连接两栋建筑物网络中心网络设备的,建筑物子系统的布线方式有架空布线法、直埋布线法、地下管道布线法和隧道内电缆布线,本实验主要做光缆的架空布线。

1. 实验目的

通过架空光缆的安装掌握建筑物之间架空光缆的操作方法。

2. 实验材料和工具

网络综合布线实训装置、直径 5mm 钢缆、光缆、U 型卡、支架、挂钩、锯子、钢卷尺、十字螺丝刀、活扳手、人字梯。

3. 实验步骤

(1) 设计一种光缆布线施工图,如图 11-78 所示。

(2) 准备实验工具和材料,列出清单,并领取实验材料和工具。

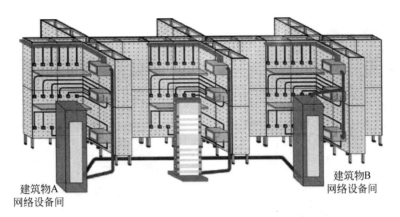

图 11-78　光缆铺设实训图

（3）实际测量尺寸，完成钢缆的剪裁。

（4）固定支架。根据设计布线路径，在网络综合布线实训装置上安装固定支架。

（5）连接钢缆。安装好支架以后，开始铺设钢缆，在支架上使用 U 型卡来固定。

（6）铺设光缆。钢缆固定好之后开始铺设光缆，使用挂钩每隔 0.5m 架一个，如图 11-79 所示。

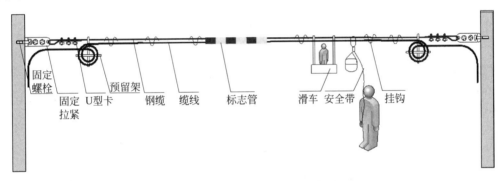

图 11-79　光缆铺设实物图

实验十四　光纤的熔接

1. 实验目的

- 熟悉光纤熔接工具的功能和使用方法。
- 熟悉光缆的开剥及光纤端面制作。
- 掌握光纤熔接技术。
- 学会使用光纤熔接机熔接光纤。

2. 实验设备、材料和工具

光纤熔接机（如图 11-80 所示）、光纤工具箱（开缆工具、光纤切割刀、光纤剥离钳、凯弗拉线剪刀、斜口剪、螺丝批、酒精棉等）（如图 11-81 所示）、光缆、热缩套管。

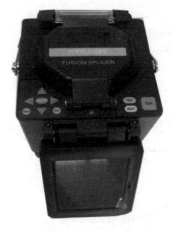

图 11-80　光纤熔接机

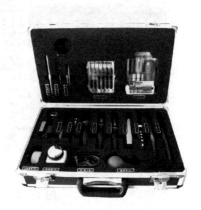

图 11-81　光纤工具箱

3. 实验步骤

(1) 开剥光缆,并将光缆固定到接续盒内。

在开剥光缆之前,应去除受损变形的部分,使用专用的开剥工具将光缆外护套开剥长度 1m 左右,如遇铠装光缆时,用老虎钳将铠装光缆护套里的护缆钢丝夹住,朝开缆方向抽出, 利用钢丝剥开外护套,如图 11-82 所示;剥去白色保护套长度为 15cm 左右,如图 11-83 所示;用光纤剥线钳最细小的口轻轻地夹住光纤,缓缓地把剥线钳抽出,将光纤上的树脂保护膜刮下,然后用酒精棉球蘸无水酒精对剥掉树脂保护套的裸纤进行清洁,如图 11-84 所示; 将光缆固定到接续盒内,用卫生纸将油膏擦拭干净后穿入接续盒(如图 11-85 所示)。固定钢丝时一定要压紧,不能有松动,否则有可能造成光缆打滚折断纤芯。注意剥光缆时不要伤到束管。

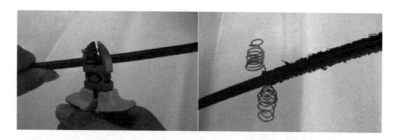

图 11-82　剥开外护套

图 11-83　剥去白色保护套

图 11-84　刮去光纤保护膜

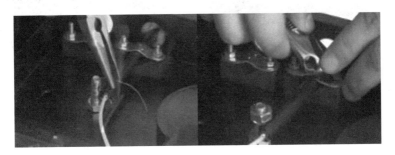

图 11-85　固定光缆

（2）分纤。

将光纤分别穿过热缩管。将不同束管、不同颜色的光纤分开穿过热缩管。剥去涂覆层的光纤很脆弱，使用热缩管可以保护光纤熔接头，如图 11-86 所示。

（3）准备熔接机。

打开熔接机电源，选择合适的熔接程序。每次使用熔接机前应使熔接机在熔接环境中放置至少 15 分钟，并在使用中和使用后及时去除熔接机中的灰尘，特别是夹具、各镜面型槽内的粉尘和光纤碎末。

（4）制作光纤端面。

用光纤切割刀将裸光纤切去一段，保留裸纤 12～16mm，如图 11-87 和图 11-88 所示。

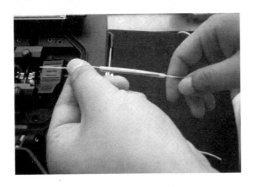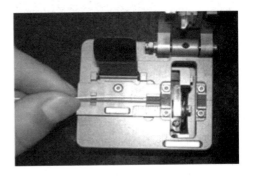

图 11-86　套上热缩管　　　　　　　　图 11-87　往切割刀放入光纤

（5）放置光纤。

将光纤放在熔接机的 V 形槽中，小心压上光纤压板和光纤夹具，要根据光纤切割长度设置光纤在压板中的位置，一般将对接的光纤的切割面基本都靠近电极尖端的位置，关上防风罩，如图 11-89 和图 11-90 所示。

图 11-88 推动切割刀

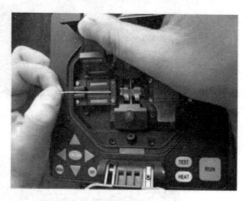

图 11-89 放入光纤

（6）接续光纤。

按下 Start 键后，光纤相向移动，移动过程中进行预加热放电使端面软化。由于表面张力作用，光纤端面变圆，进一步对准中心并移动光纤，当光纤端面之间的间隙合适后熔接机停止相向移动，设定初始间隙，熔接机测量并显示切割角度。在初始间隙设定完成后，开始执行纤芯或包层对准，然后熔接机减小间隙，高压放电产生的电弧将两根光纤熔接在一起，最后微处理器估算损耗，并将数值显示在显示器上，如图 11-91 所示。

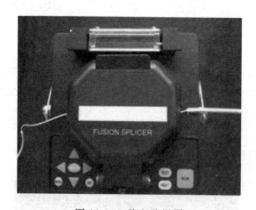

图 11-90 盖上防风罩

图 11-91 开始熔接

（7）移出光纤用加热炉加热热缩管。

打开防风罩，把光纤从熔接机上取出，再将热缩管移到裸纤中心，放到加热炉中加热，完毕后从加热器中取出光纤，冷却等待，如图 11-92 和图 11-93 所示。

（8）盘纤并固定。

将接续好的光纤盘到光纤收容盘内，在盘纤时盘圈的半径越大，弧度越大，整个线路的损耗越小，所以一定要保持一定的半径，使激光在纤芯里传输时避免产生不必要的损耗，如图 11-94 所示。

（9）盖上盘纤盒盖板（如图 11-95 所示）。

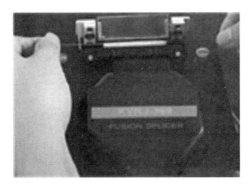

图 11-92　加热热缩管

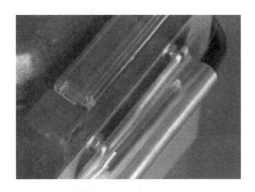

图 11-93　冷却

图 11-94　盘纤

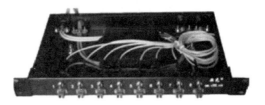

图 11-95　盖好盘纤盒盖板

（10）密封和挂起。

野外接续盒一定要密封好，防止进水。熔接盒进水后，由于光纤及光纤熔接点长期浸泡在水中，可能会出现部分光纤衰减增加，所以最好将接续盒做好防水措施。

实验十五　光纤冷接

光纤的冷接用于光纤对接光纤或光纤对接尾纤的连接，用于实现这种冷接续的部件叫作光纤冷接子。光纤冷接子的主要部件就是一个精密的 v 型槽，在两根光纤拨纤之后利用冷接子来实现两根光纤的对接，或给一根光纤接上接头，操作起来更简单快速，比用熔接机熔接省时间。冷接一般会有两种形式：第一种现场快速连接器，就是给一根光纤接上接头，使用场合为在接入点和用户室内，入户光缆采用现场连接成端；第二种光纤对接的冷接子，当入户光缆发生断缆故障时，可用现场连接器快速修复线路，无需更换光缆。

1. 实验目的

掌握光纤的冷接方法。

2. 实验工具

皮纤、快速连接器、米勒钳、斜口钳、红光笔、光缆剥线器、光纤切割刀。

3. 快速链接器实验步骤：

快速连接器见图 11-96 所示，连接器的内部结构见图 11-97 所示。

（1）首先用斜口钳把皮线光缆前端 10cm 剪掉，因为皮线布放施工时前端有可能因受力而折断，如图 11-98 所示，把拧冒套入光纤外皮，如图 11-99 所示。

图 11-96　快速连接器

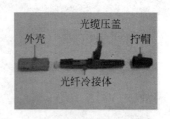

图 11-97　快速连接器的内部结构

图 11-98　剪掉 10cm 皮线

图 11-99　拧冒套入光纤

（2）用斜口钳把皮线光缆中间剪开 1cm，如图 11-100 所示，然后撕开 5cm，如图 11-101 所示。

图 11-100　皮线光缆中间剪开

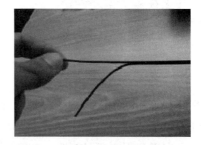

图 11-101　撕开 5cm 的皮线光缆

（3）用斜口钳沿着根部剪断塑料护套，如图 11-102 所示。然后将皮线缆从里向外捋直以消除应力，如图 11-103 所示。

图 11-102　剪断塑料护套

图 11-103　捋直皮线光缆

（4）用记号笔在离外护套剥离处 24mm 的位置做标记,标记在涂覆层上(涂覆层可能是白色或蓝色),如图 11-104 所示。从 24mm 标记处剥除涂覆层,用开剥到 45 度角向外把涂覆层剥掉,如图 11-105 所示。并蘸有无水酒精的无纺布清洁光纤 2 次,如图 11-106 所示。把皮线缆再次捋直捏平整,放入切割刀中切割,保留裸纤 15～20mm,如图 11-107 所示。

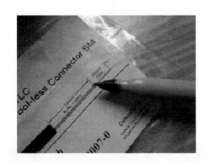

图 11-104　涂覆层

图 11-105　剥掉涂覆层

图 11-106　清洁光纤

图 11-107　切割光纤

（5）把光纤水平地从上往下放靠近小孔,然后把裸纤插入 TLC 连接器主体,如图 11-108 所示。当皮线光缆的外皮到达光缆限位处时,停止插入光纤,涂覆层可以明显观察到弯曲,如图 11-109 所示。

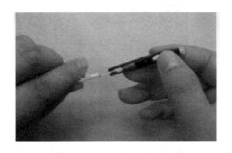

图 11-108　裸纤插入连接器

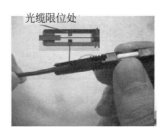

图 11-109　插入到光缆限位处

（6）确认光纤的弯曲,并保持弯曲,向下按压主体上白色的压接盖到底,并均匀用力压 3 次,如图 11-110 所示。释放光纤的弯曲,使其平直,(可以用力把两夹片往外掰,让皮线缆自然平直),如图 11-111 所示。将尾冒套上连接主体,并旋紧,如图 11-112 所示。套上外壳,外壳上的空槽和主体上白色压接盖的方向应一致,如图 11-113 所示,连接器安装完成。

图 11-110　压接白色的压接盖

图 11-111　光纤平直

图 11-112　尾冒套上

图 11-113　套上外壳

4. 快速连接器的重复开启

(1) 将防尘帽套在陶瓷芯上,然后用手指捏紧连接器外客,向下顶压,取出外壳,如图 11-114 所示。

(2) 将尾帽旋松并后退脱离连接器本体,如图 11-115 所示。

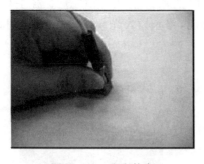

图 11-114　取出外壳

图 11-115　尾帽旋松

(3) 取下主体上的防尘帽后,对应 3 个缝隙位置,将连接器放置在重复开启工具上,用力将主体向重复开启工具压接,将主体上的压接盖顶起,如图 11-116 所示。

(4) 将光纤从连接器主体内小心轴向抽出,注意取出的过程尽量不要晃动光纤和主体,避免裸纤意外断裂在连接器内导致无法重复使用,如图 11-117 所示。

图 11-116　压接盖顶起

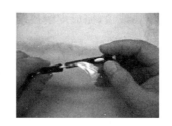

图 11-117　抽出光纤

5. 皮线光缆冷接子实验步骤：

冷接子连接器见图 11-118 所示。

（1）光纤的制备同上，把制备好的光纤穿入皮线冷接子，直到光缆外皮切口贴紧在皮线座阻挡位，如图 11-119 所示。

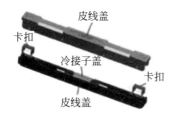

图 11-118　冷接子

图 11-119　光纤穿入

（2）弯曲尾缆，防止光缆滑出，同时取出卡扣，压下卡扣锁紧光缆外皮，如图 11-120 所示。

（3）制备另一接续光纤，方法同上，把光纤从另一端植入皮线冷接子，如图 11-121 所示。

图 11-120　锁紧光缆

图 11-121　另一端插入光纤

（4）当光缆外皮切口贴紧在皮线座阻挡位时，两侧光纤对顶产生弯曲，此时说明光缆接续正常，如图 11-122 所示。

（5）弯曲尾缆，防止光缆滑出，同时取出卡扣，压下卡扣锁紧光缆外皮，如图 11-123 所示。

图11-122　光纤对顶产生弯曲

图 11-123　压下卡扣锁紧另一端光缆

（6）压下冷接子盖，固定两接续光纤，如图 11-124 所示。

（7）压下皮线盖，完成皮线接续，如图 11-125 所示。

图 11-124　压下冷接子盖

图 11-125　压下皮线盖

实验十六　双绞线的链路测试

1. 实验目的

- 掌握缆线的测试技巧和 FLUKE-DTX 设备的使用方法。
- 训练查看测试结果和分析数据的能力。

2. 实验工具

FLUKE-DTX 测试仪，如图 11-126 所示。

图 11-126　FLUKE-DTX 测试仪

3. 实验步骤

（1）根据项目分析的内容确定项目实施的内容。

（2）确定测试标准。工程为国内工程，所以使用目前国内普通使用的 ANSI TIA/EIA 568-B 标准。

（3）确定测试链路标准。为了保证线缆的测试精度，采用永久链路测试。

（4）确定测试设备项目全部使用 6 类线进行敷设，所以测试时必须选用 FLUKE-DTX 的 6 类双绞线模块。

（5）测试信息点。

① 将 FLUKE-DTX 设备的主机和远端机都接好 6 类双绞线永久链路测试模块。

② 将 FLUKE-DTX 设备的主机放置在配线间（中央控制室）的配线架前，远端机接入到各楼层的信息点进行测试。

③ 设置 FLUKE-DTX 主机的测试标准,旋钮至 SETUP,选择测试标准为 TIA Cat6 Perm. link(如图 11-127 所示)。

图 11-127　设置 FLUKE-DTX 主机

④ 接入测试线缆接口,图 11-128 和图 11-129 分别显示了测试中主机端和远端端接状态。

图 11-128　主机端状态

图 11-129　远端端接状态

⑤ 线缆测试。旋钮至 AUTO TEST,按下 TEST 键,设备将自动开始测试缆线。

⑥ 保存测试结果。直接按 SAVE 键即可对结果进行保存。

(6) 分析测试数据。

通过专用线将结果导入到计算机中,通过 LinkWare 软件即可查看相关结果。

① 所有信息点测试结果如图 11-130 所示。

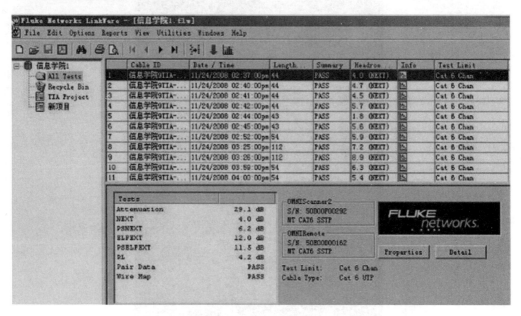

图 11-130　信息点测试结果

② 单个信息点测试结果如图 11-131 所示。状态显示 PASS,表示测试通过;状态显示
FAILD,表示测试未通过。

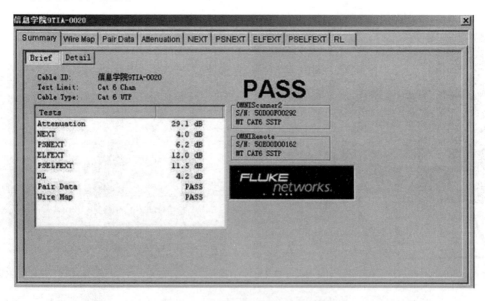

图 11-131　单个信息点测试结果

③ 通过预览方式查看各个信息点测试结果,如图 11-132 所示。

LinkWare
CABLE TEST MANAGEMENT SOFTWARE

Cable ID: FIBER 01   **Test Summary: PASS**

Date / Time: 03/21/2003 03:48:45pm   End1: DATA CENTER   Model: OptiFiber
Headroom: 0.51 dB (Loss)   End2: CLOSET

OTDR End2 PASS
Date / Time: 03/21/2003 03:48:35pm
Test Limit: General Fiber
Module: OFTM-5612 (V1.2.0)
S/N: 8172009
Operator: ICHIKO YAMADA
Overall Length: 498.8 ft PASS
Overall Loss: 0.73 dB PASS

Length (ft)	850 nm (n=1.4960)		1300 nm (n=1.4910)	
	Loss (dB)	Status	Loss (dB)	Status
323.7	0.15	PASS	N/A	N/A
334.6	0.06	PASS	0.09	PASS
498.8	N/A	N/A	N/A	N/A

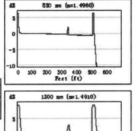

Endface Image2
Date / Time: 03/21/2003 03:04:41pm
Test Limit: Manual
Operator: ICHIKO YAMADA

图 11-132　预览方式

第12章 Microsoft Visio 2013

随着计算机技术的发展,越来越多的企事业单位启动了办公自动化、数字化的过程,运用计算机、投影仪来提高工作效率。在日常办公过程中,使用 Microsoft Visio 2013 可以替代传统的尺规作图工作,使用 Microsoft Visio 绘制综合布线的系统图、施工图、房间图等等,以逻辑清晰、样式丰富的图形辅助来解决实际问题。

12.1 Microsoft Visio 2013 简介

Visio 是一款专业的商用矢量绘图软件,其提供了大量的矢量图形素材,可以辅助用户绘制各种流程图或结构图。

Visio 公司位于西雅图,1991 年,美国 Visio 公司推出了 Visio 的前身 Shapeware 软件,用于各种商业图表的制作。Shapeware 创造性地提供了一种积木堆积的方式,允许用户将各种矢量图形堆积到一起,构成矢量流程图或结构图。

1992 年,Visio 公司正式将 Shapeware 更名为 Visio,对软件进行大幅优化,并引入了图形对象的概念,允许用户更方便地控制各种矢量图形,以数据的方式定义图形的属性。截至 1999 年,Visio 已发展成为办公领域最著名的图标制作软件,先后推出了 Visio 1.0～Visio 5.0、Visio 2000 等多个版本。

2000 年,微软公司收购了 Visio 公司,同时获得了 Visio 的全部代码和版权。从此 Visio 成为微软 Office 办公软件套装中的重要组件,随 Office 软件版本升级一并更新,发布了 Visio 2003、Visio 2007 等一系列版本。

Visio 2013 是 Visio 软件的最新版本。在该版本中,提供了与 Office 2013 统一的界面风格,并同时发布 32 位和 64 位双版本,增强了与 Windows 操作系统的兼容性,提高了软件运行的效率。如图 12-1 所示是 Visio 软件的启动界面。

图 12-1　Visio 启动界面

12.1.1 Visio 应用领域

Visio 是最流行的图表、流程图与结构图绘制软件之一,它将强大的功能与简单的操作完美结合,广泛应用于众多领域,下面进行各应用领域的介绍。

1. 软件开发

软件开发通常包括程序算法研究和代码编写两个阶段。其中,算法是软件运行的灵魂,代码则用于实现算法。使用 Visio 可以通过形象的标记来描述软件中数据的执行过程,以及各种对象的逻辑结构关系,为代码的编写提供一个形象的参考,使程序员更容易地理解算法,提高代码编写的效率。如图 12-2 和图 12-3 所示是软件开发的示例流程图。

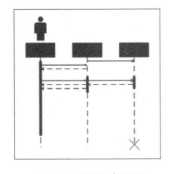

图 12-2　UML 序列图

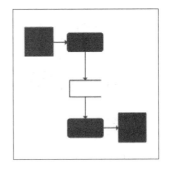

图 12-3　数据流模型图

2. 项目策划

在实际工作中,策划一些复杂的项目往往需要制定项目的步骤,规划这些步骤的实施顺序。在传统项目策划中,这一过程通常在纸上完成。使用 Visio 可以通过制作"时间线""甘特图""PERT 图"等替代纸上作业,提高工作效率,如图 12-4 和图 12-5 所示。相比纸上作图,使用 Visio 效率更高,运行更快,也更易于修改。

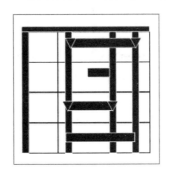

图 12-4　甘特图

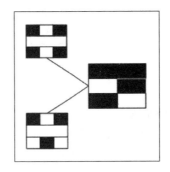

图 12-5　PERT 图

整体规划包括绘制建筑或园林的平面图、结构图,以及具体的某个预制件的图形。使用 Visio 可以方便地运用已有的各种矢量图形素材,通过对素材的拼接与改绘,制作建筑规划图。除此之外,用户也可以使用 Visio 中提供的各种矢量工具,直接绘制规划图中的各种图形。

3. 企业管理

在企业的管理中,经营者需要通过多种方式分析企业的状况,规划企业运行的各种流程,分析员工、部门之间的关系,理顺企业内部结构等。用户可以使用 Visio 便捷而有效地绘制各种结构图和流程图,快速展示企业的结构体系,发现企业运转中的各种问题。如图 12-6 和图 12-7 所示的为组织结构图和营销图。

4. 建筑规划

在建筑或园林施工之前,通常需要对施工进行规划,这时就要用到规划图。规划图是指对一个社区或类似范围内日后的发展所做的规划图,其中标明用于居住区、商业区、工业区、公共活动区或其他用途的土地的大小和位置。

土地利用规划图是确定具体区划的基础,如图 12-8 和图 12-9 所示。

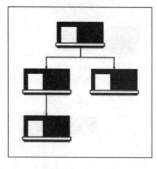

图 12-6　组织结构图

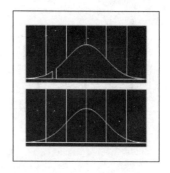

图 12-7　营销图

图 12-8　布局图

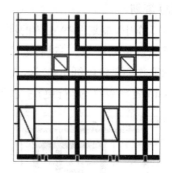

图 12-9　结构图

5. 机械制图

在机械制图领域,计算机辅助制图和辅助设计已成为时下的主流。用户可以使用 Visio 借助其强大的矢量图形绘制功能,绘制出不亚于 AutoCAD 等专业软件水准的机械装配图和设计图,如图 12-10 和图 12-11 所示。

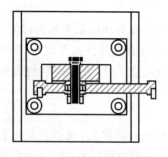

图 12-10　部件和组件绘图

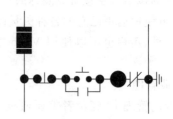

图 12-11　工业控制系统

6. 电路设计

在电子产品的设计领域,计算机辅助制图也得到了广泛的应用。在设计电子产品的电路结构时,用户同样可以先使用 Visio 绘制电路结构模型,然后再进行 PCB 电路板的设计,如图 12-12 和图 12-13 所示。

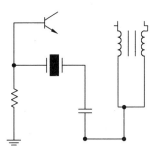

图 12-12　基本电气图

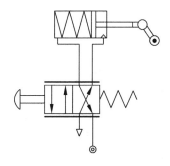

图 12-13　流体动力图

7. 系统集成

系统集成业务是近年来计算机行业一种新兴的产业,其本质是根据用户实际需求,将具有标准化接口的多个厂商生产的数字设备,按照指定的安装规范连接起来,集成为一个整体系统以发挥作用,如图 12-14 和图 12-15 所示。

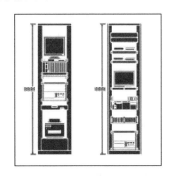

图 12-14　机架图

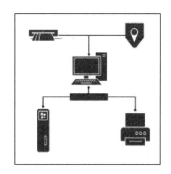

图 12-15　详细网络图

8. 生产工艺

传统的设计工业生产需要在纸上绘制大量的生产工艺流程图、生产设备装配图以及原料分配与半成品加工图等。用户可以使用 Visio 方便地通过计算机进行以上各种图形的设计,既可以节省绘图所花费的时间,也方便对图形进行修改,如图 12-16 和图 12-17 所示。

图 12-16　工作流程图

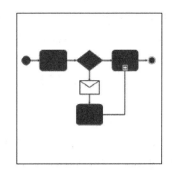

图 12-17　BPMN 图

12.1.2　Visio 2013 新功能

Visio 2013 新增加和修改了一些功能,软件更新了图表模板,因此模板外观更加漂亮并且更易于使用。新的样式、主题和其他便利工具将会帮助用户缩减绘图时间。软件还增加了多种协同处理 Visio 图表的方式，以及允许实时共同创作图表的新增批注功能。下面将进行分类介绍。

1. 更新的图表模板

1）新的形状和内容

多个图表模板已得到更新和改进，包括"日程表""基本网络图""详细网络图"和"基本形状"。许多模板具有新的形状和设计，并且会看到新的和更新的容器与标注。

2）组织结构图

组织结构图模板的新形状和样式专门针对组织结构图而设计。此外，还可以更加轻松地将图片添加到所有的固有形状中。如图 12-18 所示是创建组织结构图的对话框。

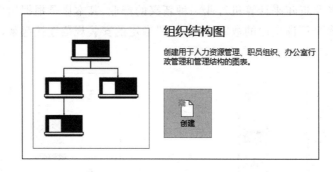

图 12-18　创建组织结构图

3）SharePoint 工作流

新的 SharePoint 工作流模板支持阶段、步骤、循环和自定义操作。

4）BPMN 2.0 支持

业务流程建模标注（BPMN）模板支持 BPMN 2.0 版本（在分析一致性类之后）。

5）UML 和数据库模板

UML 模板和数据库模板更易于使用，并且更加灵活。它们现在与大多数其他模板使用相同的拖放功能，无须事先设置解决方案配置。

2. 用于缩减绘图时间的样式、主题和工具

1）使用 Office 艺术字形状效果设置形状格式

Visio 提供可在其他 Office 应用程序中使用的多个格式选项，并可将其应用到创建的图表中。可以对形状应用渐变、阴影、三维、旋转等效果。如图 12-19 所示是形状格式的设置窗格。

2）向形状添加快速样式

快速样式使用户可以控制单个形状的显示效果，使形状可以突出显示。选择一个形状，然后在【开始】选项卡中，打开【形状样式】组中的【快速样式】下拉列表就可以使用。每种样式都具有颜色、阴影、反射及其他效果。

3）为主题添加变体

除了为图表添加颜色、字体和效果的新主题外，Visio 的每个主题还具有变体。选择变体可以将其应用于整个页面。可以通过如图 12-20 所示的【设计】菜单项进行修改。

图 12-19　设置形状格式

4）复制整个页面

现在可以更加容易地创建页面副本。选择【插入】选项卡的【页面】组中的【新建页】下拉菜单中的【复制此页面】命令进行复制，如图 12-21 所示。

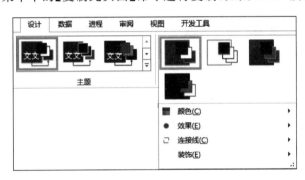

图 12-20　【设计】菜单项

图 12-21　选择【复制此页面】命令

5）替换图表中已存在的形状

替换形状也很容易，只需使用【开始】选项卡的【编辑】组中的【更改形状】下拉菜单即可，如图 12-22 所示。布局不会更改，形状包含的所有信息仍然存在。

图 12-22　【更改形状】下拉菜单

3. 新增的协作和共同创作功能

1) 作为一个团队共同创作图表

多人可以同时处理单个图表,方法是将其上载到 SharePoint 或 OneDrive。每个人都可以实时查看正在编辑的形状。每次保存文档时,用户的更改将保存回服务器中,其他人的已保存更改将显示在用户的图表中。

2) 在按线索组织的会话中对图表进行批注

新增的批注窗格更便于添加、阅读、回复和跟踪审阅者的批注。可轻松地在批注线程中编写和跟踪回复。也可以通过单击图表上的批注提示框来阅读或参与批注。如图 12-23 所示是批注窗格。

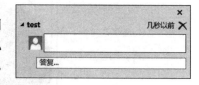

图 12-23　批注窗格

3) 在 Web 上审阅图表

即使未安装 Visio,审阅者也可以查看图表并对其进行批注。使用 Web 浏览器可以审阅已保存到 Office 365 或 SharePoint 的图表。

4) 在已改进触摸屏支持的便携式设备上使用 Visio

在启用触摸功能的平板电脑上阅读、批注甚至创建图表,无须键盘和鼠标。

5) 将单个文件格式用于桌面计算机和 Web

Visio 以新文件格式(.vsdx)保存图表,该格式是桌面默认格式,并且适合在 SharePoint 上的浏览器中查看,不再需要针对不同的用途保存为不同的格式。Visio 还可采用.vssx、.vstx、.vsdm、.vssm 和.vstm 格式进行读写操作。

12.2　安装与卸载

12.2.1　安装

运行安装光盘或者双击其中的 Setup.exe 文件,进入安装向导界面,单击【继续】按钮,如图 12-24 所示。在【选择所需的安装】界面中,单击【自定义】按钮,如图 12-25 所示。

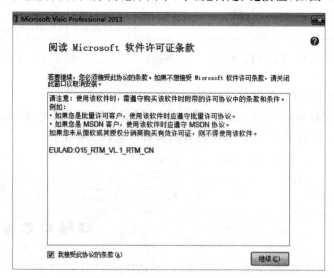

图 12-24　安装向导

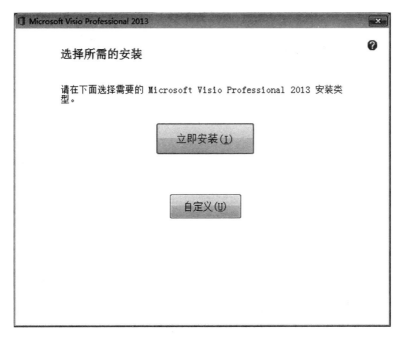

图 12-25　自定义安装

在弹出的安装界面中,进行安装选项、文件位置和用户信息的设置,然后单击【立即安装】按钮,如图 12-26 所示。进入【安装进度】界面,等待安装进度的完成,如图 12-27 所示。

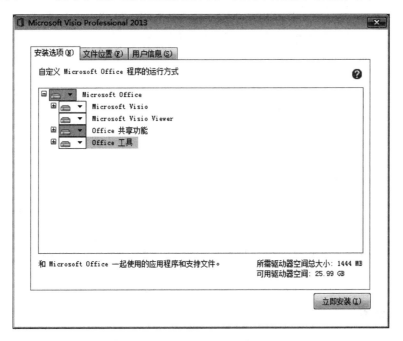

图 12-26　设置安装信息

完成安装后,在安装完成界面中单击【关闭】按钮即可,如图 12-28 所示。

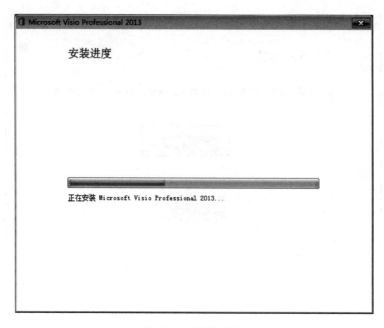

图 12-27　安装进度

图 12-28　完成安装

12.2.2　卸载

在 Windows 7 系统中单击【开始】按钮,打开【控制面板】窗口,选择【程序和功能】选项,如图 12-29 所示。在打开的程序列表中找到 Microsoft Visio Professional 2013 程序,然后单击【卸载】按钮,如图 12-30 所示。

图 12-29　选择【程序和功能】选项

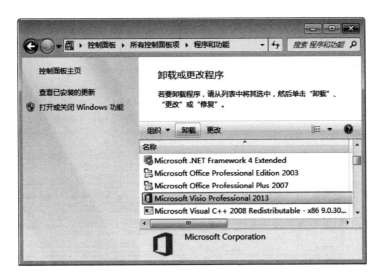

图 12-30　选择程序

在弹出的【安装】对话框中，单击【是】按钮，如图 12-31 所示。

图 12-31　【安装】对话框

之后系统进行软件的卸载,卸载对话框如图12-32所示。

图 12-32　卸载对话框

12.3　启动与退出

12.3.1　软件界面

Visio 2013 与 Office 2013 系列软件中的界面一样简洁,便于用户操作。Visio 2013 软件的基本界面和 Word 2013、Excel 2013 等软件的界面类似,其界面如图12-33所示。

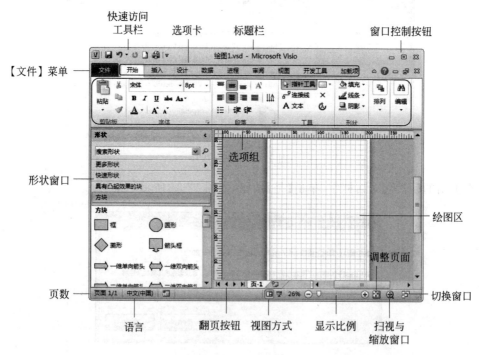

图 12-33　软件界面

Visio 软件的界面主要由 6 部分组成,其作用如下。

1. 标题栏

标题栏由 Visio 标志、快速访问工具栏、窗口管理按钮 3 个部分组成。

其中,快速访问工具栏是 Visio 提供的一组快捷按钮,在默认情况下,包含【保存】按钮、【撤销】按钮、【恢复】按钮和【新建】按钮等工具按钮。窗口管理按钮提供了 4 种按钮供用户操作 Visio 窗口,包括【最小化】按钮、【最大化】按钮、【关闭】按钮以及【关闭窗口】按钮。

2. 工具选项卡

工具选项卡是一组重要的按钮栏,其提供了多种按钮,允许用户切换功能区及应用 Visio 中的各种工具。主要包括【开始】、【插入】、【设计】、【数据】、【进程】、【审阅】、【视图】等选项卡。选项卡中的工具通常按组的方式排列,各组之间以分隔线的方式隔开。例如,【开始】选项卡就包括了【剪贴板】、【字体】、【段落】、【工具】、【形状格式】、【排列】和【编辑】等组。

3. 功能区

功能区中提供了 Visio 软件的各种基本工具。单击工具选项卡中的特定按钮,即可切换功能区中的内容。

4. 【形状】窗格

在使用 Visio 的模板功能创建 Visio 绘图之后,会自动打开【形状】窗格,并在该窗格中提供各种模具组供用户选择,可将其拖动添加到 Visio 绘图中。

5. 绘图窗格

绘图窗格是 Visio 中最重要的窗格,在其中提供了标尺、绘图页以及网格等工具,允许用户在绘图页上绘制各种图形,并使用标尺来规范图形的尺寸。

在绘图窗格的底部还提供了页标签的功能,允许用户为一个 Visio 绘图创建多个绘图页,并设置绘图页的名称。

6. 状态栏

状态栏的作用是显示绘图页或其上各种对象的状态,以供用户参考和编辑。

12.3.2 启 动

在使用 Visio 2013 绘图之前,首先应了解如何启动和退出 Visio。在 Windows 7 操作系统中,用户可以通过 3 种方式启动 Visio 2013 软件。

1. 从【开始】菜单启动

在 Windows 7 操作系统中安装完成 Microsoft Visio 2013 之后,用户即可从【开始】菜单启动 Visio。

单击【开始】按钮,选择【所有程序】| Microsoft Office 2013 | Visio 2013 命令,即可启动 Visio 2013,如图 12-34 所示。

2. 运行命令启动

用户也可以单击【开始】按钮,然后在【搜索程序和文件】文本框中输入 visio,按下 Enter

键,启动 Visio 2013,如图 12-35 所示。

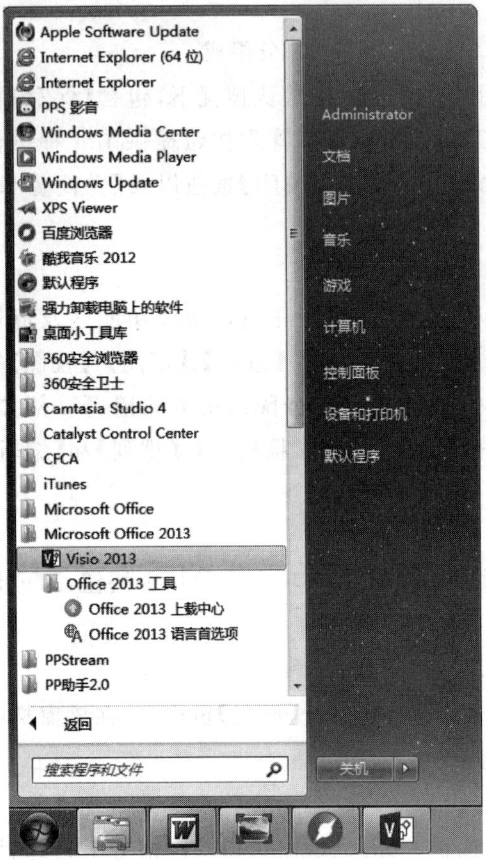

图 12-34　选择 Visio 2013 命令　　　　　　图 12-35　输入启动命令

在 Windows 7 操作系统中,默认情况下,【开始】菜单中会隐藏【运行】命令。用户可在任务栏处右击,在弹出的快捷菜单中选择【属性】命令,在弹出的【任务栏和「开始」菜单属性】对话框中单击【「开始」菜单】选项卡中的【自定义】按钮,在项目列表框中选中【运行命令】复选框,依次单击【确定】按钮关闭所有对话框,即可在【开始】菜单中显示【运行】命令。

3. 从快捷方式启动

如果用户已在 Windows 桌面或其他位置为 Visio 2013 创建了快捷方式,则可直接双击该快捷方式打开 Visio 软件,如图 12-36 所示。

软件安装完成后,可以将 Visio 快捷方式锁定到 Windows 7 任务栏中。单击【开始】按钮,选择【所有程序】| Microsoft Office 2013 命令。用鼠标右击 Visio 2013 选项,在弹出的快捷菜单中选择【锁定到任务栏】命令,即可将 Visio 程序添加到 Windows 7 任务栏中,如图 12-37 所示。此时,用户单击任务栏的 Visio 图标即可打开 Visio。

图 12-36　双击快捷方式

图 12-37　添加按钮到任务栏

12.3.3　退出

用户可以通过以下 6 种方式退出 Visio 应用程序。

1. 执行关闭命令

在 Visio 中单击【文件】按钮,然后即可在打开的窗口左侧命令选项中选择【关闭】命令,退出 Visio 当前设计图表,如图 12-38 所示。

2. 使用【关闭】按钮

除了可使用【关闭】命令外,用户也可单击窗口右上角的【关闭】按钮退出 Visio 程序。单击【关闭窗口】按钮,则可以退出 Visio 当前设计图表。

3. 双击 Visio 标志

在 Visio 中,用户可以双击标题栏左侧的 Visio 图标,以关闭 Visio 窗口。

4. 右击 Visio 标志选择【关闭】命令

用户也可以右击标题栏左侧的 Visio 图标,在弹出的快捷菜单中选择【关闭】命令,即可关闭 Visio 窗口,如图 12-39 所示。

5. 右击任务栏选择【关闭】命令

在 Windows 任务栏中右击,然后在弹出的快捷菜单中选择【关闭】命令,即可关闭 Visio 窗口,如图 12-40 所示。

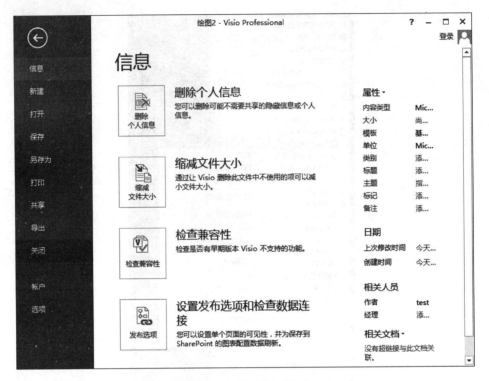

图 12-38 选择【关闭】命令

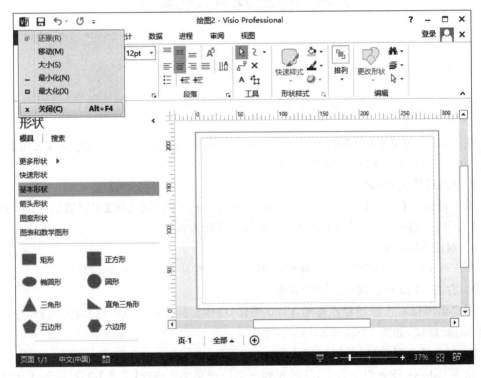

图 12-39 右击 Visio 图标

图 12-40 选择【关闭】命令

6. 快捷键关闭 Visio

在 Visio 中按下 Alt＋F4 快捷键，可以关闭 Visio 窗口。

12.3.4 更改 Visio 主题颜色和屏幕提示

微软公司为 Visio 2013 软件提供了 3 种主题色，包括白色、浅灰色和深灰色，用户可以自行选择更换。

在 Visio 2013 软件中选择【文件】|【选项】命令。在弹出的【Visio 选项】对话框中选择【常规】选项卡，然后即可在右侧选项卡界面的【Office 主题】下拉列表框中选择 Visio 的主题颜色，如图 12-41 所示。

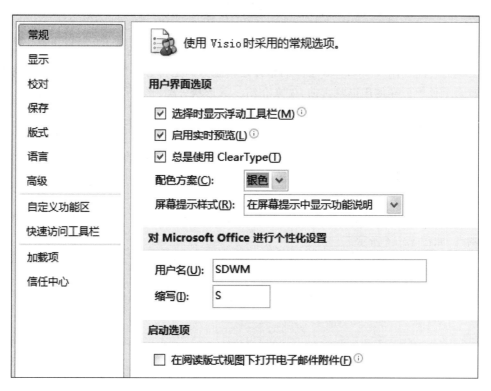

图 12-41 【Visio 选项】对话框

屏幕提示是微软 Office 软件的一个特色功能，其作用是帮助用户快速了解 Office 软件各按钮的作用。在【Visio 选项】对话框中选择【常规】选项，即可在右侧选项卡界面的【屏幕提示样式】下拉列表框中设置屏幕提示样式的显示和隐藏，如图 12-42 所示。

如图 12-43 所示，鼠标停在按钮上时软件界面会显示按钮的功能介绍。

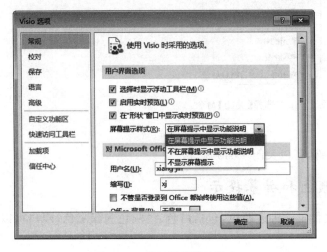

图 12-42　设置屏幕提示样式

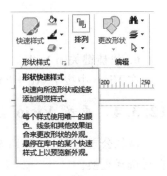

图 12-43　屏幕显示按钮功能

12.4　使 用 形 状

Visio 2013 中的所有图表元素都被称作形状，其中包括插入的剪贴画、图片及绘制的线条与文本框。而利用 Visio 2013 绘图的整体逻辑思路即是将各个形状按照一定的顺序与设计拖到绘图页中。在使用形状之前，先来介绍一下形状分类、形状手柄等基本内容。

12.4.1　形状分类

在 Visio 2013 绘图中，形状表示对象和概念。根据形状不同的行为方式，可以将形状分为一维（1-D）与二维（2-D）两种类型。

1. 一维形状

一维形状像线条一样，其行为与线条类似。Visio 2013 中的一维形状具有起点和终点两个端点，如图 12-44 所示。

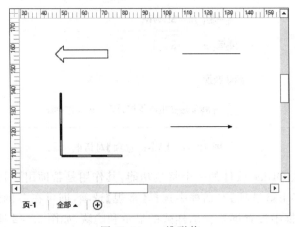

图 12-44　一维形状

其中,一维形状具有以下特征:

➤ 起点是空心的方块;

➤ 终点是实心的方块;

➤ 连接作用,可粘附在两个形状之间,具有连接的作用;

➤ 选择手柄部分,一维形状中具有选择手柄,可以通过选择手柄调整形状的外形;

➤ 拖动形状,当用户拖动形状时,只能改变形状的长度或位置。

2. 二维形状

二维形状具有两个维度,选择该形状时没有起点和终点,其行为类似于矩形,如图 12-45 所示。

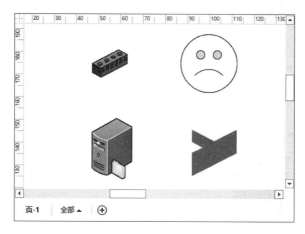

图 12-45 二维形状

其中,二维形状具有以下特征:

➤ 手柄具有 8 个选择手柄,其手柄分别位于形状的角与边上;

➤ 根据形状的填充效果,二维形状可以是封闭的,也可以是开放的;

➤ 选择手柄拐角上的选择手柄可以改变形状的长度与宽度。

12.4.2 形状手柄

形状手柄是形状周围的控制点,只有在选择形状时才会显示形状手柄。用户可以通过执行【开始】|【工具】|【指针工具】命令来选择形状。在 Visio 2013 中,形状手柄可分为选择手柄、控制手柄、锁定手柄、旋转手柄、连接点、顶点等类型。

1. 调整形状手柄

该类型的手柄主要用于调整形状的大小、旋转形状等,主要包括下列几种手柄类型:

➤ 选择手柄可以用来调整形状的大小。当用户选择形状时,在形状周围出现的空心方块便是选择手柄。

➤ 控制手柄主要用来调整形状的角度与方向。当用户选择形状时,形状上出现的"黄色方块图案"即为控制手柄。只有部分形状具有控制手柄,并且不同形状上的控制手柄具有不同的改变效果。

➤ 锁定手柄表示所选形状处于锁定状态,用户无法对其进行调整大小或旋转等操作。选择形状时,在形状周围出现的"带斜线的方块"即为锁定手柄。执行【形状】|【组

合】|【取消组合】命令,可以解除形状的锁定状态。

➤ 旋转手柄主要用于改变形状的方向。选择形状时,在形状顶端出现的"圆形符号" ↻即为旋转手柄。

调整手柄具体类型的显示方式。如图 12-46 所示为选择手柄,如图 12-47 所示为控制手柄,如图 12-48 所示为锁定手柄,如图 12-49 所示为旋转手柄。

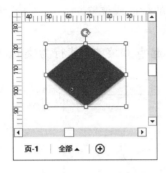

图 12-46　选择手柄

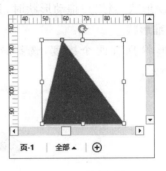

图 12-47　控制手柄

图 12-48　锁定手柄

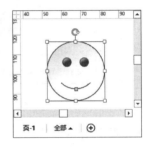

图 12-49　旋转手柄

将鼠标置于形状中的旋转手柄上,当光标变为符号时,拖动鼠标即可旋转形状。

2. 控制点与顶点

当使用【开始】选项卡【工具】选项组中的【铅笔】工具绘制线条、弧线形状时,形状上出现的"原点"称为控制点,拖动控制点可以改变曲线的弯曲度,或弧度的对称性,如图 12-50 所示,而形状上两头的顶点方块可以扩展形状,拖动鼠标从顶点处可以继续绘制形状,如图 12-51 所示。

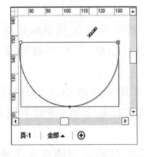

图 12-50　控制点

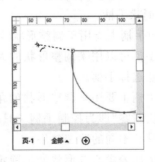

图 12-51　顶点

另外,用户还可以利用添加或删除顶点来改变形状。将【三角形】形状拖动到绘图页中,如图 12-52 所示,使用【开始】选项卡【工具】选项组中的【铅笔】工具时,选择形状后按住 Ctrl 键用鼠标单击形状边框,即可为形状添加新的顶点,拖动顶点即可改变形状,如图 12-53 所示。

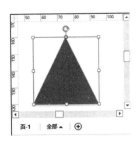
图 12-52　三角形

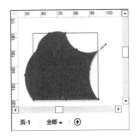
图 12-53　改变后的三角形

　　注意:只有在绘制形状的状态下,才可以显示控制点与顶点。当取消绘制状态时,控制点与顶点将变成选择手柄。

3. 连接点

　　连接点是形状上的一种特殊的点,用户可以通过连接点将形状与连接线或其他形状"粘附"在一起。

> ➢ 向内连接点:一般的形状都具有向内连接点,该连接点可以吸引一维连接线的端点与二维形状的向外连接或向内/向外连接点。
> ➢ 向外连接点:该连接点一般情况下出现在二维形状中,通过该连接点可以粘附二维形状。
> ➢ 向内/向外连接点:Visio 2013 使用"原点"来表示形状上的向内/向外连接点,默认情况下形状中的连接点为隐藏状态,用户可执行【开始】|【工具】|【连接线】命令,将鼠标停留在形状上方,即可显示连接点,如图 12-54 所示。

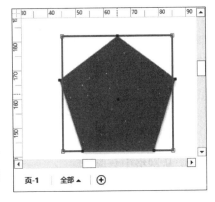
图 12-54　连接点

　　注意:连接点不是形状上唯一可以粘附连接线的位置。用户还可以将连接线粘附到连接点以外的部分(如选择手柄)。

12.4.3　获取形状

　　在使用 Visio 2013 制作绘图时,需要根据图表类型获取不同类型的形状。除了使用 Visio 2013 中存储的上百个形状之外,用户还可以利用"搜索"与"添加"功能来使用网络或本地文件夹中的形状。

1. 从模具中获取

　　启动 Visio 2013 组件后,模具会根据创建的模板而自动显示在【形状】任务窗格中。用户可通过任务窗格中相对应的模具来选择形状。除了使用模具中自动显示的形状之外,用户还可以通过单击【形状】任务窗格中的【更多形状】下拉按钮,将其他模具添加到【形状】任务窗格中,如图 12-55 所示。

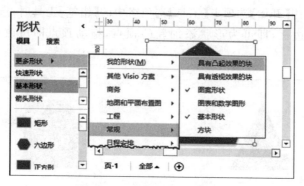

图 12-55 从模具中获取形状

2. 从"我的形状"中获取

对于专业用户来讲,往往需要使用他人或网络中的模具来绘制图表或模型。此时,用户需要将共享或下载的模具文件复制到指定的目录中。将文件复制到该目录下后,在 Visio 2013 中单击【形状】任务窗格中的【更多形状】按钮,在列表中执行【我的形状】|【组织我的形状】命令,即可在子菜单中选择新添加的形状,如图 12-56 所示。

图 12-56 添加形状

3. 从网络中获取

Visio 2013 为用户提供了搜索形状的功能,使用该功能可以从网络中搜索到相应的形状。用户只需要在【形状】任务窗格中,激活【搜索】选项卡,在【搜索形状】文本框中输入需要搜索形状的名称,单击右侧的【搜索】按钮即可,如图 12-57 所示。

另外,用户可通过右击【形状】任务窗格,执行【搜索选项】命令。在弹出的【Visio 选项】对话框中的【高级】选项卡中,可以设置搜索位置、搜索结果等选项,如图 12-58 所示。

在【高级】选项卡【形状搜索】选项组中的各项选项的功能如表 12-1 所示。

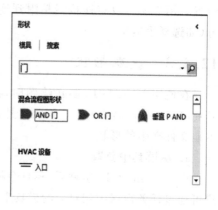

图 12-57 搜索形状

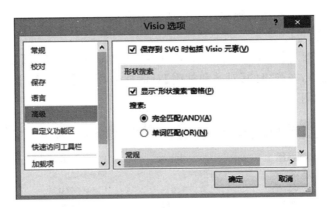

图 12-58　设置搜索选项

表 12-1　【形状搜索】选项

选 项 组	选 项	说 明
显示"形状搜索"窗格		表示是否在【形状】窗口中显示【形状搜索】窗格
搜索	完全匹配	表示搜索形状应符合所输入的每个关键字
	单词匹配	表示搜索的形状至少符合一个关键字

12.5　编 辑 形 状

在 Visio 2013 中制作图表时,操作最多的元素便是形状。用户需要根据图表的整体布局选择单个或多个形状,还需要按照图表的设计要求旋转、对齐与组合形状。另外,为了使绘图页具有美观的外表,还需要精确地移动形状。

12.5.1　选择形状

在对形状进行操作之前,需要选择相应形状。用户可以通过下面几种方法进行选择。

➢ 选择单个形状:执行【开始】|【工具】|【指针工具】命令,将鼠标置于需要选择的形状上,当光标变为"四向箭头"时,单击即可选择该形状。

➢ 选择多个连续的形状:使用【指针工具】命令,选择第一个形状后,按住 Shift 或 Ctrl键逐个单击其他形状,即可依次选择多个形状。

➢ 选择多个不连续的形状:执行【开始】|【编辑】|【选择】命令,在其列表中执行【选择区域】或【套索选择】命令,使用鼠标在绘图页中绘制矩形或任意样式的选择轮廓,释放鼠标后即可选择该轮廓内的所有形状。

➢ 选择所有形状:执行【开始】|【编辑】|【选择】|【全选】命令,或按下 Ctrl+A 快捷键即可选择当前绘图页内的所有形状。

➢ 按类型选择形状:执行【开始】|【编辑】|【选择】|【按类型选择】命令,在弹出的【按类型选择】对话框中,用户可以设置所要选择形状的类型。

12.5.2　移动形状

简单的移动形状是利用鼠标将形状拖曳到新位置中。但是,在绘图过程中,为了美观、整洁,需要利用一些工具来精确地移动一个或多个形状。

1. 使用参考线

用户可以使用"参考线"工具,来同步移动多个形状。首先,执行【视图】|【视觉帮助】|【对话框启动器】命令,在弹出的【对齐和粘附】对话框中,启用【对齐】与【粘附到】选项组中的【参考线】复选框,如图 12-59 所示。

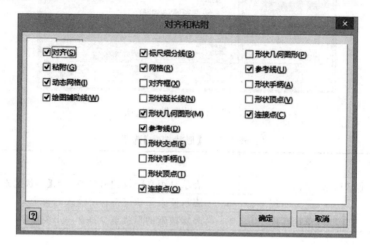

图 12-59 【对齐和粘附】对话框

然后,使用鼠标拖动标尺到绘图页中,即可以创建参考线。最后,将形状拖动到参考线上,当参考线上出现绿色方框时,表示形状与参考线相连,如图 12-60 所示。利用上述方法,分别将其他形状与参考线相连。此时,拖动参考线即可同步移动多个形状。

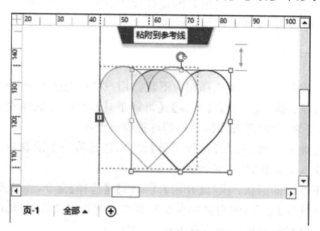

图 12-60 连接参考线

注意:在绘图页中添加参考线后,可选择参考线,按下 Delete 键对其进行删除。

2. 使用【大小和位置】窗口

用户可以根据 X 与 Y 轴来移动形状,执行【视图】|【显示】|【任务窗格】|【大小和位置】命令。在绘图页中选择形状,并在【大小和位置】窗口中,修改【 X 】和【 Y 】文本框中的数值即可,如图 12-61 所示。

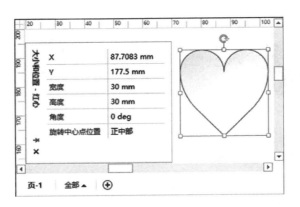

图 12-61　移动形状

12.5.3　旋转与翻转形状

旋转形状即将形状围绕一个点进行转动,而翻转形状是改变形状的垂直或水平方向,也就是生成形状的镜像。在绘图页中,用户可以使用以下方法,来旋转或翻转形状。

1. 旋转形状

用户可以通过下列几种方法来旋转形状。

- ➤ 执行旋转命令:选择绘图页中需要旋转的形状,执行【开始】|【排列】|【位置】|【旋转形状】命令,在其级联菜单中选择相应的选项即可。
- ➤ 使用旋转手柄:选择绘图页中需要旋转的形状,将鼠标置于旋转手柄上,当光标变为"旋转形状"时,拖动旋转手柄到合适角度即可,如图 12-62 所示。

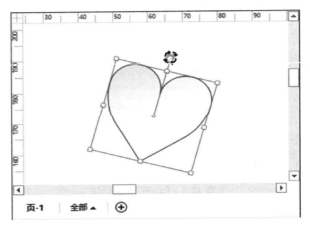

图 12-62　旋转手柄

- ➤ 精确设置形状的旋转角度:选择需要旋转的形状,执行【视图】|【显示】|【任务窗格】|【大小和位置】命令,在【旋转中心点位置】下拉列表中选择相应的选项即可。

2. 翻转形状

在绘图页中,选择要翻转的形状,执行【开始】|【排列】|【位置】|【旋转形状】|【垂直翻转】或【水平翻转】命令,即可生成所选形状的水平镜像,如图 12-63 所示。

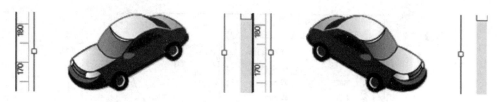

图 12-63　原形状与水平翻转后的形状

12.5.4　对齐与分布形状

对齐形状是沿水平轴或纵轴对齐所选形状。分布形状是在绘图页上均匀地隔开三个或多个选定形状。其中,垂直分布通过垂直移动形状,可以让所选形状的纵向间隔保持一致;而水平分布通过水平移动形状,能够使所选形状的横向间隔保持一致。

1. 对齐形状

在 Visio 2013 中,用户可先选择需要对齐的多个形状,执行【开始】|【排列】|【排列】命令,对形状进行水平对齐或垂直对齐,如图 12-64 所示。

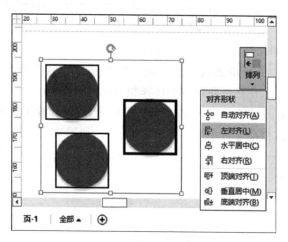

图 12-64　对齐形状

在【对齐形状】组中,主要包括自动对齐、左对齐、右对齐等 7 种选项,其各个选项的功能如表 12-2 所示。

表 12-2　【对齐形状】选项

选　项	说　　明
自动对齐	为系统的默认选项,可以移动所选形状来拉伸连接线
左对齐	以主形状的最左端为基准,对齐所选形状
水平居中	以主形状的水平中心线为基准,对齐所选形状
右对齐	以主形状的最右端为基准,对齐所选形状
顶端对齐	以主形状的顶端为基准,对齐所选形状
垂直居中	以主形状的垂直中心线为基准,对齐所选形状
底端对齐	以主形状的底部为基准,对齐所选形状

2. 分布形状

执行【开始】|【排列】|【位置】|【空间形状】|【横向分布】或【纵向分布】命令，自动分布形状。另外，用户还可以执行【开始】|【排列】|【位置】|【空间形状】|【其他分布选项】命令，在弹出的【分布形状】对话框中，对形状进行水平分布或垂直分布，如图 12-65 所示。该对话框中的各项选项的功能如表 12-3 所示。

图 12-65 【分布形状】对话框

表 12-3 【分布形状】选项

选 项	说 明
【垂直分布形状】按钮	将相邻两个形状的底部与顶端的间距保持一致
【靠上垂直分布形状】按钮	将相邻两个形状的顶端与顶端的间距保持一致
【垂直居中分布形状】按钮	将相邻两个形状的水平中心线之间的距离保持一致
【靠下垂直分布形状】按钮	将相邻两个形状的底部与底部的间距保持一致
【水平分布形状】按钮	将相邻两个形状的最左端与最右端的间距保持一致
【靠左水平分布形状】按钮	将相邻两个形状的最左端与最左端的间距保持一致
【水平居中分布形状】按钮	将相邻两个形状的垂直中心线之间的距离保持一致
【靠右水平分布形状】按钮	将相邻两个形状的最右端与最右端的间距保持一致
创建参考线并将形状粘附到参考线	启用该选项后，当用户移动参考线时，粘附在该参考线上的形状会一起移动

12.5.5 排列形状

Visio 2013 为用户提供了多种类型的布局，在使用布局制作图表时，需要根据图表内容调整布局中形状的排列方式。

1. 设置布局选项

在 Visio 2013 中，用户可以根据不同的图表类型设置形状的布局方式。即执行【设计】|【版式】|【重新布局页面】命令，在其级联菜单中选择相应的选项即可。另外，执行【重新布局页面】|【其他布局选项】命令，在弹出的【配置布局】对话框中设置布局选项，如图 12-66 所示。

该对话框中的各项选项的功能如下所述。

1）放置。

➢ 样式：设置排放形状的样式。使用预览可查看所选设置是否达到所需的效果。对于没有方向的绘图（如网络绘图），可以使用"圆形"样式。

➢ 方向：设置用于放置形状的方向。只有当使用"流程图""压缩树"或"层次"样式时，此选项才会启用。

➢ 对齐：设置形状的对齐方式。只有当使用"层次"样式时，此选项才会启用。

➢ 间距：设置形状之间的间距。

2）连接线。

➢ 样式：设置用于连接形状的路径或路线的类型。

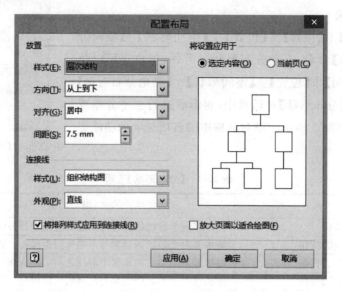

图 12-66 【分布形状】对话框

➢ 外观：指定连接线是直线还是曲线。

➢ 将排列样式应用到连接线：启用该选项，可以将所选的连接线样式和外观应用到当前页的所有连接线中，或仅应用于所选的连接线。

➢ 放大页面以适合绘图：选中此复选框可在自动排放形状时放大绘图页以适应绘图。

3）将设置应用于。

➢ 选定内容：启用该选项可以将布局仅仅应用到绘图页中选定的形状。

➢ 当前页：启用该选项可以将布局应用到整个绘图页中。

注意：在应用新的布局后，用户可按下 Ctrl＋Z 快捷键取消布局。

2. 设置布局与排列间距

执行【设计】|【页面设置】|【对话框启动器】命令，在弹出的【页面设置】对话框中激活【布局与排列】选项卡，单击【间距】按钮。在弹出的【布局与排列间距】对话框中，设置布局与排列的间距值，如图 12-67 所示。

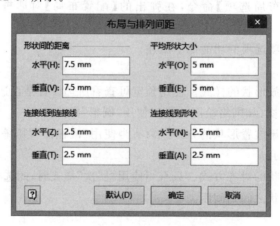

图 12-67 【布局与排列间距】对话框

在该对话框中，主要包括下列几种选项。

➢ 形状间的距离：指定形状之间的间距。

➢ 平均形状大小：指定绘图中形状的平均大小。

➢ 连接线到连接线：指定连接线之间的最小间距。

➢ 连接线到形状：指定连接线和形状之间的最小间距。

3. 配置形状的布置行为

布局行为是指定二维形状在自定布局过程中的行为。执行【开发工具】|【形状设计】|【行为】命令，在弹出的【行为】对话框中的【放置】选项卡中，设置布置行为选项即可，如图 12-68 所示。

图 12-68　设置【放置】选项

在该对话框中，主要包括下列选项。

➢ 放置行为：决定二维形状与动态连接线交互的方式。

➢ 放置时不移动：指定自动布局过程中形状不应移动。

➢ 允许将其他形状放置在前面：指定自动布局过程中其他形状可以放置在所选形状前面。

➢ 放下时移动其他形状：指定当形状移动到页面上时是否移走其他形状。

➢ 放下时不允许其他形状移动此形状：指定当其他形状拖动到页面上时不移动所选形状。

➢ 水平穿绕：指定动态连接线可水平穿绕二维形状（一条线穿过中间）。

➢ 垂直穿绕：指定动态连接线可垂直穿绕二维形状（一条线穿过中间）。

12.5.6　绘制直线、弧线与曲线

虽然通过拖动模具中的形状到绘图页中创建图表是 Visio 2013 制作图表的特点。但是，在实际应用中往往需要创建独特且具有个性的形状，或者对现有的形状进行调整或修

改。因此,用户需要利用 Visio 2013 中的绘图工具来绘制需要的形状。

用户可以通过执行【开始】|【工具】|【绘图工具】命令,在其列表中选择相应的命令,来绘制直线、弧线等简单的形状。

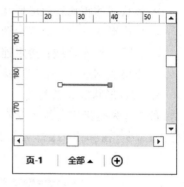

图 12-69　线段

1. 绘制直线

利用"折线图"绘图工具可以绘制单个线段、一系列相互连接的线段以及闭合形状。执行【开始】|【工具】|【绘图工具】|【线条】命令,在绘图页中拖动鼠标绘制线段,释放鼠标即可。另外,用户可以在绘制线段的一个端点处继续绘制直线,即可以绘制一系列相互连接的线段。同时,单击系列线段的最后一条线段的端点,并拖动至第一条线段的起点,即可绘制闭合形状,如图 12-69、图 12-70、图 12-71 所示。

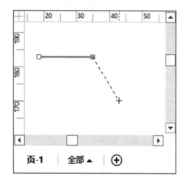

图 12-70　系列线段

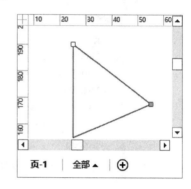

图 12-71　闭合形状

注意:绘制线段形状后,在线段的两端分别以绿色的方框显示起点与终点。而绘制一系列相连的线段后,在每条线段的端点都以绿色的菱形显示。

2. 绘制弧线

首先,执行【开始】|【工具】|【绘图工具】|【弧形】命令,在绘图页中单击一个点,拖动鼠标即可绘制一条弧线。然后,执行【开始】|【工具】|【绘图工具】|【铅笔】命令,拖动弧线离心手柄的中间点即可调整弧线的曲率大小。另外,拖动外侧的离心率手柄,即可改变弧线的形状,如图 12-72、图 12-73 所示。

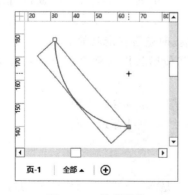

图 12-72　绘制弧线

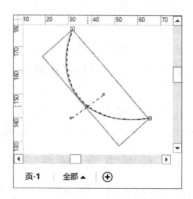

图 12-73　改变弧线曲率与形状

3. 绘制曲线

首先，执行【开始】|【工具】|【绘图工具】|【任意多边形】命令，在绘图页中单击一个点并随心所欲地拖动鼠标，释放鼠标后即可绘制一条平滑的曲线。如果用户想绘制出平滑的曲线，需要在绘制曲线之前，执行【文件】|【选项】命令，在【选项】对话框中激活【高级】选项卡，设置曲线的精度与平滑度，如图 12-74 所示。

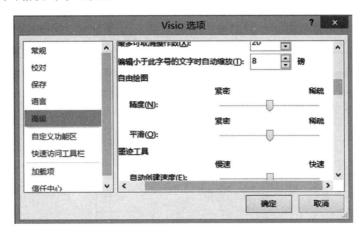

图 12-74　设置精度和平滑度

另外，还需要执行【视图】|【视觉帮助】|【对话框启动器】命令，在弹出的【对齐和粘贴】对话框中，取消【当前活动】选项组中的【对齐】复选框，如图 12-75 所示。

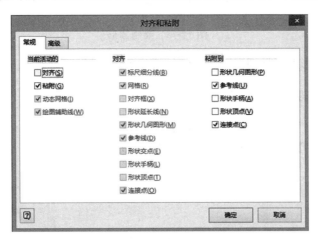

图 12-75　取消对齐格式

12.5.7　绘制闭合形状

闭合形状即使用绘图工具来绘制矩形与圆形形状。执行【开始】|【工具】|【绘图具】|【矩形】命令，当拖动鼠标且辅助线穿过形状对角线时，释放鼠标即可绘制一个正方形。同样，当拖动鼠标显示辅助线时，释放鼠标即可绘制一个矩形。执行【开始】|【工具】|【绘图工具】|【椭圆】命令，拖动鼠标即可绘制一个圆形或椭圆形，如图 12-76、图 12-77、图 12-78 所示。

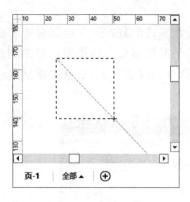

图 12-76　绘制正方形

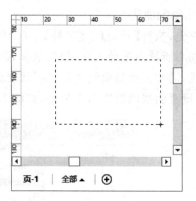

图 12-77　绘制矩形

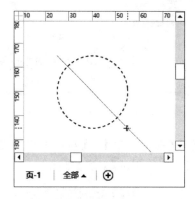

图 12-78　绘制圆形

　　注意:使用【矩形】与【椭圆】绘制形状时,按住 Shift 键即可绘制正方形与圆形。

12.5.8　使用铅笔工具

　　使用"铅笔工具"不仅可以绘制直线与弧线,而且还可以绘制多边形。执行【开始】|
【工具】|【绘图工具】|【铅笔】命令,拖动鼠标可以在绘图页中绘制各种形状,如图 12-79
所示。

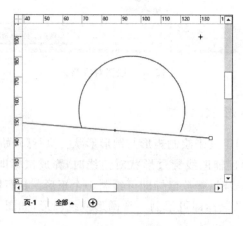

图 12-79　使用"铅笔工具"绘制形状

每种形状的绘制方法如下所示。

➢ 绘制直线:以直线拖动鼠标即可绘制直线,直线模式下指针为右下角显示直线的十字准线。

➢ 绘制弧线:以弧线拖动鼠标即可绘制弧线,弧线模式下指针为右下角显示弧线的十字准线。

➢ 从弧线模式转换到直线模式:移动指针到起点或终点处,当十字准线右下角的弧线消失时,以直线拖动鼠标即可转换到直线模式。

➢ 从直线模式转换到弧线模式:移动指针到起点或终点处,当十字准线右下角的直线消失时,以弧线拖动鼠标即可转换到弧线模式。

12.6   连 接 形 状

在绘制图表的过程中,需要将多个相互关联的形状结合在一起,方便用户进一步的操作。Visio 2013 新增加了自动连接功能,利用该功能可以将形状与其他绘图相连接并将相互连接的形状进行排列。下面介绍用 Visio 来连接形状的各种方法,包括自动连接及拖动、粘附形状和连接符。

12.6.1   自 动 连 接

Visio 2013 为用户提供了自动连接功能,利用自动连接功能可以将所连接的形状快速添加到图表中,并且每个形状在添加后都会间距一致并且均匀对齐。在使用自动连接功能之外,用户还需要通过执行【视图】|【视觉帮助】|【自动连接】命令启用自动连接功能,如图 12-80 所示。

然后,将指针放置在绘图页形状上方,当形状四周出现"自动连接"箭头时,指针旁边会显示一个浮动工具栏,单击工具栏中的形状,即可添加并自动连接所选形状,如图 12-81 所示。

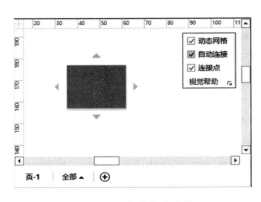

图 12-80   启动自动连接

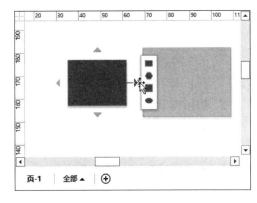

图 12-81   自动连接形状

注意:浮动工具栏中包含【快速形状】区域的前 4 个项目,但不包含一维形状。

12.6.2 手动连接

虽然自动连接功能具有很多优势,但是在制作某些图表时还需要利用传统的手动连接。手动连接即利用连接工具来连接形状。其主要包括下列几种方法。

1. 使用【连接线】工具

执行【开始】|【工具】|【连接线】命令,将鼠标置于需要进行连接的形状的连接点上,当光标变为"十"字形连接线箭头时,向相应形状的连接点拖动鼠标可绘制一条连接线,如图 12-82 所示。

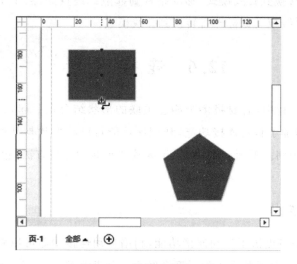

图 12-82 使用连接线工具

另外,在使用【连接线】工具时,用户可通过下列方法来完成以下快速操作。

➤ 更改连接线类型:更改连接线类型是将连接线类型更改为直角、直线或曲线。用户可右击连接线,在快捷菜单中选择连接线类型。另外,还可以执行【设计】|【版式】|【连接线】命令,在其菜单中选择连接线类型即可。

➤ 保持连接线整齐:在绘图页中选择所有需要对齐的形状,执行【开始】|【排列】|【位置】|【自动对齐和自动调整间距】命令,对齐形状并调整形状之间的间距。

➤ 更改为点连接:更改为点连接是将连接从动态连接更改为点连接,或反之。即选择相应的连接线,拖动连接线的端点,使其离开形状。然后,将该连接线放置在特定的点上来获得点连接,或者放置在形状中部来获得动态连接。

2. 使用模具

一般情况下,Visio 2013 模板中会包含连接符。另外,Visio 2013 还为用户准备了专业的连接符模具。用户可以在【形状】任务窗格中,单击【更多形状】按钮,选择【其他 Visio 方案】|【连接符】选项,将模具中相应的连接符形状拖动到形状的连接点即可,如图 12-83 所示。

注意:对于部分形状(如"环形网络"形状),可以通过将控制手柄粘附在其他形状的连接点的方法来连接形状。

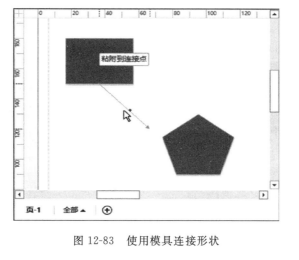

图 12-83　使用模具连接形状

12.6.3　组合与叠放形状

对于具有大量形状的图表来讲,操作部分形状比较费劲,此时用户可以利用 Visio 2013 中的组合功能,来组合同位置或类型的形状。另外,对于叠放的形状,需要调整其叠放顺序,以达到最佳的显示效果。

1. 组合形状

组合形状是将多个形状合并成一个形状。在绘图页中选择需要组合的多个形状,执行【开始】|【排列】|【组合】|【组合】命令即可,如图 12-84、图 12-85 所示。另外,用户可通过执行【排列】|【组合】|【取消组合】命令,来取消形状的组合状态。

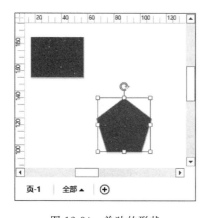

图 12-84　单独的形状

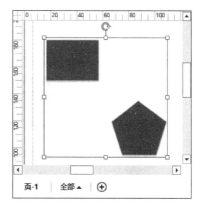

图 12-85　组合后的形状

注意:选择形状之后,右击形状执行【组合】|【组合】命令,来组合形状。

2. 叠放形状

当多个形状叠放在一起时,为了突出图表效果,需要调整形状的显示层次。此时,选择需要调整层次的形状,执行【开始】|【排列】|【置于顶层】或【置于底层】命令即可,如图 12-86、图 12-87 所示。另外,【置于顶层】命令中还包括【上移一层】命令,而【置于底层】命令还包括【下移一层】命令。

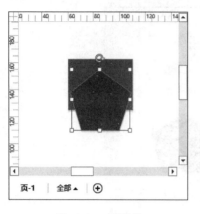

图 12-86　原形状

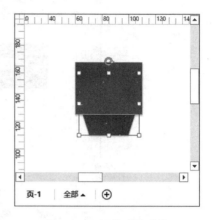

图 12-87　调整后的形状

12.7　设置形状样式

在绘图页中,每个形状都有自己的默认格式,这使得 Visio 图表容易变得千篇一律。因此,在设计 Visio 图表的过程中,可通过应用形状样式、自定义形状填充颜色和线条样式等方法来增添图表的艺术效果,增加绘图页的美观效果。

12.7.1　应用内置样式

Visio 2013 为用户提供了 42 种主题样式和 4 种变体样式,以方便用户快速设置形状样式。选择形状,执行【开始】|【形状样式】|【快速样式】命令,在其级联菜单中选择相应的样式即可,如图 12-88 所示。

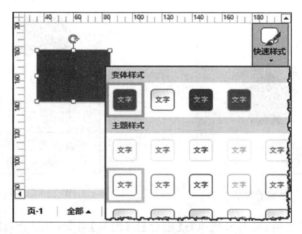

图 12-88　应用内置样式

注意：Visio 2013 提供的内置样式不会一成不变,它会随着"主题"样式的更改而自动更改。

为形状添加主题样式之后,选择形状,执行【开始】|【形状样式】|【删除主题】命令,即可删除形状中所应用的主题效果,如图 12-89 所示。

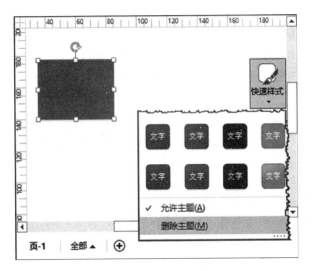

图 12-89　删除主题

12.7.2　自定义填充颜色

Visio 2013 内置的形状样式中只包含了单纯的几种填充颜色,无法满足用户制作多彩形状的要求。此时,用户可以使用"填充颜色"功能,自定义形状的填充颜色。

1. 设置纯色填充

选择形状,执行【开始】|【形状样式】|【填充】命令,在其级联菜单中选择一种色块即可,如图 12-90 所示。

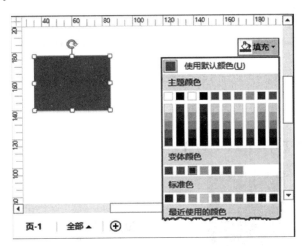

图 12-90　设置纯色填充

在【填充】级联菜单中,主要包括主题颜色、变体颜色和标准色 3 种颜色系列。用户可以根据具体需求选择不同的颜色类型。另外,当系统内置的颜色系列无法满足用户需求时,可以执行【填充】|【其他颜色】命令,在弹出的【颜色】对话框中的【标准】与【自定义】选项卡中设置详细的背景色。

2. 设置渐变填充

在 Visio 2013 中除了可以设置纯色填充之外,还可以设置多种颜色过渡的渐变填充效果。选择形状,执行【开始】|【形状样式】|【填充】|【填充选项】命令,弹出【设置形状格式】任务窗格。在【填充线条】选项卡中,展开【填充】选项组,选中【渐变填充】选项,在其展开的列表中设置渐变类型、方向、渐变光圈、光圈颜色、光圈位置等选项即可。

12.8　办公室布局图的设计

在设计办公室布局时,用户首先考虑的问题便是实用与舒服。在本练习中将使用"办公室布局"模板,以及利用该模板各模具中的形状,对办公室布局进行整体设计。下面通过形状的添加及页面设置等操作来制作一个办公室布局图,如图 12-91 所示。

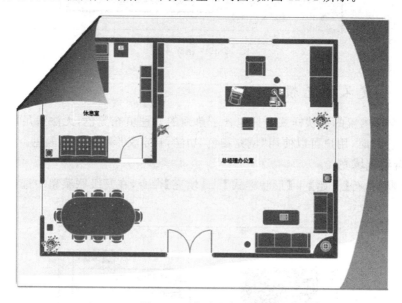

图 12-91　办公室布局图

操作步骤:

(1) 执行【文件】|【新建】命令,选择【办公室布局】选项,如图 12-92 所示。

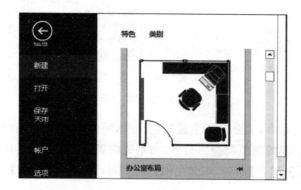

图 12-92　选择模板文件

（2）在弹出的窗口中，单击【创建】按钮，创建模板文档，如图12-93所示。

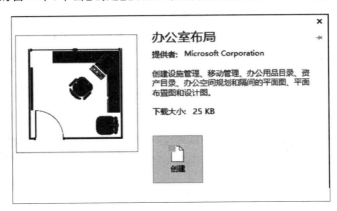

图12-93　创建模板

（3）执行【设计】|【页面设置】|【对话框启动器】命令，激活【绘图缩放比例】选项卡。将【预定义缩放比例】选项设置为"公制"，并选择【1:50】选项。

（4）在【墙壁和门窗】模具中，将【房间】形状拖至绘图页中。移动鼠标至形状上，当光标变成"双向箭头"时，拖动鼠标调整"房间"形状的大小，如图12-94所示。

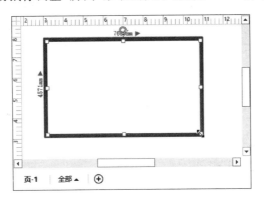

图12-94　添加房间形状

（5）在【墙壁和门窗】模具中，将【窗户】形状拖至绘图页中。复制窗户形状并调整其位置与大小，如图12-95所示。

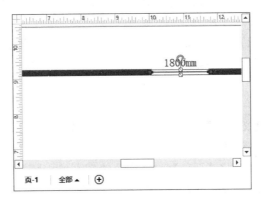

图12-95　添加窗户形状

（6）在【办公室家具】模具中，将【书桌】、【可旋转倾斜的椅子】与【椅子】形状拖放到绘图页中，并根据布局调整其位置，如图 12-96 所示。

（7）在【办公室设备】模具中，分别将【电话】、【PC】形状，以及【办公室附属设施】模具中的【台灯】、【垃圾桶】等形状拖动到绘图页中，并调整其位置，如图 12-97 所示。

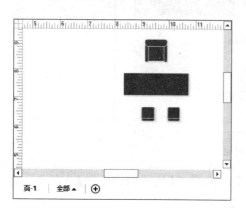

图 12-96　添加办公家具形状

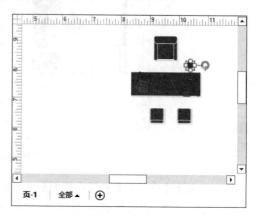

图 12-97　添加办公室设备形状

（8）激活【形状】任务窗格中的【搜索】选项卡，在【搜索形状】文本框中输入"饮水机"，单击【搜索】按钮，并将【饮水机】形状拖动到绘图页中，如图 12-98 所示。

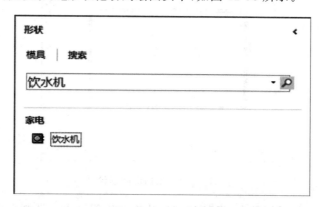

图 12-98　添加饮水机形状

（9）将【墙壁和门窗】模具中的【墙壁】形状拖动到绘图页中，并调整其大小和位置，如图 12-99 所示。

（10）单击【更多形状】下拉按钮，选择【地面和平面布置图】|【建筑设计图】|【家具】命令，将【可调床】【床头柜】等形状拖动到绘图页中，如图 12-100 所示。

（11）将【墙壁和门窗】模具中的【门】与【双门】形状拖放到绘图页中，并调整大小与位置，如图 12-101 所示。

（12）执行【插入】|【文本】|【文本框】|【横排文本框】命令，插入两个文本框并输入文本，设置文本的字体格式，如图 12-102 所示。

（13）执行【设计】|【主题】|【平行】命令，设置绘图页的主题效果，如图 12-103 所示。

（14）最后，执行【设计】|【背景】|【技术】命令，为绘图页添加背景，如图 12-104 所示。

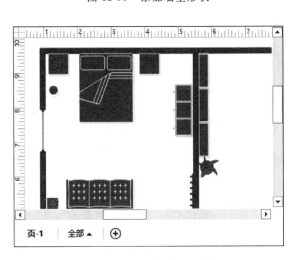

图 12-99　添加墙壁形状

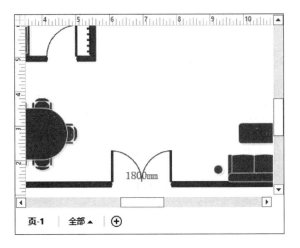

图 12-100　添加家具形状

图 12-101　添加门形状

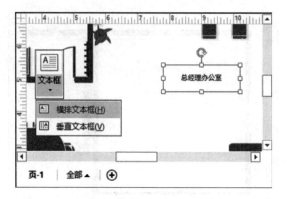

图 12-102　插入文本框

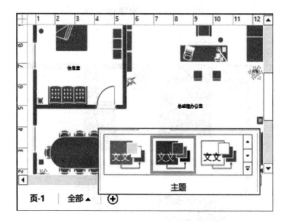

图 12-103　设置主题效果

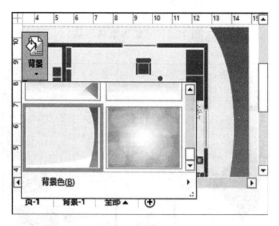

图 12-104　设置背景样式

附录 A

综合布线系统工程设计规范

中华人民共和国国家标准

综合布线系统工程设计规范

Code for engineering design of generic cabling
system for building and campus

GB 50311—2007

中华人民共和国建设部

公告第 619 号

建设部关于发布国家标准《综合布线系统工程设计规范》的公告

现批准《综合布线系统工程设计规范》为国家标准,编号为 GB 50311-2007,自 2007 年 10 月 1 日起实施。其中,第 7.0.9 条为强制性条文,必须严格执行。原《建筑与建筑群综合布线系统工程设计规范》GB/T 50311-2000 同时废止。

本规范由建设部标准定额研究所组织中国计划出版社出版发行。

中华人民共和国建设部
二〇〇七年四月六日

前　言

本规范是根据建设部建标 C20043 67 号文件《关于印发"二〇〇四年工程建设国家标准制订、修订计划"的通知》要求,对原《建筑与建筑群综合布线系统工程设计规范》GB/T 50311-2000 工程建设国家标准进行了修订,由信息产业部作为主编部门,中国移动通信集团设计院有限公司会同其他参编单位组成规范编写组共同编写完成的。

本规范在修订过程中,编制组进行了广泛的市场调查并展开了多项专题研究,认真总结了原规范执行过程中的经验和教训,加以补充完善和修改,广泛吸取国内有关单位和专家的意见。同时,参考了国内外相关标准规定的内容。

本规范中以黑体字标志的条文为强制性条文,必须严格执行。

本规范由建设部负责管理和对强制性条文的解释,信息产业部负责日常管理,中国移动通信集团设计院有限公司负责具体技术内容的解释。在应用过程中如有需要修改与补充的建议,请将有关资料寄送中国移动通信集团设计院有限公司(地址:北京市海淀区丹棱街 16 号,邮编:100080),以供修订时参考。

本规范主编单位、参编单位和主要起草人:

主编单位:中国移动通信集团设计院有限公司

参编单位:中国建筑标准设计研究院 中国建筑设计研究院 中国建筑东北设计研究院 现代集团华东建筑设计研究院有限公司 五洲工程设计研究院

主要起草人:张宜 张晓微 孙兰 李雪佩 张文才 陈琪 成彦 温伯银 赵济安 瞿二澜 朱立彤 刘侃 陈汉民

1 总 则

1.0.1 为了配合现代化城镇信息通信网向数字化方向发展,规范建筑与建筑群的语音、数据、图像及多媒体业务综合网络建设,特制定本规范。

1.0.2 本规范适用于新建、扩建、改建建筑与建筑群综合布线系统工程设计。

1.0.3 综合布线系统设施及管线的建设,应纳入建筑与建筑群相应的规划设计之中。工程设计时,应根据工程项目的性质、功能、环境条件和近、远期用户需求进行设计,并应考虑施工和维护方便,确保综合布线系统工程的质量和安全,做到技术先进、经济合理。

1.0.4 综合布线系统应与信息设施系统、信息化应用系统、公共安全系统、建筑设备管理系统等统筹规划,相互协调,并按照各系统信息的传输要求优化设计。

1.0.5 综合布线系统作为建筑物的公用通信配套设施,在工程设计中应满足为多家电信业务经营者提供业务的需求。

1.0.6 综合布线系统的设备应选用经过国家认可的产品质量检验机构鉴定合格的、符合国家有关技术标准的定型产品。

1.0.7 综合布线系统的工程设计,除应符合本规范外,还应符合国家现行有关标准的规定。

2 术语和符号

2.1 术语

2.1.1 布线(Cabling)

能够支持信息电子设备相连的各种缆线、跳线、接插软线和连接器件组成的系统。

2.1.2 建筑群子系统(Campus Subsystem)

由配线设备、建筑物之间的干线电缆或光缆、设备缆线、跳线等组成的系统。

2.1.3 电信间(Telecommunications Room)

放置电信设备、电缆和光缆终端配线设备并进行缆线交接的专用空间。

2.1.4 工作区(Work Area)

需要设置终端设备的独立区域。

2.1.5 信道(Channel)

连接两个应用设备的端到端的传输通道。信道包括设备电缆、设备光缆和工作区电缆、工作区光缆。

2.1.6 链路(Link)

一个 CP 链路或是一个永久链路。

2.1.7 永久链路(Permanent Link)

信息点与楼层配线设备之间的传输线路。它不包括工作区缆线和连接楼层配线设备的设备缆线、跳线,但可以包括一个 CP 链路。

2.1.8 集合点(Consolidation Point,CP)

楼层配线设备与工作区信息点之间水平缆线路由中的连接点。

2.1.9 CP 链路(CP Link)

楼层配线设备与集合点之间,包括各端的连接器件在内的永久性的链路。

2.1.10 建筑群配线设备(Campus Distributor)

终接建筑群主干缆线的配线设备。

2.1.11 建筑物配线设备(Building Distributor)

为建筑物主干缆线或建筑群主干缆线终接的配线设备。

2.1.12 楼层配线设备(Floor Distributor)

终接水平电缆、水平光缆和其他布线子系统缆线的配线设备。

2.1.13 建筑物入口设施(Building Entrance Facility)

提供符合相关规范机械与电气特性的连接器件,使得外部网络电缆和光缆引入建筑物内。

2.1.14 连接器件(Connecting Hardware)

用于连接电缆线对和光纤的一个器件或一组器件。

2.1.15 光纤适配器(Optical Fibre Connector)

将两对或一对光纤连接器件进行连接的器件。

2.1.16 建筑群主干电缆、建筑群主干光缆(Campus Backbone Cable)

用于在建筑群内连接建筑群配线架与建筑物配线架的电缆、光缆。

2.1.17 建筑物主干缆线(Building Backbone Cable)

连接建筑物配线设备至楼层配线设备及建筑物内楼层配线设备之间相连接的缆线。建筑物主干缆线可为主干电缆和主干光缆。

2.1.18 水平缆线(Horizontal Cable)

楼层配线设备到信息点之间的连接缆线。

2.1.19 永久水平缆线(Fixed Herizontal Cable)

楼层配线设备到 CP 的连接缆线,如果链路中不存在 CP 点,为直接连至信息点的连接缆线。

2.1.20 CP 缆线(CP Cable)

连接集合点至工作区信息点的缆线。

2.1.21 信息点(Telecommunications Outlet)

各类电缆或光缆终接的信息插座模块。

2.1.22 设备电缆、设备光缆(Equipment Cable)

通信设备连接到配线设备的电缆、光缆。

2.1.23 跳线(Jumper)

不带连接器件或带连接器件的电缆线对与带连接器件的光纤,用于配线设备之间进行连接。

2.1.24 缆线(包括电缆、光缆)(Cable)

在一个总的护套里,由一个或多个同一类型的缆线线对组成,并可包括一个总的屏蔽物。

2.1.25 光缆(Optical Cable)

由单芯或多芯光纤构成的缆线。

2.1.26 电缆、光缆单元(Cable Unit)

型号和类别相同的电缆线对或光纤的组合。电缆线对可有屏蔽物。

2.1.27 线对(Pair)

一个平衡传输线路的两个导体,一般指一个对绞线对。

2.1.28 平衡电缆(Balanced Cable)

由一个或多个金属导体线对组成的对称电缆。

2.1.29 屏蔽平衡电缆(Screened Balanced Cable)

带有总屏蔽和/或每线对均有屏蔽物的平衡电缆。

2.1.30 非屏蔽平衡电缆(Unscreened Balanced Cable)

不带有任何屏蔽物的平衡电缆。

2.1.31 接插软线(Patch Calld)

一端或两端带有连接器件的软电缆或软光缆。

2.1.32 多用户信息插座(Muiti—User Telecommunications Outlet)

在某一地点,若干信息插座模块的组合。

2.1.33 交接(交叉连接)(Cross—Connect)

配线设备和信息通信设备之间采用接插软线或跳线上的连接器件相连的一种连接方式。

2.1.34 互连(Interconnect)

不用接插软线或跳线,使用连接器件把一端的电缆、光缆与另一端的电缆、光缆直接相连的一种连接方式。

2.2 符号与缩略词

英文缩写	英文名称	中文名称或解释
ACR	Attenuation to Crosstalk Ratio	衰减串音比
BD	Building Distributor	建筑物配线设备
CD	Campus Distributor	建筑群配线设备
CP	Consolidation Point	集合点
dB	dB	电信传输单元:分贝
d. c.	Direct Current	直流
EIA	Electronic Industries Association	美国电子工业协会
ELFEXT	Equal level Far End Crosstalk Attenuation(10ss)	等电平远端串音衰减
FD	Floor Distributor	楼层配线设备
FEXT	Far End Crosstalk Attenuation(10ss)	远端串音衰减(损耗)

IEC	International Electrotechnical Commission	国际电工技术委员会
IEEE	The Institute of Electrical and Electronics Engineers	美国电气及电子工程师学会
IL	Insertion Loss	插入损耗
IP	Internet Protocol	因特网协议
ISDN	Integrated Services Digital Network	综合业务数字网
ISO	International Organization for Standardization	国际标准化组织
LCL	Longitudinal to Differential Conversion Loss	纵向对差分转换损耗
OF	Optical Fibre	光纤
PSNEXT	Power Sum NEXT Attenuation(Loss)	近端串音功率和
PSACR	Power Sum ACR	ACR 功率和
PS ELFEXT	Power Sum ELFEXT Attenuation(Loss)	ELFEXT 衰减功率和
RL	Return Loss	回波损耗
SC	Subscriber Connector(Optical Fibre Connector)	用户连接器(光纤连接器)
SFF	Small Form Factor Connector	小型连接器
TCL	Transverse Conversion Loss	横向转换损耗
TE	Terminal Equipment	终端设备
TIA	Telecommunications Industry Association	美国电信工业协会
UL	Underwriters Laboratories	美国保险商实验所安全标准
Vr. m. s	Vroot. Mean. Square	电压有效值

3 系统设计

3.1 系统构成

3.1.1 综合布线系统应为开放式网络拓扑结构,应能支持语音、数据、图像、多媒体业务等信息的传递。

3.1.2 综合布线系统工程宜按下列 7 个部分进行设计:

(1) 工作区:一个独立的需要设置终端设备(TE)的区域宜划分为一个工作区。工作区应由配线子系统的信息插座模块(TO)延伸到终端设备处的连接缆线及适配器组成。

(2) 配线子系统:配线子系统应由工作区的信息插座模块、信息插座模块至电信间配线设备(FD)的配线电缆和光缆、电信间的配线设备及设备缆线和跳线等组成。

(3) 干线子系统:干线子系统应由设备间至电信间的干线电缆和光缆,安装在设备间的建筑物配线设备(BD)及设备缆线和跳线组成。

(4) 建筑群子系统:建筑群子系统应由连接多个建筑物之间的主干电缆和光缆、建筑群配线设备(CD)及设备缆线和跳线组成。

(5) 设备间:设备间是在每幢建筑物的适当地点进行网络管理和信息交换的场地。对于综合布线系统工程设计,设备间主要安装建筑物配线设备。电话交换机、计算机主机设备及入口设施也可与配线设备安装在一起。

(6) 进线间:进线间是建筑物外部通信和信息管线的入口部位,并可作为入口设施和建筑群配线设备的安装场地。

（7）管理：管理应对工作区、电信间、设备间、进线间的配线设备、缆线、信息插座模块等设施按一定的模式进行标识和记录。

3.1.3 综合布线系统的构成

（1）综合布线系统基本构成应符合图 A1-1 要求。

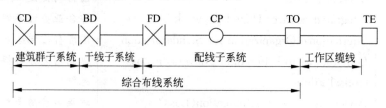

图 A1-1　综合布线系统基本构成

注：配线子系统中可以设置集合点（CP 点），也可不设置集合点。

（2）综合布线子系统构成应符合图 A1-2 要求。

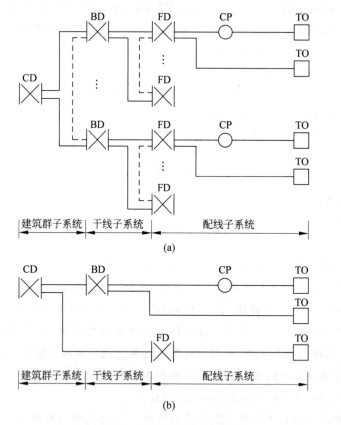

图 A1-2　综合布线子系统构成

注：① 图中的虚线表示 BD 与 BD 之间，FD 与 FD 之间可以设置主干缆线。
　　② 建筑物 FD 可以经过主干缆线直接连至 CD，TO 也可以经过水平缆线直接连至 BD。

（3）综合布线系统入口设施及引入缆线构成应符合图 A1-3 的要求。

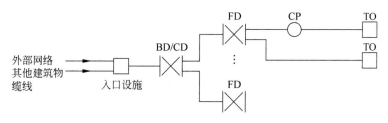

图 A1-3　综合布线系统引入部分构成

注：对设置了设备间的建筑物，设备间所在楼层的 FD 可以和设备中的 BD/CD 及入口设施安装在同一场地。

3.2　系统分级与组成

3.2.1 综合布线铜缆系统的分级与类别划分应符合表 A1-1 的要求。

表 A1-1　铜缆布线系统的分级与类别

系统分级	支持带宽/Hz	支持应用器件电缆	连接硬件
A	100K		
B	1M		
C	16M	3 类	3 类
D	100M	5/5E 类	5/5E 类
E	250M	6 类	6 类
F	600M	7 类	7 类

注：3 类、5/5E 类（超 5 类）、6 类、7 类布线系统应能支持向下兼容的应用。

3.2.2 光纤信道分为 OF-300、OF-500 和 OF-2000 三个等级，各等级光纤信道应支持的应用长度不应小于 300m、500m 及 2000m。

3.2.3 综合布线系统信道应由最长 90m 水平缆线、最长 10m 的跳线和设备缆线及最多 4 个连接器件组成，永久链路则由 90m 水平缆线及三个连接器件组成。连接方式如图 A1-4 所示。

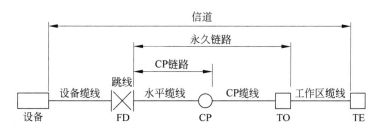

图 A1-4　布线系统信道、永久链路、CP 链路构成

3.2.4 光纤信道构成方式应符合以下要求：

（1）水平光缆和主干光缆至楼层电信间的光纤配线设备应经光纤跳线连接构成（如图 A1-5 所示）。

（2）水平光缆和主干光缆在楼层电信间应经端接（熔接或机械连接）构成（如图 A1-6 所示）。

（3）水平光缆经过电信间直接连至大楼设备间光配线设备构成（如图 A1-7 所示）。

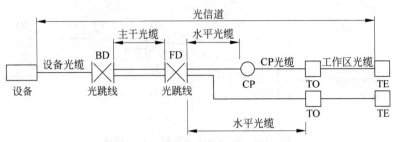

图 A1-5 光纤信道构成(一)(光缆经电信间 FD 光跳线连接)

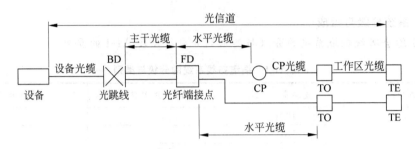

图 A1-6 光纤信道构成(二)(光缆在电信间 FD 做端接)

注:FD 只设光纤之间的连接点。

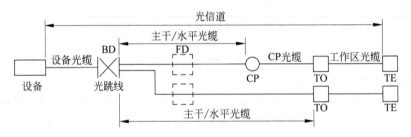

图 A1-7 光纤信道构成(三)(光缆经过电信间 FD 直接连接至设备间 BD)

注:FD 安装于电信间,只作为光缆路径的场合。

3.2.5 当工作区用户终端设备或某区域网络设备需直接与公用数据网进行互通时,宜将光缆从工作区直接布放至电信入口设施的光配线设备。

3.3 缆线长度划分

3.3.1 综合布线系统水平缆线与建筑物主干缆线及建筑群主干缆线之和所构成信道的总长度不应大于 2000m。

3.3.2 建筑物或建筑群配线设备之间(FD 与 BD、FD 与 CD、BD 与 BD、BD 与 CD 之间)组成的信道出现 4 个连接器件时,主干缆线的长度不应小于 15m。

3.3.3 配线子系统各缆线长度应符合图 A1-8 的划分并应符合下列要求:

(1)配线子系统信道的最大长度不应大于 100m。

(2)工作区设备缆线、电信间配线设备的跳线和设备缆线之和不应大于 10m,当大于 10m 时,水平缆线长度(90m)应适当减少。

(3)楼层配线设备(FD)跳线、设备缆线及工作区设备缆线各自的长度不应大于 5m。

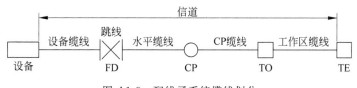

图 A1-8　配线子系统缆线划分

3.4　系统应用

3.4.1 同一布线信道及链路的缆线和连接器件应保持系统等级与阻抗的一致性。

3.4.2 综合布线系统工程的产品类别及链路、信道等级确定应综合考虑建筑物的功能、应用网络、业务终端类型、业务的需求及发展、性能价格、现场安装条件等因素,应符合表 A1-2 的要求。

表 A1-2　布线系统等级与类别的选用

业务种类	配线子系统		干线子系统		建筑群子系统	
	等级	类别	等级	类别	等级	类别
语音	D/E	5E/6	C	3(大对数)	C	3(室外大对数)
	D/E/F	5E/6/7	D/E/F	5E/6/7(4 对)		
数据	光纤(多模或单模)	$62.5\mu m$ 多模/$50\mu m$ 多模/$<10\mu m$ 单模	光纤	$62.5\mu m$ 多模/$50\mu m$ 多模/$<10\mu m$ 单模	光纤	$62.5\mu m$ 多模/$50\mu m$ 多模/$<1\mu m$ 单模
其他应用	可采用5E/6类 4 对对绞电缆和 $62.5p\_m$ 多模/$50\mu m$ 多模/$<10\mu m$ 多模、单模光缆					

注:其他应用指数字监控摄像头、楼宇自控现场控制器(DDC)、门禁系统等采用网络端口传送数字信息时的应用。

3.4.3 综合布线系统光纤信道应采用标称波长为 850nm 和 1300nm 的多模光纤及标称波长为 1310nm 和 1550nm 的单模光纤。

3.4.4 单模和多模光缆的选用应符合网络的构成方式、业务的互通互连方式及光纤在网络中的应用传输距离。楼内宜采用多模光缆,建筑物之间宜采用多模或单模光缆,需直接与电信业务经营者相连时宜采用单模光缆。

3.4.5 为保证传输质量,配线设备连接的跳线宜选用产业化制造的各类跳线,在电话应用时宜选用双芯对绞电缆。

3.4.6 工作区信息点为电端口时,应采用 8 位模块通用插座(RJ-45),光端口宜采用 SFF 小型光纤连接器件及适配器。

3.4.7 FD、BD、CD 配线设备应采用 8 位模块通用插座或卡接式配线模块(多对、25 对及回线型卡接模块)和光纤连接器件及光纤适配器(单工或双工的 ST、SC 或 SFF 光纤连接器件及适配器)。

3.4.8 CP 集合点安装的连接器件应选用卡接式配线模块或 8 位模块通用插座或各类光纤连接器件和适配器。

3.5　屏蔽布线系统

3.5.1 综合布线区域内存在的电磁干扰场强高于 3V/m 时,宜采用屏蔽布线系统进行防护。

3.5.2 用户对电磁兼容性有较高的要求(电磁干扰和防信息泄露)时,或出于网络安全保密的需要,宜采用屏蔽布线系统。

3.5.3 采用非屏蔽布线系统无法满足安装现场条件对缆线的间距要求时,宜采用屏蔽布线系统。

3.5.4 屏蔽布线系统采用的电缆、连接器件、跳线、设备电缆都应是屏蔽的,并应保持屏蔽层的连续性。

3.6 开放型办公室布线系统

3.6.1 对于办公楼、综合楼等商用建筑物或公共区域大开间的场地,由于其使用对象数量的不确定性和流动性等因素,宜按开放办公室综合布线系统要求进行设计,并应符合下列规定:

(1) 采用多用户信息插座时,每一个多用户插座包括适当的备用量在内,宜能支持12个工作区所需的8位模块通用插座。各段缆线长度可按表A1-3选用,也可按下式计算。

$$C = (102 - H)/1.2 \qquad (3.6.1 \cdot 1)$$
$$W = C - 5 \qquad (3.6.1 \cdot 2)$$

式中: $C = W + D$ ——工作区电缆、电信间跳线和设备电缆的长度之和;

D ——电信间跳线和设备电缆的总长度;

W ——工作区电缆的最大长度,且 $W \leqslant 22$m;

H ——水平电缆的长度。

表 A1-3 各段缆线长度限值

电缆总长度/m	水平布线电缆 H/m	工作区电缆 W/m	电信间跳线和设备电缆 D/m
100	90	5	5
99	85	9	5
98	80	13	5
97	25	17	5
97	70	22	5

(2) 采用集合点时,集合点配线设备与 FD 之间水平线缆的长度应大于15m。集合点配线设备容量宜以满足12个工作区信息点需求设置。同一个水平电缆路由不允许超过一个集合点。

从集合点引出的 CP 线缆应终接于工作区的信息插座或多用户信息插座上。

3.6.2 多用户信息插座和集合点的配线设备应安装于墙体或柱子等建筑物固定的位置。

3.7 工业级布线系统

3.7.1 工业级布线系统应能支持语音、数据、图像、视频、控制等信息的传递,并能应用于高温、潮湿、电磁干扰、撞击、振动、腐蚀气体、灰尘等恶劣环境中。

3.7.2 工业布线应用于工业环境中具有良好环境条件的办公区、控制室和生产区之间的交界场所、生产区的信息点,工业级连接器件也可应用于室外环境中。

3.7.3 在工业设备较为集中的区域应设置现场配线设备。

3.7.4 工业级布线系统宜采用星形网络拓扑结构。

3.7.5 工业级配线设备应根据环境条件确定 IP 的防护等级。

4 系统配置设计

4.1 工作区

4.1.1 工作区适配器的选用宜符合下列规定：

（1）设备的连接插座应与连接电缆的插头匹配，不同的插座与插头之间应加装适配器。

（2）在连接使用信号的数模转换，光、电转换，数据传输速率转换等相应的装置时，采用适配器。

（3）对于网络规程的兼容，采用协议转换适配器。

（4）各种不同的终端设备或适配器均安装在工作区的适当位置，并应考虑现场的电源与接地。

4.1.2 每个工作区的服务面积应按不同的应用功能确定。

4.2 配线子系统

4.2.1 根据工程提出的近期和远期终端设备的设置要求，用户性质、网络构成及实际需要确定建筑物各层需要安装信息插座模块的数量及其位置，配线应留有扩展余地。

4.2.2 配线子系统缆线应采用非屏蔽或屏蔽 4 对对绞电缆，在需要时也可采用室内多模或单模光缆。

4.2.3 电信间 FD 与电话交换配线及计算机网络设备之间的连接方式应符合以下要求：

（1）电话交换配线的连接方式应符合图 A1-9 要求。

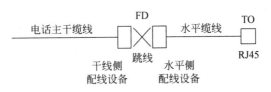

图 A1-9　电话系统连接方式

（2）计算机网络设备连接方式。

① 经跳线连接应符合图 A1-10 要求。

图 A1-10　数据系统连接方式（经跳线连接）

② 经设备缆线连接方式应符合图 A1-11 要求。

图 A1-11　数据系统连接方式（经设备缆线连接）

4.2.4 每一个工作区信息插座模块(电、光)数量不宜少于两个,并满足各种业务的需求。

4.2.5 底盒数量应以插座盒面板设置的开口数确定,每一个底盒支持安装的信息点数量不宜大于两个。

4.2.6 光纤信息插座模块安装的底盒大小应充分考虑到水平光缆(2芯或4芯)终接处的光缆盘留空间和满足光缆对弯曲半径的要求。

4.2.7 工作区的信息插座模块应支持不同的终端设备接入,每一个8位模块通用插座应连接 t 根4对对绞电缆;对每一个双工或两个单工光纤连接器件及适配器连接一根2芯光缆。

4.2.8 从电信间至每一个工作区水平光缆宜按2芯光缆配置。

光纤至工作区域满足用户群或大客户使用时,光纤芯数至少应有2芯备份,按4芯水平光缆配置。

4.2.9 连接至电信间的每一根水平电缆/光缆应终接于相应的配线模块,配线模块与缆线容量相适应。

4.2.10 电信间FD主干侧各类配线模块应按电话交换机、计算机网络的构成及主干电缆/光缆的所需容量要求及模块类型和规格的选用进行配置。

4.2.11 电信间FD采用的设备缆线和各类跳线宜按计算机网络设备的使用端口容量和电话交换机的实装容量、业务的实际需求或信息点总数的比例进行配置,比例范围为25%~50%。

4.3 干线子系统

4.3.1 干线子系统所需要的电缆总对数和光纤总芯数应满足工程的实际需求,并留有适当的备份容量。主干缆线宜设置电缆与光缆,并互相作为备份路由。

4.3.2 干线子系统主干缆线应选择较短的安全的路由。主干电缆宜采用点对点终接,也可采用分支递减终接。

4.3.3 如果电话交换机和计算机主机设置在建筑物内不同的设备间,宜采用不同的主干缆线来分别满足语音和数据的需要。

4.3.4 在同一层若干电信间之间宜设置干线路由。

4.3.5 主干电缆和光缆所需的容量要求及配置应符合以下规定:

(1) 对语音业务,大对数主干电缆的对数应按每一个电话8位模块通用插座配置一对线,并在总需求线对的基础上至少预留约10%的备用线对。

(2) 对于数据业务应以集线器(HUB)或交换机(SW)群(按4个HUB或SW组成一群);或以每个HUB或SW设备设置一个主干端口配置。每一群网络设备或每4个网络设备宜考虑一个备份端口。主干端口为电端口时,应按4对线容量;为光端口时,则按2芯光纤容量配置。

(3) 当工作区至电信间的水平光缆延伸至设备间的光配线设备(BD/CD)时,主干光缆的容量应包括所延伸的水平光缆光纤的容量在内。

(4) 建筑物与建筑群配线设备处各类设备缆线和跳线的配备宜符合第4.2.11条的规定。

4.4 建筑群子系统

4.4.1 CD宜安装在进线间或设备间,并可与入口设施或BD合用场地。

4.4.2 CD配线设备内、外侧的容量应与建筑物内连接BD配线设备的建筑群主干缆线容量及建筑物外部引入的建筑群主干缆线容量相一致。

4.5 设备间

4.5.1 在设备间内安装的BD配线设备干线侧容量应与主干缆线的容量相一致。设备侧的容量应与设备端口容量相一致或与干线侧配线设备容量相同。

4.5.2 BD配线设备与电话交换机及计算机网络设备的连接方式亦应符合第4.2.3条的规定。

4.6 进线间

4.6.1 建筑群主干电缆和光缆、公用网和专用网电缆、光缆及天线馈线等室外缆线进入建筑物时,应在进线间成端转换成室内电缆、光缆,并在缆线的终端处可由多家电信业务经营者设置入口设施,入口设施中的配线设备应按引入的电、光缆容量配置。

4.6.2 电信业务经营者在进线间设置安装的入口配线设备应与BD或CD之间敷设相应的连接电缆、光缆,实现路由互通。缆线类型与容量应与配线设备相一致。

外部接入业务及多家电信业务经营者缆线接入的需求,并应留有2~4孔的余量。

4.7 管理

4.7.1 对设备间、电信间、进线间和工作区的配线设备、缆线、信息点等设施应按一定的模式进行标识和记录,并宜符合下列规定:

(1) 综合布线系统工程宜采用计算机进行文档记录与保存,简单且规模较小的综合布线系统工程可按图纸资料等纸质文档进行管理,并做到记录准确、及时更新、便于查阅。文档资料应实现汉化。

(2) 综合布线的每一电缆、光缆、配线设备、端接点、接地装置、敷设管线等组成部分均应给定唯一的标识符,并设置标签。标识符应采用相同数量的字母和数字等标明。

(3) 电缆和光缆的两端均应标明相同的标识符。

(4) 设备间、电信间、进线间的配线设备宜采用统一的色标区别各类业务与用途的配线区。

4.7.2 所有标签应保持清晰、完整,并满足使用环境要求。

4.7.3 对于规模较大的布线系统工程,为提高布线工程维护水平与网络安全,宜采用电子配线设备对信息点或配线设备进行管理,以显示与记录配线设备的连接、使用及变更状况。

4.7.4 综合布线系统相关设施的工作状态信息应包括:设备和缆线的用途、使用部门、组成局域网的拓扑结构、传输信息速率、终端设备配置状况、占用器件编号、色标、链路与信道的功能和各项主要指标参数及完好状况、故障记录等,还应包括设备位置和缆线走向等内容。

5 系 统 指 标

5.0.1 综合布线系统产品技术指标在工程的安装设计中应考虑机械性能指标(如缆线结构、直径、材料、承受拉力、弯曲半径等)。

5.0.2 相应等级的布线系统信道及永久链路、CP链路的具体指标项目应包括下列内容:

(1) 3 类、5 类布线系统应考虑指标项目为衰减、近端串音(NEXT)。

(2) 5e 类、6 类、7 类布线系统应考虑指标项目为插入损耗(IL)、近端串音、衰减串音比(ACR)、等电平远端串音(ELFEXT)、近端串音功率和(PS NEXT)、衰减串音比功率和(PS ACR)、等电平远端串音功率和(PS ELEFXT)、回波损耗(RL)、时延、时延偏差等。

(3) 屏蔽的布线系统还应考虑非平衡衰减、传输阻抗、耦合衰减及屏蔽衰减。

5.0.3 综合布线系统工程设计中,系统信道的各项指标值应符合以下要求:

(1) 回波损耗(RL)只在布线系统中的 C、D、E、F 级采用,在布线的两端均应符合回波损耗值的要求,布线系统信道的最小回波损耗值应符合表 A1-4 的规定。

表 A1-4 信道回波损耗值

频率/MHz	最小回波损耗/dB			
	C 级	D 级	E 级	F 级
1	15.0	17.0	19.0	19.0
16	15.0	17.0	18.0	18.0
100		10.0	12.0	12.0
250			8.0	8.0
600				8.0

(2) 布线系统信道的插入损耗(IL)值应符合表 A1-5 的规定。

表 A1-5 信道插入损耗值

频率/MHz	最大插入损耗/dB					
	A 级	B 级	C 级	D 级	E 级	F 级
0.1	16.0	5.5				
1		5.8	4.2	4.0	4.0	4.0
16			14.4	9.1	8.3	8.1
100				24.0	21.7	20.8
250					35.9	33.8
600						54.6

(3) 线对与线对之间的近端串音(NEXT)在布线的两端均应符合 NEXT 值的要求,布线系统信道的近端串音值应符合表 A1-6 的规定。

表 A1-6 信道近端串音值

频率/MHz	最小近端串音/dB					
	A 级	B 级	C 级	D 级	E 级	F 级
0.1	27.0	40.0				
1		25.0	39.1	60.0	65.0	65.0
16			19.4	43.6	53.2	65.0
100				30.1	39.9	62.9
250					33.1	56.9
600						51.2

（4）近端串音功率和(PS NEXT)只应用于布线系统的D、E、F级，在布线的两端均应符合 PS NEXT 值要求，布线系统信道的 PS NEXT 值应符合表 A1-7 的规定。

表 A1-7　信道近端串音功率和值

频率/MHz	最小近端串音功率和/dB		
	D 级	E 级	F 级
1	57.0	62.0	62.0
16	40.6	50.6	62.0
100	27.1	37.1	59.9
250		30.2	53.9
600			48.2

（5）线对与线对之间的衰减串音比(ACR)只应用于布线系统的D、E、F级，ACR 值是 NEXT 与插入损耗分贝值之间的差值，在布线的两端均应符合 ACR 值要求。布线系统信道的 ACR 值应符合表 A1-8 的规定。

表 A1-8　信道衰减串音比值

频率/MHz	最小衰减串音比/dB		
	D 级	E 级	F 级
1	56.0	61.0	61.0
16	34.5	44.9	56.9
100	6.1	18.2	42.1
250		−2.8	23.1
600			−3.4

（6）ACR 功率和(PS ACR)为表 A1-7 所示近端串音功率和值与表 A1-5 所示插入损耗值之间的差值。布线系统信道的 PS ACR 值应符合表 A1-9 的规定。

表 A1-9　信道 ACR 功率和值

频率/MHz	最小 ACR 功率和/dB		
	D 级	E 级	F 级
1	53.0	58.0	58.0
16	31.5	42.3	53.9
100	3.1	15.4	39.1
250		−5.8	20.1
600			−6.4

（7）线对与线对之间等电平远端串音(ELFEXT)对于布线系统信道的数值应符合表 A1-10 的规定。

（8）等电平远端串音功率 NI(PS ELFEXT)对于布线系统信道的数值应符合表 A1-11 的规定。

（9）布线系统信道的直流环路电阻(d.c.)应符合表 A1-12 的规定。

表 A1-10　信道等电平远端串音值

频率/MHz	最小等电平远端串音/dB		
	D 级	E 级	F 级
1	57.4	63.3	65.0
16	33.3	39.2	57.5
100	17.4	23.3	44.4
250		15.3	37.8
600			31.3

表 A1-11　信道等电平远端串音功率和值

频率/MHz	tied,等电平远端串音功率和/dB		
	D 级	E 级	F 级
1	54.4	60.3	62.0
16	30.3	36.2	54.5
100	14.4	20.3	41.4
250		12.3	34.8
600			28.3

表 A1-12　信道直流环路电阻

最大直流环路电阻/Ω					
A 级	B 级	C 级	D 级	E 级	F 级
560	170	40	25	25	25

(10) 布线系统信道的传播时延应符合表 A1-13 的规定。

表 A1-13　信道传播时延

频率/MHz	最大传播时延/μs					
	A 级	B 级	C 级	D 级	E 级	F 级
0.1	20.000	5.000				
1		5.000	0.580	0.580	0.580	0.580
16			0.553	0.553	0.553	0.553
100				0.548	0.548	0.548
250					0.546	0.546
600						0.545

(11) 布线系统信道的传播时延偏差应符合表 A1-14 的规定。

(12) 一个信道的非平衡衰减[纵向对差分转换损耗(LCL)或横向转换损耗(TCL)]应符合表 A1-15 的规定。在布线的两端均应符合不平衡衰减的要求。

5.0.4 对于信道的电缆导体的指标要求应符合以下规定:

(1) 在信道每一线对中两个导体之间的不平衡直流电阻对各等级布线系统不应超过3%。

(2) 在各种温度条件下,布线系统 D、E、F 级信道线对每一导体最小的传送直流电流应为 0.175A。

表 A1-14　信道传播时延偏差

等　　　级	频率/MHz	最大时延偏差/μs
A	$f=0.1$	
B	$0.1{\leqslant}f{\leqslant}1$	
C	$1{\leqslant}f{\leqslant}16$	0.050①
D	$1{\leqslant}f{\leqslant}100$	0.050①
E	$14{\leqslant}f{\leqslant}250$	0.050①
F	$14{\leqslant}f<600$	0.030②

注：①0.050 为 0.045＋4×0.00125 的计算结果。②0.030 为 0.025＋4×0.00125 的计算结果。

表 A1-15　信道非平衡衰减

等　　　级	频率/MHz	最大不平衡衰减/dB
A	-0.1	30
B	0.1 和 1	在 0.1MHz 时为 45；1MHz 时为 20
C	$1{\leqslant},<16$	$30{\sim}5\,\lg(f)$ f.f.S.
D	$1{\leqslant}f{\leqslant}100$	$40{\sim}10\,\lg(f)$ f.f.S.
E	$1{\leqslant}f{\leqslant}250$	$40{\sim}10\,\lg(f)$ f.f.S.
F	$1{\leqslant}f{\leqslant}600$	$40{\sim}10\,\lg(f)$ f.f.S.

（3）在各种温度条件下，布线系统 D、E、F 级信道的任何导体之间应支持 72V 直流工作电压，每一线对的输入功率应为 10W。

5.0.5 综合布线系统工程设计中，永久链路的各项指标参数值应符合表 A1-16～表 A1-26 的规定。

（1）布线系统永久链路的最小回波损耗值应符合表 A1-16 的规定。

表 A1-16　永久链路最小回波损耗值

频率/MHz	最小回波损耗/dB			
	C 级	D 级	E 级	F 级
1	15.0	19.0	21.0	21.0
16	15.0	19.0	20.0	20.0
100		12.0	14.0	14.0
250			10.0	10.0
600				10.0

（2）布线系统永久链路的最大插入损耗值应符合表 A1-17 的规定。

表 A1-17　永久链路最大插入损耗值

频率/MHz	最大插入损耗/dB					
	A 级	B 级	C 级	D 级	E 级	F 级
0.1	16.0	5.5				
1		5.8	4.0	4.0	4.0	4.0
16			12.2	7.7	7.1	6.9
100				20.4	18.5	17.7
250					30.7	28.8
600						46.6

（3）布线系统永久链路的最小近端串音值应符合表 A1-18 的规定。

表 A1-18　永久链路最小近端串音值

频率/MHz	最小 NEXT/dB					
	A 级	B 级	C 级	D 级	E 级	F 级
0.1	27.0	40.0				
1		25.0	40.1	60.0	65.0	65.0
16			21.1	45.2	54.6	65.0
100				32.3	41.8	65.0
250					35.3	60.4
600						54.7

（4）布线系统永久链路的最小近端串音功率和值应符合表 A1-19 的规定。

表 A1-19　永久链路最小近端串音功率和值

频率/MHz	最小 PSNEXT/dB		
	D 级	E 级	F 级
1	57.0	62.0	62.0
16	42.2	52.2	62.0
100	29.3	39.3	62.0
250		32.7	57.4
600			51.7

（5）布线系统永久链路的最小 ACR 值应符合表 A1-20 的规定。

表 A1-20　永久链路最小 ACR 值

频率/MHz	最小 ACR/dB		
	D 级	E 级	F 级
1	56.0	61.0	61.0
16	37.5	47.5	58.1
100	11.9	23.3	47.3
250		4.7	31.6
600			8.1

（6）布线系统永久链路的最小 PSACR 值应符合表 A1-21 的规定。

表 A1-21　永久链路最小 PSACR 值

频率/MHz	最小 PSACR/dB		
	D 级	E 级	F 级
1	53.0	58.0	58.0
16	34.5	45.1	55.1
100	8.9	20.8	44.3
250		2.0	28.6
600			5.1

（7）布线系统永久链路的最小等电平远端串音值应符合表 A1-22 的规定。

表 A1-22　永久链路最小等电平远端串音值

频率/MHz	最小 ELFEXT/dB		
	D 级	E 级	F 级
1	58.6	64.2	65.0
16	34.5	40.1	59.3
100	18.6	24.2	46.0
250		16.2	39.2
600			32.6

（8）布线系统永久链路的最小 PS ELFEXT 值应符合表 A1-23 的规定。

表 A1-23　永久链路最小 PS ELFEXT 值

频率/MHz	最小 PS ELFEXT/dB		
	D 级	E 级	F 级
1	55.6	61.2	62.0
16	31.5	37.1	56.3
100	15.6	21.2	43.0
250		13.2	36.2
600			29.6

（9）布线系统永久链路的最大直流环路电阻应符合表 A1-24 的规定。

表 A1-24　永久链路最大直流环路电阻（Q）

A 级	B 级	C 级	D 级	E 级	F 级
1530	140	34	21	21	21

（10）布线系统永久链路的最大传播时延应符合表 A1-25 的规定。

表 A1-25　永久链路最大传播时延值

频率/MHz	最大传播时延/μs					
	A 级	B 级	C 级	D 级	E 级	F 级
0.1	19.400	4.400				
1		4.400	0.521	0.521	0.521	0.521
16			0.496	0.496	0.496	0.496
100				0.491	0.491	0.491
250					0.490	0.490
600						0.489

（11）布线系统永久链路的最大传播时延偏差应符合表 A1-26 的规定。

5.0.6 各等级的光纤信道衰减值应符合表 A-27 的规定。

5.0.7 光缆标称的波长，每公里的最大衰减值应符合表 A1-28 的规定。

表 A1-26　永久链路传播时延偏差

等　　级	频率/MHz	最大时延偏差/μs
A	—0.1	
B	0.1≤f<1	
C	1≤f<16	0.044[①]
D	1≤f≤100	0.044[①]
E	1≤f≤250	0.044[①]
F	1≤f≤600	0.026[②]

注：① 0.044 为 0.9×0.045+3×0.00125 的计算结果。

② 0.026 为 0.9×0.025+3×0.00125 的计算结果。

表 A1-27　信道衰减值(dB)

信　　道	多　　模		单　　模	
	850nm	1300nm	1310nm	1550nm
OF 300	2.55	1.95	1.80	1.80
OF 500	3.25	2.25	2.00	2.00
OF 2000	8.50	4.50	3.50	3.50

表 A1-28　最大光缆衰减值(dB/km)

项　　目	OM1,OM2 及 OM3 多模		OS1 单模	
波长	850nm	1300nm	1310nm	1550nm
衰减	3.5	1.5	1.0	1.0

5.0.8 多模光纤的最小模式带宽应符合表 A1-29 的规定。

表 A1-29　多模光纤模式带宽

光纤类型	光纤直径/μm	最小模式带宽/MHz·kin		
		过量发射带宽		有效光发射带宽
		波长		
		850nm	1300nm	850nm
OM1	50 或 62.5	200	500	
OM2	50 或 62.5	500	500	
OM3	50	1500	500	2000

6　安装工艺要求

6.1　工作区

6.1.1 工作区信息插座的安装宜符合下列规定：

(1) 安装在地面上的接线盒应防水和抗压。

(2) 安装在墙面或柱子上的信息插座底盒、多用户信息插座盒及集合点配线箱体的底部离地面的高度宜为 300mm。

6.1.2 工作区的电源应符合下列规定：

(1) 每一个工作区至少应配置一个 220V 交流电源插座。

（2）工作区的电源插座应选用带保护接地的单相电源插座,保护接地与零线应严格分开。

6.2　电信间

6.2.1 电信间的数量应按所服务的楼层范围及工作区面积来确定。如果该层信息点数量不大于400个,水平缆线长度在90m范围以内,宜设置一个电信间;当超出这一范围时宜设两个或多个电信间;每层的信息点数量数较少,且水平缆线长度不大于90m的情况下,宜几个楼层合设一个电信间。

6.2.2 电信间应与强电间分开设置,电信间内或其紧邻处应设置缆线竖井。

6.2.3 电信间的使用面积不应小于5m²,也可根据工程中配线设备和网络设备的容量进行调整。

6.2.4 电信间的设备安装和电源要求应符合本规范第6.3.8条和第6.3.9条的规定。

6.2.5 电信间应采用外开丙级防火门,门宽大于0.7m。电信间内温度应为10～35℃,相对湿度宜为20％～80％。安装信息网络设备时应符合相应的设计要求。

6.3　设备间

6.3.1 设备间位置应根据设备的数量、规模、网络构成等因素综合考虑确定。

6.3.2 每幢建筑物内应至少设置一个设备间,如果电话交换机与计算机网络设备分别安装在不同的场地或根据安全需要,也可设置两个或两个以上设备间,以满足不同业务的设备安装需要。

6.3.3 建筑物综合布线系统与外部配线网连接时,应遵循相应的接口标准要求。

6.3.4 设备间的设计应符合下列规定:

（1）设备间宜处于干线子系统的中间位置,并考虑主干缆线的传输距离与数量。

（2）设备间宜尽可能靠近建筑物线缆竖井位置,有利于主干缆线的引入。

（3）设备间的位置宜便于设备接地。

（4）设备间应尽量远离高低压变配电、电机、X射线、无线电发射等有干扰源存在的场地。

（5）设备间室温度应为10～35℃,相对湿度应为20％～80％,并应有良好的通风。

（6）设备间内应有足够的设备安装空间,其使用面积不应小于10m²,该面积不包括程控用户交换机、计算机网络设备等设施所需的面积在内。

（7）设备间梁下净高不应小于2.5m,采用外开双扇门,门宽不应小于1.5m。

6.3.5 设备间应防止有害气体（如氯、碳水化合物、硫化氢、氮氧化物、二氧化碳等）侵入,并应有良好的防尘措施,尘埃含量限值宜符合表A1-30的规定。

表 A1-30　尘埃限值

尘埃颗粒的最大直径/μm	0.5	1	3	5
灰尘颗粒的最大浓度/粒子数/m³	1.4×10^7	7×10^5	2.4×10^5	1.3×10^5

注:灰尘粒子应是不导电的、非铁磁性和非腐蚀性的。

6.3.6 在地震区的区域内,设备安装应按规定进行抗震加固。

6.3.7 设备安装宜符合下列规定:

（1）机架或机柜前面的净空不应小于800mm,后面的净空不应小于600mm。

（2）壁挂式配线设备底部离地面的高度不宜小于300mm。

6.3.8 设备间应提供不少于两个220V带保护接地的单相电源插座,但不作为设备供电电源。

6.3.9 设备间如果安装电信设备或其他信息网络设备时,设备供电应符合相应的设计要求。

6.4 进线间

6.4.1 进线间应设置管道入口。

6.4.2 进线间应满足缆线的敷设路由、成端位置及数量、光缆的盘长空间和缆线的弯曲半径、充气维护设备、配线设备安装所需要的场地空间和面积。

6.4.3 进线间的大小应按进线间的进局管道最终容量及入口设施的最终容量设计。同时应考虑满足多家电信业务经营者安装入口设施等设备的面积。

6.4.4 进线间宜靠近外墙和在地下设置,以便于缆线引入。进线间设计应符合下列规定:

(1) 进线间应防止渗水,宜设有抽排水装置。

(2) 进线间应与布线系统垂直竖井沟通。

(3) 进线间应采用相应防火级别的防火门,门向外开,宽度不小于 1000mm。

(4) 进线间应设置防有害气体措施和通风装置,排风量按每小时不小于 5 次容积计算。

6.4.5 与进线间无关的管道不宜通过。

6.4.6 进线间入口管道口所有布放缆线和空闲的管孔应采取防火材料封堵,做好防水处理。

6.4.7 进线间如安装配线设备和信息通信设施时应符合设备安装设计的要求。

6.5 缆线布放

6.5.1 配线子系统缆线宜采用在吊顶、墙体内穿管或设置金属密封线槽及开放式(电缆桥架,吊挂环等)敷设,当缆线在地面布放时,应根据环境条件选用地板下线槽、网络地板、高架(活动)地板布线等安装方式。

6.5.2 干线子系统垂直通道穿过楼板时宜采用电缆竖井方式。

也可采用电缆孔、管槽的方式,电缆竖井的位置应上、下对齐。

6.5.3 建筑群之间的缆线宜采用地下管道或电缆沟敷设方式,并应符合相关规范的规定。

6.5.4 缆线应远离高温和电磁干扰的场地。

6.5.5 管线的弯曲半径应符合表 A1-31 的要求。

表 A1-31　管线敷设弯曲半径

缆线类型	弯曲半径(mm)/倍	缆线类型	弯曲半径(mm)/倍
2 芯或 4 芯水平光缆	＞25mm	4 对屏蔽电缆	不小于电缆外径的 8 倍
其他芯数和主干光缆	不小于光缆外径的 10 倍	大对数主干电缆	不小于电缆外径的 10 倍
4 对非屏蔽电缆	不小于电缆外径的 4 倍	室外光缆、电缆	不小于缆线外径的 10 倍

注:当缆线采用电缆桥架布放时,桥架内侧的弯曲半径不应小于 300mm。

6.5.6 缆线布放在管与线槽内的管径与截面利用率,应根据不同类型的缆线做不同的选择。管内穿放大对数电缆或 4 芯以上光缆时,直线管路的管径利用率应为 30%～60%,弯管路的管径利用率应为 40%～50%。管内穿放 4 对对绞电缆或 4 芯光缆时,截面利用率应为 25%～30%。布放缆线在线槽内的截面利用率应为 30%～50%。

7 电气防护及接地

7.0.1 综合布线电缆与附近可能产生高电平电磁干扰的电动机、电力变压器、射频应用设备等电器设备之间应保持必要的间距,并应符合下列规定:

（1）综合布线电缆与电力电缆的间距应符合表 A1-32 的规定。

表 A1-32 综合布线电缆与电力电缆的间距

类别	与综合布线接近状况	最小间距/mm
380V 电力电缆＜2kV・A	与缆线平行敷设	130
	有一方在接地的金属线槽或钢管中	70
	双方都在接地的金属线槽或钢管中①	10①
380V 电力电缆 2～5kV・A	与缆线平行敷设	300
	有一方在接地的金属线槽或钢管中	150
	双方都在接地的金属线槽或钢管中②	80
380V 电力电缆＞5kV・A	与缆线平行敷设	600
	有一方在接地的金属线槽或钢管中	300
	双方都在接地的金属线槽或钢管中②	150

注：①当 380V 电力电缆＜2kV・A,双方都在接地的线槽中,且平行长度≤10m 时,最小间距可为 10mm。

②双方都在接地的线槽中系指两个不同的线槽,也可在同一线槽中用金属板隔开。

（2）综合布线系统缆线与配电箱、变电室、电梯机房、空调机房之间的最小净距宜符合表 A1-33 的规定。

表 A1-33 综合布线缆线与电气设备的最小净距

名　称	最小净距/m	名　称	最小净距/m
配电箱	1	电梯机房	2
变电室	2	空调机房	2

（3）墙上敷设的综合布线缆线及管线与其他管线的间距应符合表 A1-34 的规定。当墙壁电缆敷设高度超过 6000mm 时,与避雷引下线的交叉间距应按下式计算:

$$S \geqslant 0.05L \tag{7.0.1}$$

式中：S——交叉间距(mm);

L——交叉处避雷引下线距地面的高度(mm)。

表 A1-34 综合布线缆线及管线与其他管线的间距

其他管线	平行净距/mm	垂直交叉净距/mm
避雷引下线	1000	300
保护地线	50	20
给水管	150	20
压缩空气管	150	20
热力管(不包封)	500	500
热力管(包封)	300	300
煤气管	300	20

7.0.2 综合布线系统应根据环境条件选用相应的缆线和配线设备,或采取防护措施,并应符合下列规定:

(1) 当综合布线区域内存在的电磁干扰场强低于 3V/m 时,宜采用非屏蔽电缆和非屏蔽配线设备。

(2) 当综合布线区域内存在的电磁干扰场强高于 3V/m 时,或用户对电磁兼容性有较高要求时,可采用屏蔽布线系统和光缆布线系统。

(3) 当综合布线路由上存在干扰源,且不能满足最小净距要求时,宜采用金属管线进行屏蔽,或采用屏蔽布线系统及光缆布线系统。

7.0.3 在电信间、设备间及进线间应设置楼层或局部等电位接地端子板。

7.0.4 综合布线系统应采用共用接地的接地系统,如单独设置接地体时,接地电阻不应大于 4Ω。如布线系统的接地系统中存在两个不同的接地体时,其接地电位差不应大于 1Vr.m.s。

7.0.5 楼层安装的各个配线柜(架、箱)应采用适当截面的绝缘铜导线单独布线至就近的等电位接地装置,也可采用竖井内等电位接地铜排引到建筑物共用接地装置,铜导线的截面应符合设计要求。

7.0.6 缆线在雷电防护区交界处,屏蔽电缆屏蔽层的两端应做等电位连接并接地。

7.0.7 综合布线的电缆采用金属线槽或钢管敷设时,线槽或钢管应保持连续的电气连接,并应有不少于两点的良好接地。

7.0.8 当缆线从建筑物外面进入建筑物时,电缆和光缆的金属护套或金属件应在入 E1 处就近与等电位接地端子板连接。

7.0.9 当电缆从建筑物外面进入建筑物时,应选用适配的信号线路浪涌保护器,信号线路浪涌保护器应符合设计要求。

8 防 火

8.0.1 根据建筑物的防火等级和对材料的耐火要求,综合布线系统的缆线选用和布放方式及安装的场地应采取相应的措施。

8.0.2 综合布线工程设计选用的电缆、光缆应从建筑物的高度、面积、功能、重要性等方面加以综合考虑,选用相应等级的防火缆线。

附录 B 综合布线术语、符号与缩略词

中华人民共和国国家标准《综合布线系统工程设计规范》(GB 50311-2007)中定义了综合布线有关术语和名词。

表 B1-1 列出了相关术语并给出相关解释,表 B1-2 列出了综合布线符号和缩略词,这些术语和名词与国际标准化组织的 ISO/IEC 11801 标准相似,但与北美标准 TIA/EIA 568A 有较大差异,表 B1-3 对 GB 50311-2007 与 ANSI TIA/EIA 568A 相关术语进行比较。

本书中除特别说明外,均采用 GB 50311-2007 技术规范中定义的术语和符号。

表 B1-1 综合布线术语及解释

术语	英文	含义
布线	cabling	能够支持信息电子设备相连的各种缆线、跳线、接插软线和连接器件组成的系统
建筑群子系统	campus subsystem	由配线设备、建筑物之间的干线电缆或光缆、设备缆线、跳线等组成的系统
电信间	telecommunications room	放置电信设备、电缆和光缆终端配线设备并进行缆线交接的专用空间
工作区	work area	需要设置终端设备的独立区域
信道	channel	连接两个应用设备的端到端的传输通道。信道包括设备电缆、设备光缆和工作区电缆、工作区光缆
链路	link	一个 CP 链路或是一个永久链路
永久链路	permanent link	信息点与楼层配线设备之间的传输线路。它不包括工作区缆线和连接楼层配线设备的设备缆线、跳线,但可以包括一个 CP 链路
集合点(CP)	consolidation point	楼层配线设备与工作区信息点之间水平缆线路由中的连接点
CP 链路	cp link	楼层配线设备与集合点(CP)之间,包括各端的连接器件在内的永久性的链路
建筑群配线设备	campus distributor	终接建筑群主干缆线的配线设备
建筑物配线设备	building distributor	为建筑物主干缆线或建筑群主干缆线终接的配线设备
楼层配线设备	floor distributor	终接水平电缆、水平光缆和其他布线子系统缆线的配线设备
CP 缆线	cp cable	连接集合点(CP)至工作区信息点的缆线
信息点(TO)	telecommunications outlet	各类电缆或光缆终接的信息插座模块

术语	英文	含　义
设备电缆、设备光缆	equipment cable	通信设备连接到配线设备的电缆、光缆
跳线	jumper	不带连接器件或带连接器件的电缆线对与带连接器件的光纤,用于配线设备之间进行连接
缆线(包括电缆、光缆)	cable	在一个总的护套里,由一个或多个同-类型的缆线线对组成,并可包括一个总的屏蔽物
光缆	optical cable	由单芯或多芯光纤构成的缆线
电缆、光缆单元	cable unit	型号和类别相同的电缆线对或光纤的组合。电缆线对可有屏蔽物
线对	pair	一个平衡传输线路的两个导体,一般指一个对绞线对
平衡电缆	balanced cable	由一个或多个金属导体线对组成的对称电缆
屏蔽平衡电缆	screened balanced cable	带有总屏蔽和/或每线对均有屏蔽物的平衡电缆
非屏蔽平衡电缆	unscreened balanced cable	不带有任何屏蔽物的平衡电缆
接插软线	patchcalld	端或两端带有连接器件的软电缆或软光缆
多用户信息插座	muiti—user telecommunications outlet	在某-地点,若干信息插座模块的组合
交接(交叉连接)	cross—connect	配线设备和信息通信设备之间采用接插软线或跳线上的连接器件相连的-种连接方式
互连	interconnect	不用接插软线或跳线,使用连接器件把一端的电缆、光缆与另一端的电缆、光缆直接相连的一种连接方式

表 B1-2　综合布线符号与缩略词表

英文缩写	英文名称	中文名称或解释
ACR	Attenuation to crosstalk ratio	衰减串音比
BD	Building distributor	建筑物配线设备
CD	Campus Distributor	建筑群配线设备
CP	Consolidation point	集合点
dB	dB	电信传输单元:分贝
d. c.	Direct current	直流
EIA	Electronic Industries Association	美国电子工业协会
ELFEXT	Equal level far end crosstalk attenuation(10ss)	等电平远端串音衰减
FD	Floor distributor	楼层配线设备
FEXT	Far end crosstalk attenuation(10ss)	远端串音衰减(损耗)
IEC	InternationalElectrotechnical Commission	国际电工技术委员会
IEEE	The Institute of Electrical and Electronics Engineers	美国电气及电子工程师学会
IL	Insertion 10SS	插入损耗
IP	Internet Protocol	因特网协议
ISDN	Integrated services digital network	综合业务数字网
ISO	International Organization for Standardization	国际标准化组织
LCL	Longitudinal to differential conversion loss	纵向对差分转换损耗
OF	Optical fiber	光纤

英文缩写	英 文 名 称	中文名称或解释
PSNEXT	Power sum NEXT attenuation(1oss)	近端串音功率和
PSACR	Power sum ACR	ACR 功率和
PS ELFEXT	Power sum ELFEXT attenuation(1oss)	ELFEXT 衰减功率和
RL	Return loss	回波损耗
SC	Subscriber connector(optical fiber connector)	用户连接器(光纤连接器)
SFF	Small form factor connector	小型连接器
TCL	Transverse conversion loss	横向转换损耗
TE	Terminal equipment	终端设备
TIA	Telecommunications Industry Association	美国电信工业协会
UL	Underwriters Laboratories	美国保险商实验所安全标准
Vr. m. s	Vroot. mean. square	电压有效值

表 B1-3　GB 50311-2007 与 ANSI TIA/EIA 568-A 主要术语对照表

GB 50311-2007		ANSI TIA/EIA 568-A	
解释	缩略语	解释	术语
建筑群配线设备	CD	—	—
建筑配线设备	BD	主配线架	MDF
楼层配线设备	FD	楼层配线架	IDF
通信插座	TO	通信插座	IO
集合点	CP	过渡点	TP

网络综合布线技术竞赛题目

（满分 4660 分，时间 180 分钟）

竞赛队编号：_____

机位号：_____

总分：_____分

注意：

1. 全部书面和电子版竞赛作品，只能填写竞赛组编号进行识别，不得填写任何形式的识别性标记。

2. 本竞赛中使用的器材、竞赛题等不得带出竞赛场地。

3. 本次网络综合布线技术竞赛给定一个"建筑群模型"作为网络综合布线系统工程实例，请各参赛队按照下面文档要求完成工程设计，并且进行安装施工和编写竣工资料。

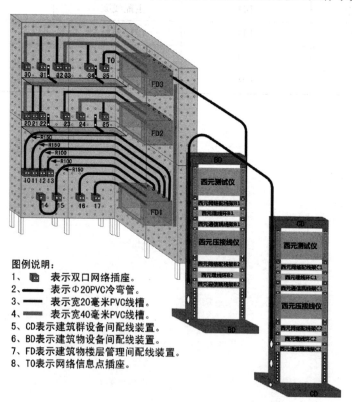

图例说明：
1、 ▦ 表示双口网络插座。
2、 ▬ 表示Φ20PVC冷弯管。
3、 ▬ 表示宽20毫米PVC线槽。
4、 ▬ 表示宽40毫米PVC线槽。
5、CD表示建筑群设备间配线装置。
6、BD表示建筑物设备间配线装置。
7、FD表示建筑物楼层管理间配线装置。
8、TO表示网络信息点插座。

图 C1-1　建筑群网络综合布线系统模型图

第一部分　综合布线系统工程项目设计（900分）

请根据图 C1-1 建筑群网络综合布线系统模型完成以下设计任务。裁判依据各参赛队提交的书面打印文档评分，没有书面文档的项目不得分。

具体要求如下：

1. 完成网络信息点点数统计表（100分）

要求使用 Excel 软件编制，信息点设置合理，表格设计合理，数量正确，项目名称准确、签字和日期完整，采用 A4 幅面打印 1 份。

2. 设计和绘制该网络综合布线系统图（100分）

要求使用 Visio 或者 AutoCAD 软件，图面布局合理，图形正确，符号标记清楚，连接关系合理，说明完整，标题栏合理（包括项目名称、签字和日期），采用 A4 幅面打印 1 份。

3. 完成该网络综合布线系统施工图（400分）

使用 Visio 或者 AutoCAD 软件，将图 C1-1 立体示意图设计成平面施工图，包括俯视图、侧视图等，要求施工图中的文字、线条、尺寸、符号清楚和完整。设备和器材规格必须符合本比赛题中的规定，器材和位置等尺寸现场实际测量。要求包括以下内容：

(1) CD-BD-FD-TO 布线路由、设备位置和尺寸正确；

(2) 机柜和网络插座位置、规格正确；

(3) 图面布局合理，位置尺寸标注清楚正确；

(4) 图形符号规范，说明正确和清楚；

(5) 标题栏完整，签署参赛队机位号等基本信息。

4. 编制该网络综合布线系统端口对应表（300分）

要求按照图 C1-1 和表 C1-1 格式编制该网络综合布线系统端口对应表。要求项目名称准确，表格设计合理，信息点编号正确，机位号、日期和签字完整，采用 A4 幅面打印 1 份。

表 C1-1　项目名称

序	信息点编号	插座底盒编号	楼层机柜编号	配线架编号	配线架端口编号
1					
2					
3					

编制人：（只能签署参赛机位号）　　　　　　　　　时间：

第二部分　网络配线端接部分（900分）

5. 网络跳线制作和测试（100分）

现场制作网络跳线 5 根，要求跳线长度误差必须控制在 ±5 毫米以内，线序正确，压接护套到位，剪掉牵引线，符合 GB 50312 规定，跳线合格，并且在图 C1-2 西元网络配线实训装置上进行测试，其他具体要求如下：

(1) 两根超五类非屏蔽铜缆跳线，568B-568B 线序，长度 500 毫米；

(2) 两根超五类非屏蔽铜缆跳线，568A-568A 线序，长度 400 毫米；

（3）1 根超五类非屏蔽铜缆跳线，568A-568B 线序，长度 300 毫米。

特别要求：必须在竞赛开始后 60 分钟内制作完成，并将全部跳线装入收集袋，检查确认收集袋编号与机位号相同后，摆放在工作台上，供裁判组收集和评判。

6. 完成测试链路端接（320 分）

在图 C1-2 所示的装置上完成 4 组测试链路的布线和模块端接，路由按照图 C1-3 所示，每组链路有 3 根跳线，端接 6 次。

要求链路端接正确，每段跳线长度合适，端接处拆开线对长度合适，剪掉牵引线。

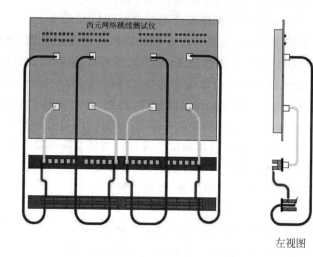

左视图

图 C1-2　实训装置　　　　　　　　图 C1-3　测试链路的路由示意图

7. 完成复杂永久链路端接（480 分）

在图 C1-2 所示的装置上完成 6 组复杂永久链路的布线和模块端接，路由按照图 C1-4 所示，每组链路有 3 根跳线，端接 6 次。

要求链路端接正确，每段跳线长度合适，端接处拆开线对长度合适，剪掉牵引线。

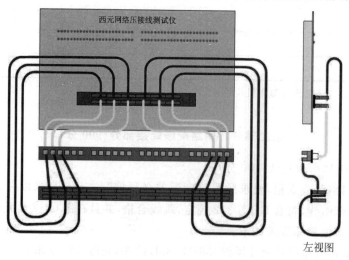

左视图

图 C1-4　复杂链路的路由示意图

第三部分　工程安装项目（2360 分）

布线安装施工在西元网络综合布线实训装置上进行，每个竞赛队 1 个 L 区域。具体路由请按照题目要求和图 C1-1 中表示的位置。

特别注意：安装部分可能使用电动工具和需要登高作业，特别要求参赛选手注意安全用电和规范施工，登高作业时首先认真检查和确认梯子安全可靠，双脚不得高于地面 1 米，而且必须两人合作，1 人操作 1 人保护。

具体要求：

（1）按照图 C1-1 所示位置，完成 FD 配线子系统的线槽、线管、底盒、模块、面板的安装，同时完成布线端接。要求横平竖直，位置和曲率半径正确，接缝不大于 1 毫米。

（2）14 信息插座铺设 1 根双绞线，其他每个信息插座铺设 2 根双绞线，每层第 1 个插座模块的双绞线，端接到机柜内配线架的 1、2 口，其余顺序端接。

8. FD1 配线子系统 PVC 线管安装和布线（800 分）

按照图 C1-1 所示位置，完成以下指定路由的安装和布线，底盒、模块、面板的安装，具体包括如下任务：

（1）10-13、15-17 插座布线路由。

使用 Φ20PVC 冷弯管和直接头，并自制弯头，曲率半径按照图 C1-1 要求安装线管和布线。

（2）14 插座布线路由。

从 15 插座，使用 Φ20PVC 冷弯管和直接头，安装线管和布 1 根双绞线，安装在信息插座的左口。

（3）完成 FD1 机柜内网络配线架的安装和端接。要求设备安装位置合理、剥线长度合适、线序和端接正确，预留缆线长度合适，剪掉牵引线。

特别注意：不允许给底盒开孔将 PVC 线管直接插入，只能使用预留进线孔。

9. FD2 配线子系统 PVC 线槽安装和布线（600 分）

按照图 C1-1 所示位置，完成以下指定路由的安装和布线，底盒、模块、面板的安装，具体包括如下任务：

（1）20-22 插座布线路由。

使用 39X18 和 20X10PVC 线槽组合，自制弯头、阴角安装和布线，弯头、阴角制作如图 C1-5、图 C1-6 所示。

（2）24-25 插座布线路由。

使用 39X18 和 20X10PVC 线槽组合，自制弯头、阴角安装和布线，弯头、阴角制作如图 C1-5、图 C1-6 所示。

（3）23 插座布线路由。

使用 20X10PVC 线槽，自制弯头、阴角安装和布线，弯头、阴角制作如图 C1-5、图 C1-6 所示。

（4）完成 FD2 机柜内网络配线架的安装和端接。要求设备安装位置合理、剥线长度合适、线序和端接正确，预留缆线长度合适，剪掉牵引线。

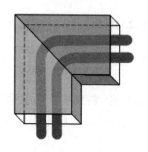

图 C1-5　水平弯头制作示意图　　　　图 C1-6　阴角弯头制作示意图

10. FD3 配线子系统 PVC 线槽/线管组合安装和布线(600 分)

按照图 C1-1 所示位置,完成以下指定路由的安装和布线,底盒、模块、面板的安装,具体包括如下任务:

(1) 30-32 插座布线路由。

使用 39X18PVC 线槽和 Φ20PVC 冷弯管组合,自制弯头、阴角安装和布线,弯头、阴角制作如图 C1-5、图 C1-6 所示。

(2) 33-34 插座布线路由。

使用 39X18PVC 线槽和 Φ20PVC 冷弯管组合,自制弯头、阴角安装和布线,弯头、阴角制作如图 C1-5、图 C1-6 所示。

(3) 35 插座布线路由。

使用 Φ20PVC 冷弯管和直接头,自制弯头,安装线管和布线。

(4) 完成 FD3 柜内网络配线架的安装和端接。要求设备安装位置合理、剥线长度合适、线序和端接正确、预留缆线长度合适、剪掉牵引线。

11. 建筑物子系统布线安装(160 分)

请按照图 C1-1 所示位置和要求,完成建筑物子系统布线安装。

从标识为 BD 的西元网络配线实训装置向 FD3 机柜安装 1 根 Φ20 PVC 冷弯管,一端用管卡、螺丝固定在 BD 立柱侧面;另一端用管卡固定在布线实训装置钢板上,并且穿入 FD3 机柜内部 20-30 毫米,要求横平竖直,牢固美观。

从 FD3 机柜经 FD2 向 FD1 机柜垂直安装 1 根 39X18PVC 线槽。

从 BD 设备西元网络配线架 B1,向 FD3、FD2、FD1 机柜分别安装 1 根网络双绞线,并且分别端接在 6U 机柜内配线架的第 24 口。

在 BD 设备西元网络配线架 B1 端接位置为:FD1 路由网线端接在第 1 口,FD2 路由网线端接在第 2 口,FD3 路由网线端接在第 3 口。

12. CD-BD 建筑群子系统铜缆链路布线安装(200 分)

请按照图 C1-1 所示路由,完成建筑群子系统铜缆安装。

(1) 从标识为 CD 的西元网络配线实训装置向标识为 BD 的西元网络配线实训装置安装 1 根 Φ20 PVC 冷弯管,BD 端用管卡、螺丝固定在 BD 立柱侧面,CD 端用管卡、螺丝固定在 CD 立柱侧面。

(2) 在 PVC 管内穿 1 根铜缆。

(3) 铜缆的一端端接在 BD 西元网络配线架 B1 第 24 口,另一端端接在 CD 西元网络配线架 C2 第 24 口。

第四部分　工程管理项目(500 分)

13. 竣工资料(300 分)

(1) 根据设计和安装施工过程,编写项目竣工总结报告,要求报告名称正确,封面竞赛组编号正确,封面日期正确,内容清楚和完整。

(2) 整理全部设计文件等竣工资料,独立装订,完整美观。

14. 施工管理(200 分)

(1) 现场设备、材料、工具、堆放整齐有序。

(2) 安全施工、文明施工、合理使用材料。

参 考 文 献

1. 王公儒.综合布线工程实用技术.北京：中国铁道出版社,2011.
2. 李宏达.网络综合布线设计与实施.北京：科学出版社,2010.
3. 杜思深.综合布线.第 2 版.北京：清华大学出版社,2010.